BIBLIOTHÈQUE

DES MERVEILLES

PUBLIÉE SOUS LA DIRECTION

DE M. ÉDOUARD CHARTON.

LE MICROPHONE

LE RADIOPHONE

ET LE PHONOGRAPHE

BIBLIOTHÈQUE DES MERVEILLES

LE MICROPHONE

LE RADIOPHONE

ET LE PHONOGRAPHE

PAR

Le comte Th. DU MONCEL

Membre de l'Institut

419

OUVRAGE ILLUSTRÉ

DE 118 FIGURES DESSINÉES SUR BOIS

PAR B. BONNAFOUX ET E. CHAUVET

PARIS

LIBRAIRIE HACHETTE ET Cie

79, BOULEVARD SAINT-GERMAIN, 79

1882

LE

MICROPHONE, LE RADIOPHONE

ET LE PHONOGRAPHE

Le microphone et le phonographe faisaient, dans l'origine, partie de notre ouvrage sur le Téléphone ; mais les découvertes se sont tellement multipliées dans ces dernières années, surtout en téléphonie, que nous avons dû consacrer un volume entier au téléphone et à ses applications, et comme d'un autre côté la science électro-acoustique s'est enrichie depuis peu d'une branche nouvelle extrêmement intéressante, la radiophonie, nous avons pensé que le microphone, le radiophone et le phonographe, pourraient à eux seuls remplir un volume. C'est ainsi que notre premier ouvrage s'est trouvé dédoublé. Il y avait d'ailleurs d'autres découvertes qui se rattachaient plus ou moins à ces divers instruments et qui pouvaient encore compléter le volume. C'était d'abord la machine parlante américaine, et en second lieu le téléphote ou télé troscope, au moyen duquel les images lumineu ses peuvent être reproduites électriquement à distance par des moyens analogues à ceux employés en radiophonie. Nous diviscrons donc ce nouveau volume en quatre parties qui traiteront successivement de la microphonie et de ses applications, de la radiophonie, de la télectroscopie et de la phonographie, à laquelle nous rapporterons les machines parlantes.

LE MICROPHONE

Le microphone n'est en réalité qu'un transmetteur téléphonique à charbon, mais disposé de telle sorte qu'il
peut dans certaines conditions amplifier considérablement
les sons, et de là le nom de *microphone* que M. Hughes lui
a donné. Pour obtenir ce résultat, il fallait employer
des contacts disposés de manière à fournir la plus grande
amplitude possible aux variations du courant, ce qui ne
pouvait être réalisé qu'en employant des contacts durs
semi-conducteurs dont la pression l'un sur l'autre fût
la conséquence d'un simple écart d'une position très voisine de celle de l'équilibre instable. Un crayon de graphite introduit verticalement par ses deux extrémités
dans deux trous pratiqués dans deux blocs de charbon
se trouve précisément dans ce cas; car alors, la moindre
vibration peut faire appuyer plus ou moins le crayon sur
les bords du trou supérieur, et déterminer des écarts
d'intensité électrique bien plus considérables que dans
les transmetteurs du genre Edison, dont le contact est
toujours soumis à une pression initiale continue plus ou
moins forte. Cependant, nous devons le dire dès à présent,
l'amplification des sons n'existe alors réellement que
quand ces sons résultent de vibrations transmises mécaniquement à l'appareil transmetteur par des corps solides.
Les sons propagés par l'air sont sans doute quelquefois

plus intenses qu'avec le système ordinaire de Bell, mais ils le sont moins que ceux qui leur donnent naissance, et, en conséquence, on ne peut pas dire dans ce cas que le microphone agit, par rapport aux sons, comme le microscope le fait par rapport aux objets éclairés par la lumière. Il est vrai qu'avec ce système on peut parler de loin dans l'appareil, et j'ai pu même transmettre de cette manière une conversation à voix élevée, étant placé à huit ou dix mètres du microphone. J'ai pu encore parler à voix basse près de ce dernier et me faire entendre parfaitement dans l'appareil récepteur, et même faire arriver les sons à une distance de dix à quinze centimètres de l'embouchure du téléphone récepteur en élevant un peu la voix ; mais l'amplification du son n'est réellement bien manifeste, dans les conditions ordinaires, que lorsque celui-ci résulte d'une action mécanique transmise au support de l'appareil. Ainsi les pas d'une mouche marchant sur ce support s'entendent parfaitement et vous donnent la sensation du piétinement d'un cheval, le cri même de la mouche, surtout son cri de mort, devient, suivant M. Hughes, perceptible ; le frôlement d'une barbe de plume ou d'une étoffe sur la planche de l'appareil, bruits complètement imperceptibles à l'audition directe, s'entendent d'une manière marquée dans le téléphone. Il en est de même des battements d'une montre posée sur le support de l'appareil, que l'on entend même à dix ou quinze centimètres du récepteur. Une petite boîte à musique placée sur l'instrument donne des sons tellement forts, par suite des trépidations qui l'agitent, qu'il est impossible de les distinguer et pour les percevoir, il faut disposer la boîte près de l'appareil sans qu'elle soit en contact avec aucune de ses parties constituantes. C'est alors par les vibrations de l'air que l'appareil est impressionné, et les sons ainsi transmis sont plus faibles que ceux que l'on entend près de la boîte. En revanche, les vibrations déterminées par le balancier d'une pendule mise en communication par une tige métallique avec le support de l'appareil s'entendent admirablement, et on peut même les distinguer quand cette liaison est effectuée par l'intermédiaire d'un fil de cuivre. Un courant d'air projeté sur le système donne la sensation d'un écoulement liquide perçu dans le lointain. Enfin, les trépidations causées par le passage d'une voiture, dans la rue, se traduisent par des bruits crépitants très intenses qui se combinent à ceux d'une montre que l'on écoute et qui souvent prédominent.

Quand je dis que le microphone n'amplifie pas les sons transmis par l'air, je ne fais allusion qu'à ce qui est du fait du transmetteur seul, auquel a été donné le nom de microphone. Mais il est possible d'accroître ces sortes de sons et même de les accroître dans une très grande proportion, en combinant d'une certaine manière, le récepteur téléphonique. Ceux qui ont visité l'Exposition d'Électricité de 1881 doivent encore se rappeler les effets incroyables produits par ce qu'on appelait la *fanfare d'Ader*, et cet appareil n'était qu'un dispositif téléphonique particulier combiné à un microphone analogue à ceux dont on se sert pour faire chanter les condensateurs

En soufflant dans ce microphone un air de chasse, on arrivait à faire reproduire cet air aussi fortement que si on eût sonné dans un cor de chasse. Pour obtenir de plus beaux effets, M. Ader a disposé le système de manière à former un quatuor, de sorte qu'avec des microphones actionnés par quatre chanteurs faisant chacun sa partie, et en adaptant aux récepteurs téléphoniques quatre trompettes, comme on le voit dans la figure 15, on arrivait à faire retentir la salle d'un quatuor de cors de chasse qui s'entendait des différents points du palais de l'Exposition. C'était un résultat excessivement curieux qui a beaucoup intéressé, et je dirais même intrigué les visiteurs de l'Exposition. Nous en parlerons plus loin avec détails, mais nous devions signaler dès maintenant ce curieux appareil, puisqu'il réalise pour les vibrations de l'air les amplifications qu'on avait en vue dans le microphone.

Comme on devait s'y attendre, des réclamations de priorité devaient être la conséquence de la grande faveur qui a acueilli l'invention de M. Hughes, et même en dehors de la réclamation de M. Edison, sur laquelle nous avons exprimé notre opinion dans notre ouvrage sur le téléphone, nous en trouvons plusieurs autres qui montrent que si quelques effets du microphone ont été découverts à différentes époques avant M. Hughes, on n'y avait prêté qu'une médiocre attention, puisque la plupart n'ont même pas été publiés. Les plus importantes de ces réclamations sont celles de MM. Donough, Berliner, Dutertre, Went-work-Lacelles-Scott, Weyher, dont nous parlerons après la description des différentes dispositions indiquées par M. Hughes, afin qu'on puisse juger avec connaissance de cause. Nous dirons seulement, pour le moment, que les premières recherches de M. Hughes ont été montrées aux fonctionnaires de la *Submarine Telegraph Company* en janvier 1878, et qu'on les expérimentait au mois de décembre 1877. Les brevets de M. Donough portent, il est vrai, la date du 10 avril 1876, et ceux de M. Berliner, la date du 16 octobre 1877, mais ces appareils sont plutôt des parleurs microphoniques que des microphones. Les dispositifs de M. Dutertre se rapprochent davantage du microphone, et les expériences auxquelles ils ont donné lieu sont rapportées dans les journaux de Rouen de février 1878[1]; mais à cette date, M. Hughes avait déjà fait voir les siennes, et d'ailleurs, jusqu'aux communications de

[1] Dans une conférence faite à Dieppe, le 15 janvier 1878, par M. Gouault, on avait exhibé deux appareils reproducteurs des sons qui pouvaient parfaitement être considérés comme des microphones. L'un était composé de deux bouts de crayon de plombagine posés sur la boîte d'une montre et réunis par une pièce de monnaie. Quand un circuit téléphonique animé par une pile réunissait ces deux bouts de crayon, le tic tac de la montre s'entendait admirablement dans le téléphone interposé dans le circuit. L'autre appareil consistait en

ce dernier savant à la Société Royale de Londres, on n'avait prêté aucune attention aux travaux entrepris dans cet ordre d'idées.

Aujourd'hui que les transmetteurs à charbon du type Edison sont pourvus de dispositifs microphoniques, on admet généralement que ce qui distingue le microphone du transmetteur à charbon, c'est que dans celui-ci les pièces de contact sont en charbon mou, tandis que dans celui-là les pièces de contact sont en charbon dur, et l'on va même jusqu'à prétendre, comme l'a fait M. Conrad Cooke, que le principe physique qui est en jeu est différent dans l'un et l'autre cas. Ainsi on dit qu'avec les charbons mous, les variations de l'intensité du courant déterminées par les ondes sonores proviennent d'une action de pression qui fait que les particules qui les composent sont tassées plus ou moins dans toute leur masse, alors qu'avec les charbons durs, il n'y a qu'une déformation inégale de la surface de contact sous l'influence de pressions inégales. Il est certain que les choses se passent effectivement ainsi, mais dans les deux cas, ce sont les différences de la pression exercée qui est la cause de l'effet produit. Pour nous, la grande différence qui existe entre le microphone et le transmetteur ordinaire à charbon est que la disposition de l'un comporte des contacts extrêmement délicats et d'une très facile variabilité, qui ne peuvent par conséquent s'appliquer qu'à des vibrations très minimes, tandis que la disposition de l'autre exige, pour éviter les crachements, une pression préventive et constante entre les pièces de contact, laquelle, par cela même, rend l'appareil beaucoup moins sensible.

trois morceaux de coke placés à la manière d'un dolmen, c'est-à-dire en le composant de deux morceaux de coke mis en rapport avec les deux branches du circuit et surmontés du troisième morceau qui formait table au-dessus d'eux. Cet appareil, d'après ce que m'a écrit M. Gouault, transmettait bien la parole.

Ces différences d'appréciation étant bien établies nous allons passser en revue les différents systèmes de microphones qui ont été combinés.

DIFFÉRENTS SYSTÈMES DE MICROPHONES

Le microphone de Hughes a été combiné de plusieurs manières, mais la disposition qui a donné à l'instrument le plus de sensibilité est celle que nous représentons figure 1. Dans ce système, on adapte l'un au-dessus de l'autre, sur un prisme vertical de bois M, deux petits cubes de charbon A, B, dans lesquels sont percés deux trous servant de crapaudines à un crayon de charbon C en forme de fuseau, c'est-à-dire avec des pointes émoussées par les deux bouts, et d'une longueur d'environ quatre centimètres; il ne faut pas qu'il soit trop grand afin d'avoir peu d'inertie. Ce crayon appuie par une de ses extrémités dans le trou du charbon inférieur et doit ballotter dans le trou supérieur qui ne fait que le maintenir dans une position plus ou moins rapprochée de celle de l'équilibre instable, c'est-à-dire de la verticale. En imprégnant ces charbons de mercure par leur immersion à la température rouge dans un bain de mercure, les effets, suivant M. Hughes, sont meilleurs, mais ils peuvent très bien se produire sans cela. Les deux cubes de charbon sont d'ailleurs munis de contacts métalliques qui permettent de les mettre en rapport avec le circuit d'un téléphone ordinaire, dans lequel est interposée une pile Leclanché de 1 ou 2 éléments, ou mieux de 3 éléments Daniell avec une résistance additionnelle intercalée dans le circuit. La figure 2 indique une autre disposition de ce microphone avec des mouches sur le support.

Pour faire usage de l'appareil, on le place avec la planche qui lui sert de support sur une table, en ayant soin d'interposer entre cette planche et la table, pour amortir les vibrations étrangères, plusieurs doubles d'étoffe disposés de manière à former coussin ou, ce qui est mieux, une bande de ouate ou deux tubes de caoutchouc; alors il suffit de parler devant le système, pour qu'aussitôt la parole soit reproduite dans le téléphone, et si l'on place sur la planche-support la montre dont il a été question ou une boîte dans laquelle est renfermée

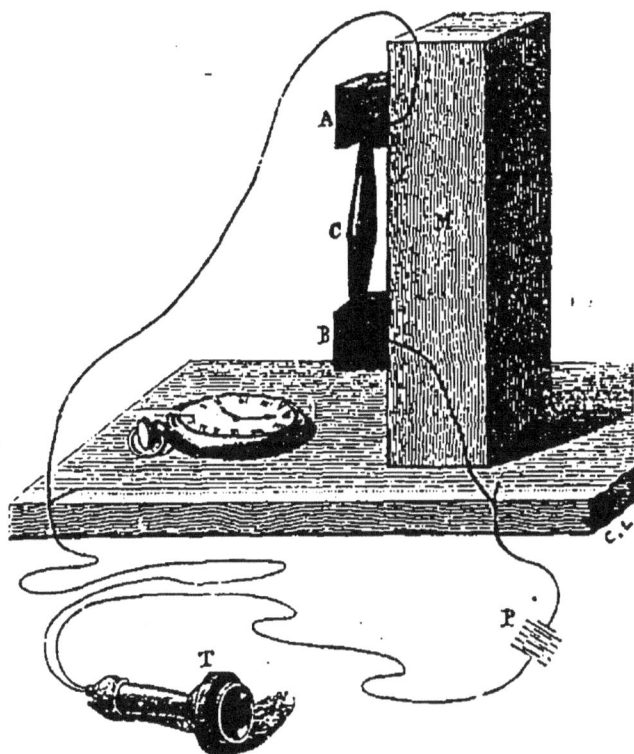

Fig. 1.

une mouche, tous ses mouvements sont entendus. L'appareil est si sensible que c'est à voix peu élevée que la parole s'entend le mieux, et on peut, comme je l'ai déjà dit, l'entendre en parlant à une distance de huit à dix mètres du microphone. Toutefois, quelques précautions doivent être prises pour obtenir les meilleurs résultats avec ce système, et, en outre des coussins que l'on place sous l'appareil, pour le soustraire aux vibrations étrangères qui pourraient résulter de mouvements insolites communiqués à la table, il faut encore régler la position du crayon de charbon. Celui-ci doit en effet toujours appuyer en un point du rebord du trou supérieur, mais comme le contact peut être plus ou moins bon, l'expé-

Fig. 2.

rience seule peut indiquer la meilleure position à lui donner, et pour la trouver on peut employer avantageusement le moyen de la montre. On met alors le téléphone à l'oreille, et on place le crayon dans diverses positions jusqu'à ce qu'on ait trouvé celle donnant les effets maxima. Pour éviter ce réglage qui, avec la disposition

précédente, doit être souvent répété, MM. Chardin et
Berjot, qui construisent habilement ce modèle de téléphone, lui ont ajouté une petite lame de ressort dont la
pression très faible peut être réglée, et qui appuie contre
le charbon vertical lui-même.

M. Gaiffe, de son côté, a donné une forme plus élégante
à l'appareil en le construisant comme un appareil de
physique. La figure 5 représente l'un des deux modèles

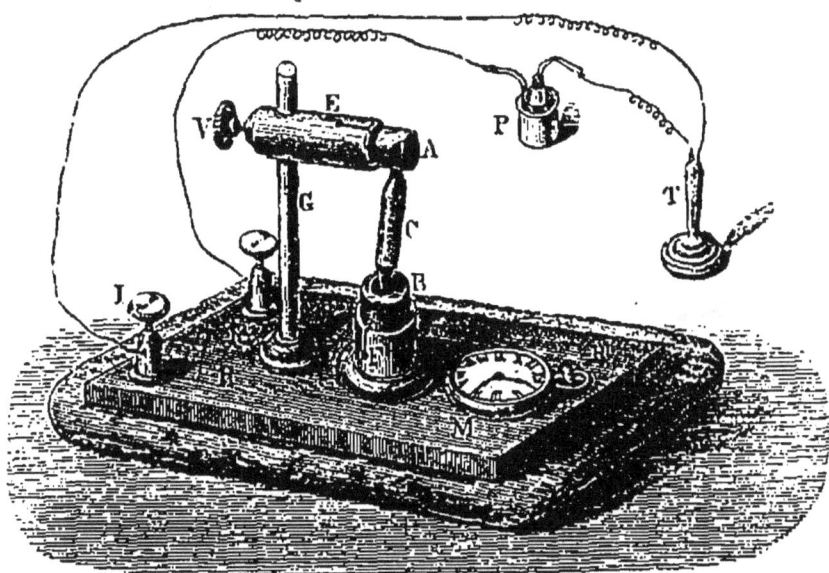

Fig. 5.

qu'il a combinés. Dans ce modèle, les cubes ou dés de
charbon A et B sont soutenus par des porte-charbons
métalliques, dont l'un, E, le supérieur, est mobile sur
une colonne de cuivre G et peut être placé dans telle
position qu'il convient à l'aide d'une vis de pression V.
On peut de cette manière incliner plus ou moins le
crayon de charbon et augmenter à volonté la pression
qu'il exerce sur le charbon supérieur. Quand le crayon
est vertical, l'appareil transmet difficilement les sons

articulés, en raison de l'instabilité du point de contact,
et des bruissements de toute nature se font entendre;
quand il est trop incliné, les sons sont plus purs et plus
distincts, mais l'appareil est moins sensible. Il est un
degré d'inclinaison qui doit être recherché, et l'expérience
l'indique facilement. Dans un autre modèle, M. Gaiffe
substitue au crayon de charbon une lame carrée et très
mince de la même matière, taillée en biseau sur ses

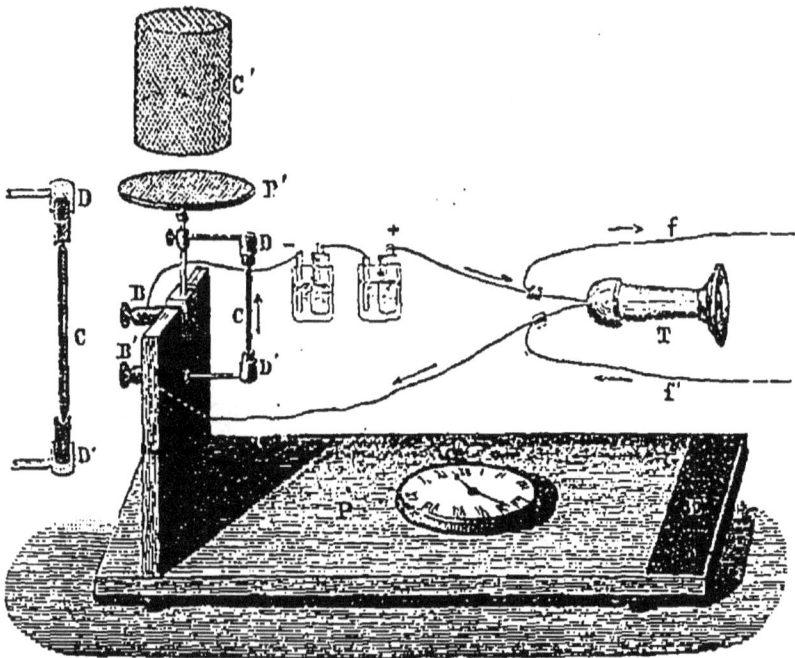

Fig. 4.

côtés inférieur et supérieur et pivotant dans une rainure
pratiquée dans le charbon inférieur. Cette lame ne fait
qu'appuyer contre le charbon supérieur sous une légère
inclinaison, et dans ces conditions, il transmet beaucoup
plus fortement et plus distinctement la parole.

La figure 4 représente une autre disposition combinée
par M. Ducretet. Les deux dés de charbon sont en D, D',
le charbon mobile en C, le téléphone en T, et les boutons

d'attache du circuit en B, B′. Un détail du dispositif des charbons se voit à gauche de l'appareil. Le bras qui porte le charbon supérieur D est adapté à une tige munie d'un plateau P′ à surface rugueuse, et une petite cage C′ en toile métallique que l'on pose sur ce plateau permet d'étudier les mouvements d'insectes vivants.

Quand M. Hughes a voulu transmettre dans de bonnes conditions la parole avec son microphone, il combina l'appareil que nous représentons figure 5 ci-dessous et auquel il donna le nom de *parleur microphonique;* il put pour la première fois, à l'aide de cet instrument, faire

Fig. 5.

parler un téléphone assez haut pour être entendu dans toute une pièce. Mais aujourd'hui cette disposition est bien distancée par les transmetteurs à charbon que nous avons décrits dans notre volume sur le téléphone. Néanmoins nous croyons devoir lui consacrer quelques lignes comme historique de l'invention.

Sous cette forme, le charbon mobile du microphone appelé à produire les contacts variables est adapté en C, à l'extrémité d'une bascule horizontale BA pivotant en son point milieu et convenablement équilibrée. Le support sur lequel cette bascule oscille est adapté à l'extrémité d'une lame de ressort pour rendre l'appareil plus

susceptible de vibrer, et le charbon inférieur est placé
en D au-dessous du premier. Il est constitué par deux
fragments superposés afin d'augmenter la sensibilité de
l'appareil, et nous avons représenté en E le fragment
supérieur qui est soulevé pour montrer qu'on peut employer
à volonté un seul des deux charbons. Ce charbon E se
trouve, à cet effet, collé à une petite lame de papier fixée
à la planchette et qui sert d'articulation. Un ressort antagoniste R, dont on peut régler la tension au moyen
d'une vis *t*, permet de régler la pression des deux charbons. M. Hughes recommande l'emploi des charbons en
sapin métallisé[1]. Le tout est ensuite recouvert d'une
enveloppe semi-cylindrique HIG en bois blanc, dont les
parois sont très minces, surtout les deux bases, et on fixe
le système accompagné d'un autre semblable dans une
boîet plate MJLI qui présente du côté MI une ouverture
devant laquelle on parle, en ayant soin de placer la lèvre
inférieure à deux centimètres du fond de la boîte. Si les
deux microphones sont réunis en quantité et si la pile
employée se compose de deux éléments à bichromate de
potasse, on agit assez fortement sur le courant pour que,
passant à travers une bobine d'induction de six centimètres seulement de longueur, il puisse faire parler un
téléphone du modèle carré de Bell, de manière à être
entendu de tous les points d'une salle. Il faut, par exemple, lui adapter un porte-voix de près d'un mètre de longueur. M. Hughes prétend que les sons produits dans ces
conditions sont à peu près aussi élevés que ceux du phonographe, et M. W. Thomson m'a confirmé ce fait.

C'est ici le cas de parler des microphones de MM. Donough et Berliner dont il a été déjà question plus haut
et qui, par la date des brevets, sembleraient constituer

---

[1] On obtient ces charbons en chauffant pendant 20 minutes, à
une température qu'on élève successivement jusqu'au rouge blanc,
des fragments de sapin à fibres serrées que l'on enferme dans
une boîte ou tube de fer hermétiquement fermée.

une antériorité sur la découverte de M. Hughes. On remarquera toutefois qu'à l'époque du premier de ces brevets (10 avril 1876), les transmetteurs téléphoniques, basés sur les variations de résistance du circuit téléphonique, suivant l'amplitude des vibrations d'un diaphragme, étaient déjà indiqués, puisque les transmetteurs à liquides figuraient aux brevets de MM. Bell et Gray. Néanmoins le transmetteur de M. Donough présente une disposition qui, dans une certaine mesure, se rapproche de celle du microphone, bien qu'à vrai dire la prin-

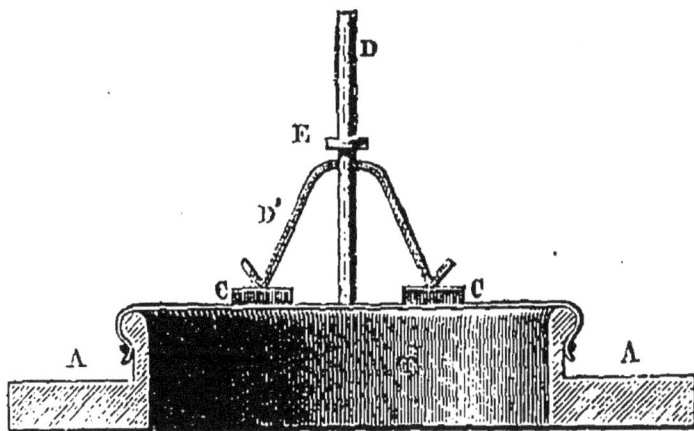

Fig. 6.

cipale condition pour l'amplification du son ne s'y rencontre pas. Il est constitué en effet par deux plaques métalliques à surface rugueuse C C adaptées sur un diaphragme, et sur ces plaques appuient les deux extrémités relevées d'une sorte d'arc métallique D' en argent allemand guidé par un pivot vertical D T fixé sur le diaphragme. Les surfaces de contact de cet arc sont aussi rugueuses. Bien que le rôle de ces surfaces rugueuses ne soit pas indiqué dans le brevet, il est présumable que c'était pour rendre le contact moins parfait et plus susceptible de fournir des variations dans sa résistance, sous l'influence des trépidations causées par les vibrations du diaphragme

servant de support. Quoique l'emploi de métaux pour
constituer des contacts microphoniques de résistance
variable soit peu favorable, en raison de leur bonne
conductibilité, on ne peut se dissimuler que l'effet
cherché pouvait être obtenu de cette manière, ainsi que
cela résulte de mes expériences faites en 1856 et
de celles de M. Hughes dont nous parlerons plus tard.
On pourrait peut-être rapporter ce type de transmetteur à celui de M. Crossley, dans lequel la barre de
charbon est soutenue (par les deux contacts sur lesquels
elle pivote) au-dessous d'un diaphragme horizontal. Mais
dans ces conditions, la sensibilité de l'appareil est diminuée, car il ne se trouve pas dans les conditions d'équilibre instable dont nous avons parlé, et les métaux sont
dans de mauvaises conditions pour ces sortes d'effets.

Le microphone Berliner dont le brevet a été dépoés
le 4 juin 1877[1], n'est à proprement parler qu'un transmetteur téléphonique du genre de celui de Pollard que
nous avons décrit dans notre livre sur le Téléphone,
page 155, et dont la lame vibrante est constituée par une
lame de charbon sur laquelle viennent appuyer, du côté
opposé à l'embouchure, une ou deux vis métalliques en
rapport avec le circuit téléphonique, et qui constituent
les pièces fixes du contact. On mentionne dans le brevet
que ces pièces peuvent être constituées avec du charbon;
de sorte que l'on pourrait admettre que ce serait M. Berliner qui aurait le premier combiné les transmetteurs
à charbon. Le brevet Anglais d'Edison, qui est le plus an-
cien date, en effet, du 30 juillet 1877, et son brevet Américain du 15 décembre 1877. Mais ce qui est surtout
curieux dans le brevet Berliner, c'est qu'il indique l'emploi des bobines d'induction pour augmenter l'intensité
des sons téléphoniques et qu'il montre que le récepteur

---

[1] Dans le brevet Américain, la date du dépôt est du 16 octobre 1877,
et la date de la délivrance du 15 janvier 1878, mais il est dit dans
le brevet qu'il avait été d'abord déposé le 4 juin 1877.

peut n'être autre qu'un appareil exactement semblable au transmetteur. Les appareils sont d'ailleurs disposés entre eux comme il a été dit page 214 de notre livre sur le Téléphone. Nous en parlerons plus tard (voir la figure 10, page 21). Nous ferons toutefois remarquer que cet appareil, comme le précédent, était un transmetteur microphonique et non un microphone, du moins dans le sens que M. Hughes avait donné à ce mot dans l'origine.

Le microphone peut être aussi constitué par des fragments de charbon entassés dans une boîte entre deux électrodes métalliques, ou enfermés dans un tube avec deux électrodes représentées par deux fragments de charbon allongés. Dans ce dernier cas, les charbons doivent autant que possible être cylindriques, et ceux que construit M. Carré pour les bougies Jablochkoff sont très bons pour cela. Nous représentons, figure 7, un appareil de ce genre que j'ai fait disposer en instrument par M. Gaiffe, to qui peut, comme nous le verrons à l'instant, servir de thermoscope. Cet instrument est représenté figure 8, et se compose d'un tuyau de plume rempli de fragments de charbon, dont ceux qui occupent les deux bouts sont montés dans des garnitures métalliques. L'une de ces garnitures se termine par une vis à large tête qui permet, au moyen des supports A, B, de pousser plus ou moins les charbons dans le tube et, par conséquent, d'établir un contact plus ou moins intime entre les divers fragments de charbons. Quand cet appareil est convenablement réglé, il suffit de parler au-dessus du tube pour que la parole soit reproduite. C'est donc un microphone aussi bien qu'un thermoscope. Une chose réellement curieuse que M. Hughes a remarquée, c'est que, si l'on prononce séparément les différentes lettres de l'alphabet devant cette sorte de microphone, on constate qu'il en est qui se font beaucoup mieux entendre que d'autres, et ce sont précisément celles qui correspondent aux aspirations de la voix.

On peut encore obtenir un microphone de ce genre en

remplaçant les fragments de charbon par des poussières
plus ou moins conductrices, des limailles métalliques
même. J'ai démontré, en effet, dans mon *Mémoire sur la
conductibilité des corps médiocrement conducteurs*, que
le pouvoir conducteur de ces poussières varie d'une
manière considérable avec la pression et avec la température, et comme le microphone est fondé sur des différences de pression, on comprend facilement que ce
moyen puisse être employé comme organe de transmis-

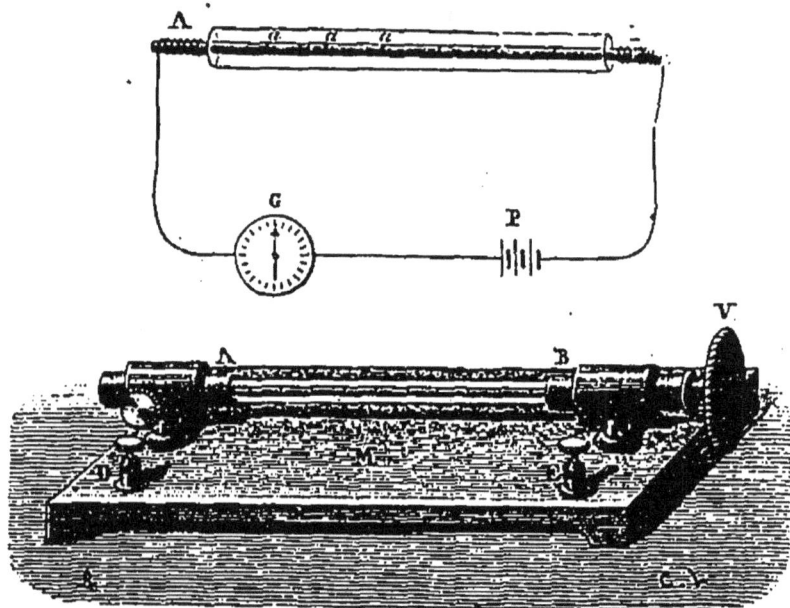

Fig. 7 et 8.

sion téléphonique. Dans une autre disposition de ce
système, M. Hughes a aggloméré ces poussières avec une
sorte de gomme, et il en a formé un crayon cylindrique
qui, étant relié à deux électrodes bonnes conductrices, a
pu fournir des effets analogues à ceux dont nous avons
parlé précédemment. Comme on l'a vu, toutes les limailles
métalliques peuvent être employées, mais M. Hughes
donne la préférence à la poussière de charbon.

D'après M. Blyth, une boîte plate d'environ quinze

pouces sur neuf, remplie de ces charbons échappés à la
combustion que l'on appelle en Angleterre *cinders gas*
et aux deux extrémités de laquelle sont fixées deux électrodes de fer-blanc, est une des meilleures dispositions,
de microphone. Suivant lui, trois de ces appareils sus-
pendus comme des tableaux contre les murs d'une chambre
auraient suffi, sous l'influence d'un seul élément Leclanché, pour faire entendre dans le téléphone tous les bruits
produits dans la chambre, et surtout les airs chantés.
M. Blyth prétend même qu'on peut construire un microphone capable de transmettre la parole avec un simple
charbon relié au fil du circuit par ses deux bouts, mais il
faut que ce charbon soit un *cinder gas;* un charbon
de cornue pourvu de pinces d'attache à ses deux extrémités ne pourrait produire cet effet.

L'un des effets les plus intéressants de ces sortes de
microphones, c'est qu'ils peuvent fonctionner sans pile,
du moins si on les dispose de manière à former eux-mêmes
l'élément voltaïque, et pour cela il suffit de verser de
l'eau sur les charbons. M. Blyth, qui a parlé le premier
de ce système, n'en indique pas nettement la disposition,
et on peut supposer que son appareil n'était autre que
celui que nous avons décrit précédemment, auquel il aurait ajouté de l'eau. J'ai répété cette expérience en employant, comme on le voit figure 9, des électrodes *zinc* et
cuivre et des fragments un peu gros de charbon de cornue,
et j'ai parfaitement réussi. J'ai, en effet, pu transmettre de
cette manière, non seulement tous les sons de la montre et
de la boîte à musique, mais encore la parole qui se trouvait souvent alors plus nettement exprimée qu'avec un microphone ordinaire, car on n'entendait pas les crachements
qui accompagnent quelquefois les transmissions téléphoniques faites avec ce dernier. M. Blyth prétend aussi que
l'on peut obtenir de cette manière la transmission des
sons sans que l'appareil soit pourvu d'eau; mais il croit
que c'est à l'humidité de l'haleine de celui qui parle

qu'il faut attribuer ce résultat. Il est certain qu'il ne
faut pas beaucoup d'humidité pour mettre en action un
couple voltaïque, surtout quand on a pour appareil révélateur un téléphone. Du reste, le microphone ordinaire
peut être lui-même employé sans pile, si le circuit dans
lequel il est interposé est en communication avec le sol
par l'intermédiaire de plaques de terre ; les courants tel-
luriques qui traversent alors le circuit sont suffisants

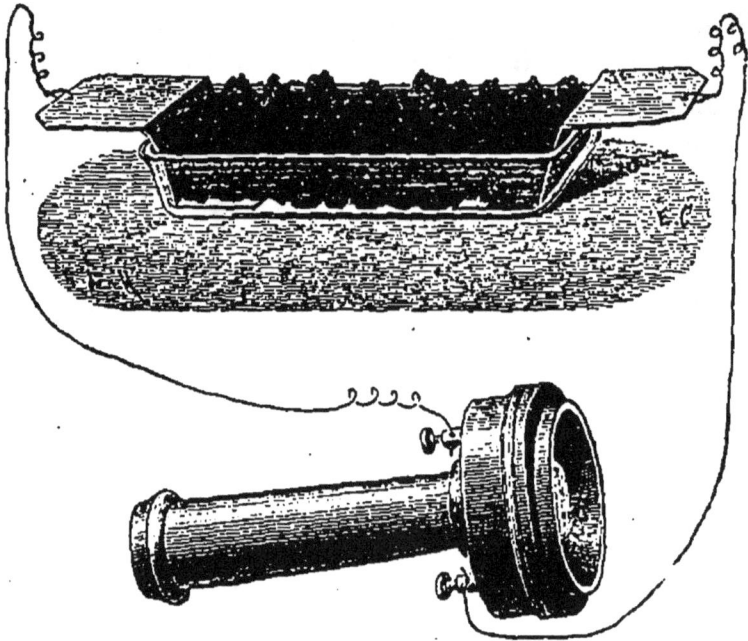

Fig. 9.

pour que les battements d'une montre posée sur le microphone soient parfaitement perceptibles. M. Cauderay, de
Lausanne, dans une note envoyée à l'Académie des
sciences, le 8 juillet 1878, annonce qu'il a fait cette expérience sur un fil télégraphique réunissant l'hôtel des
Alpes, à Montreux, à un chàlet situé à 500 mètres de là,
sur la colline.

Microphone récepteur. — Dans notre volume sur le

téléphone, nous avons montré qu'un transmetteur microphonique, convenablement réglé, pouvait reproduire la
parole tout aussi bien qu'un téléphone, et que le même
effet peut être obtenu d'un microphone ordinaire, quelle
que soit sa forme, quand il est bien disposé. Nous avons
également vu que M. Berliner était parvenu à le rendre
plus apte à cette fonction en l'interposant dans un circuit
local complété par l'hélice primaire d'une bobine d'induc-

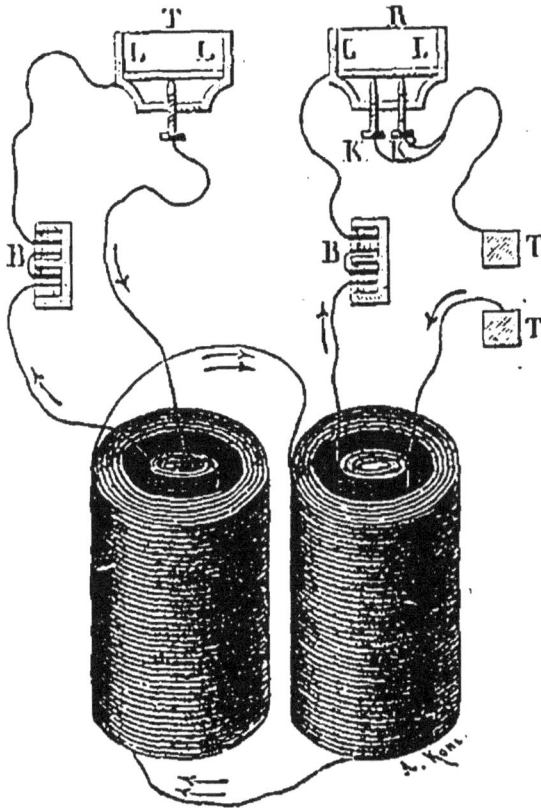

Fig. 10.

tion dont l'hélice secondaire était en rapport, par la ligne,
avec l'hélice secondaire de la bobine d'induction du transmetteur microphonique ; nous reproduisons ici, dans la
figure 10, le dispositif de l'expérience tel qu'il est représenté dans le brevet de M. Berliner qui date, comme nous

l'avons déjà dit, du 4 juin 1877. Le transmetteur est en T, le récepteur en R et les piles en B B'. Les diaphragmes de charbon sont en L L.

Ce sont MM. Blyth et Hughes qui ont annoncé les premiers ce phénomène en Europe, et il parut tellement extraordinaire que les savants n'y voulaient pas croire; mais, quand M. Hughes indiqua lui-même la manière de disposer les expériences, il fallut se ranger à l'évidence, et on en rechercha la théorie, qui, encore aujourd'hui, est entourée de beaucoup d'obscurité. Toutefois, si les expériences primitives de M. Hughes ont été faciles à vérifier, il n'en a pas été de même de celles de M. Blyth, et personne n'a encore pu les répéter. Suivant ce savant, il suffirait, pour entendre la parole dans le microphone, d'employer le modèle à fragments de charbon dont nous avons parlé précédemment, d'y joindre comme appareil transmetteur un second microphone du même genre, et d'introduire dans le circuit une pile de deux éléments de Grove. Alors, si on parle au-dessus des charbons de l'un des microphones, on devrait entendre distinctement la parole en approchant l'oreille du second, et l'importance des sons ainsi reproduits serait en rapport avec l'intensité de la source électrique employée. Mais, comme je le disais, je n'ai pu, en m'y prenant de cette manière, entendre aucun son et encore moins la parole, et, si d'autres expériences ne m'avaient pas convaincu, j'aurais douté de l'authenticité du fait annoncé. Toutefois cette expérience négative ne prouve en définitive rien, car il est possible que je me sois placé dans de mauvaises conditions, et que les *escarbilles* que j'employais ne fussent pas dans les mêmes conditions que les *cinders gas* de M. Blyth.

Quant aux expériences de M. Hughes, je les ai répétées dans l'origine avec le microphone de MM. Chardin et Berjot, relié avec celui de M. Gaiffe employé comme transmetteur, et j'ai reconnu qu'avec une pile de quatre éléments Leclanché seulement, tous les grattements effectués sur le microphone de M. Gaiffe et même les trépidations et les airs résultant du jeu d'une petite boîte à musique placée sur cet appareil étaient reproduits, très faiblement, il est vrai, dans le second microphone. Pour les percevoir, il suffisait de coller l'oreille contre la planchette verticale. La parole n'était pas reproduite, à la vérité, mais M. Hughes m'en avait prévenu : l'appareil ainsi disposé n'était pas évidemment assez sensible.

Pour reproduire la parole par ce système et pour la transmettre, il fallait une autre disposition du microphone , et celle qui a révélé la première fois le phénomène à M. Hughes est représentée, vue en coupe, figure 11. C'est un peu le microphone parleur de M. Hughes, disposé verticalement et dont le charbon fixe est collé au centre de la membrane tendue d'un téléphone à fi-

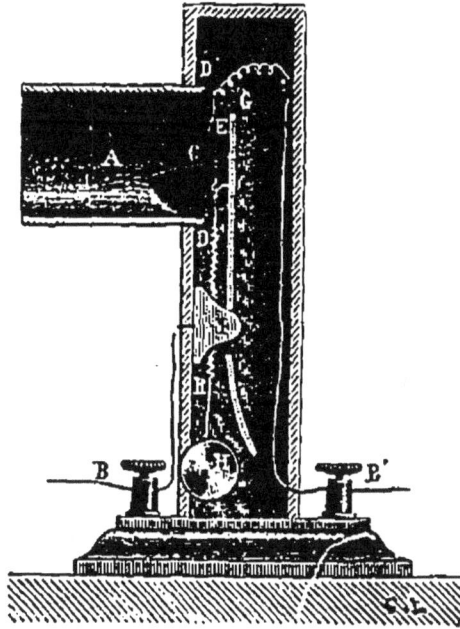

Fig. 11.

celle. Le cornet de ce téléphone est représenté en A, la membrane en DD, et le charbon en question en C; ce charbon est en sapin carbonisé et métallisé, ainsi que le double charbon E qui est en contact avec lui et qui est adapté à l'extrémité supérieure de la bascule GI. Le tout est renfermé dans une petite boîte, et l'on règle la pression exercée au contact des deux charbons, au moyen d'un ressort antagoniste R et d'une vis H. C'est alors le cornet du téléphone qui sert de cornet acoustique pour entendre, et c'est le par-

leur de M. Hughes, décrit page 15, qui sert de transmetteur. Inutile de dire que deux appareils de ce genre sont
placés aux deux bouts du circuit, que les charbons sont
reliés aux deux pôles d'une pile de un ou deux éléments
à bichromate de potasse ou de Bunsen ou de deux éléments Leclanché, et que les deux appareils sont reliés
par le fil de ligne.

Dans ces conditions, une conversation peut être échangée, mais les sons sont toujours beaucoup moins accentués que dans le téléphone.

Tous les transmetteurs à charbon, y compris même celui du condensateur chantant, peuvent servir, comme je
le disais, de récepteurs téléphoniques, mais celui qui a
donné les meilleurs résultats est le petit parleur de M. Boudet de Paris, que nous avons décrit dans notre ouvrage
sur le Téléphone, page 145. Les sons qu'il émet sont aussi
nets et aussi forts que ceux produits par un téléphone
Bell ordinaire, du petit modèle. Il n'est même pas besoin
d'une action électrique énergique, et un seul élément
Leclanché donne, avec l'appareil Boudet de Paris, un meilleur effet qu'un plus grand nombre. La réussite de ces
expériences dépend uniquement du réglage des appareils
et du nettoyage des points de contact des charbons, et
c'est précisément à cause des effets d'oxydation et de polarisation qui se produisent à ces points de contact, qu'il
ne faut pas employer une pile forte.

Les effets du microphone récepteur expliquent les sons
souvent très intenses déterminés par les bougies Jablochkoff quand elles sont actionnées par des machines ma-
gnéto-électriques. Ces sons vibrent toujours à l'unisson de
ceux émis par la machine elle-même, et ceux-ci proviennent, comme je l'ai démontré, des aimantations et des
désaimantations rapides des organes magnétiques qui
sont mis en jeu par cette machine. Ces effets, remarqués
par M. Marcel Deprez, étaient particulièrement caractérisés avec les premières machines de M. de Méritens.

Autres dispositions de microphone. — On a varié de
mille manières la forme du microphone, suivant les applications auxquelles on veut l'approprier. C'est ainsi que
nous voyons dans l'*English Mechanic and World of Science*,
du 28 juin 1878, les dessins de plusieurs dispositions,
dont l'une est spécialement applicable à l'audition des
pas d'une mouche ; c'est une boîte à la partie supérieure
de laquelle est tendue une feuille de papier végétal ; deux
charbons séparés par un petit morceau de bois et mis en
rapport avec les deux fils du circuit y sont collés, et un
troisième charbon allongé, placé en croix sur les deux
autres, se trouve maintenu dans cette position par une
rainure pratiquée dans ceux-ci. Une pile très faible suffit
pour faire fonctionner cet appareil, et la mouche se promenant sur la feuille de papier détermine des vibrations
assez fortes pour faire réagir énergiquement un téléphone
ordinaire. Il faut alors recouvrir l'appareil d'un globe de
verre. En plaçant une montre sur la membrane et en ayant
soin d'appuyer son bouton sur le morceau de bois séparant les deux charbons, le bruit de ses battements peut
être entendu dans toute une salle. On peut encore, au lieu
de l'arrangement de charbons décrit plus haut, employer
deux cubes de charbon juxtaposés et séparés seulement
par une carte à jouer. Une cavité semi-sphérique pratiquée
à la partie supérieure de cette masse entre les deux charbons, et dans laquelle on place quelques petites boules
de charbon d'une grosseur intermédiaire entre celle d'un
pois et celle d'une graine de moutarde, permet d'obtenir
des contacts multiples excessivement mobiles et éminem-
ment propres à des transmissions téléphoniques. Ces dispositions ont été combinées par M. T. Cuttriss.

Il est encore beaucoup d'autres dispositions de microphones imaginées par différents constructeurs et inventeurs qui donnent des résultats plus ou moins satisfaisants : telles sont celles de MM. Varey, Trouvé, Arger,
Vercker, de Combettes, Loiseau, Lippens, de Courtois,

Pollard, Voisin, Dumont, M. Jackson, Ed. Paterson, Taylor, Ochorowicz, Maiche, etc., etc.

Parmi ces appareils nous décrirons seulement ceux de MM. Varey, Trouvé, Lippens et de Courtois, qui sont les plus anciens et les plus connus.

Le microphone de M. Varey se compose d'une boîte sonore en sapin, montée verticalement sur un pied et sur les deux côtés de laquelle sont disposés deux microphones à charbons verticaux réunis en tension. Un petit élément à chlorure d'argent, sans liquide (de Gaiffe), est adapté dans le pied de l'appareil et suffit parfaitement pour le faire fonctionner. Ce système est d'une extrême sensibilité.

Les microphones de M. Trouvé, que nous représentons figures 12, 15, 14, sont de la plus grande simplicité, ce qui a permis de les livrer dans le commerce à un prix très peu élevé. Ils se composent généralement d'une petite boîte cylindrique verticale telle que celle que l'on distingue figure 12 et dont les deux bases sont munies de disques de charbon que réunit une tige de charbon ou un tube métallique terminé par deux pointes de charbon. Cette tige ou ce tube pivote librement dans deux trous pratiqués dans les charbons, et la boîte, agissant comme une caisse sonore, permet en même temps de servir de prison aux insectes dont on veut étudier les mouvements et les bruits.

Ces boîtes peuvent être suspendues à une potence (fig. 15) par les deux fils de communication, pour les rendre complètement isolées. On entend alors à peine le bruit de la montre placée sur la planchette, ainsi que les bruits de frottement ou de choc extérieurs; mais, par contre, les vibrations sonores de l'air sont seules transmises, et acquièrent une grande netteté.

Nous avons souvent répété ces expériences, et nous avons toujours trouvé le timbre de la voix absolument conservé.

Le modèle représenté figure 14 est encore plus simple et semble être la dernière expression d'un appareil de ce genre. Il se compose d'un pied et d'un disque de charbon réunis par une tige centrale.

Le disque supérieur est mobile autour de la tige cen-

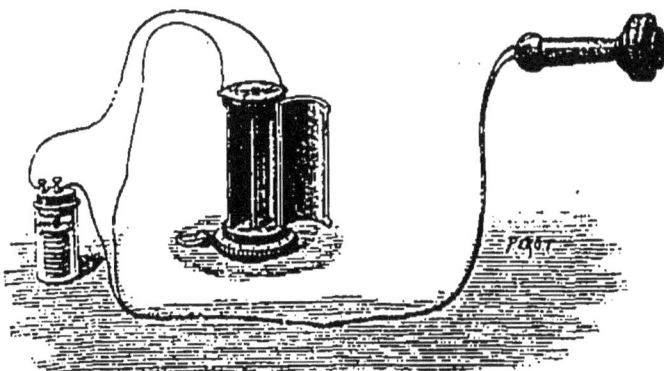

Fig. 12.

trale, et permet de donner toutes les inclinaisons que l'on veut au charbon vertical. On comprend très bien que, plus le charbon sera oblique, moins l'appareil sera sensible.

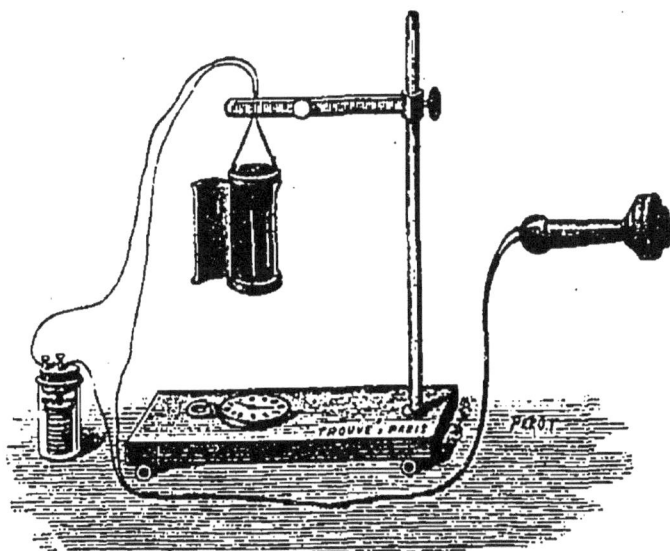

Fig. 13.

Nous devons encore signaler une disposition de micro phone imaginée par M. Lippens qui fournit d'assez bons résultats. C'est une sorte de boîte mince dans le genre de

celle de M. Varey, sur les faces opposées de laquelle sont
adaptées, dans deux encadrements évidés à cet effet,
deux lames minces de caoutchouc durci au centre des-
quelles sont collés, en dedans de la boîte, deux charbons
dont la surface antérieure est creusée en forme de demi-
sphère. Ces deux charbons sont éloignés l'un de l'autre
de deux millimètres à peine, et une boule de charbon est
introduite dans les deux cavités qui forment autour d'elle
comme une enveloppe sphérique. Cette boule est soutenue
par un ressort à boudin qu'on peut tendre plus ou moins
au moyen d'un fil enroulé sur un treuil fixé, au haut de

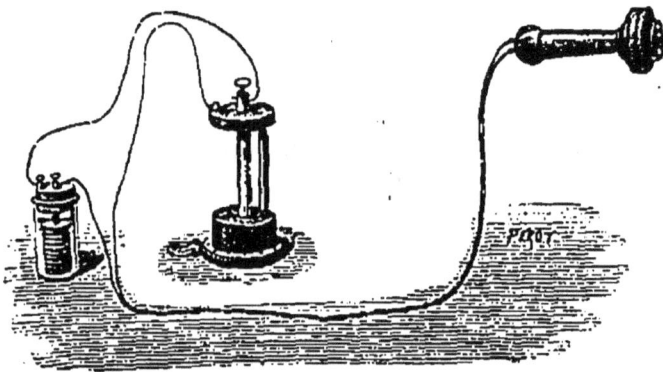

Fig. 11.

l'appareil, comme les ressorts antagonistes des télégraphes
électriques. Au moyen de ce ressort, on peut augmenter
à volonté la pression de la boule de charbon contre
les parois des cavités qui la contiennent, et on peut
rendre l'appareil plus ou moins sensible et plus ou moins
propre à transmettre la parole. Dans ces conditions, ce
sont les vibrations des lames de caoutchouc qui impres-
sionnent directement le microphone, et les courants d'air
n'ont plus d'action sur lui, ce qui rend ses effets plus
nets. Il est si sensible, que pour le faire mieux parler, il
faut se placer à 50 centimètres au moins de l'appareil.

M. Lippens en a fait du reste un joli instrument, qui
est monté sur un pied en bois élégamment tourné.

Pour éviter les crachements des microphones ordinaires, M. de Courtois a eu l'idée d'empêcher toute disjonction de contact entre les charbons, en les maintenant constamment appuyés l'un sur l'autre et en n'effectuant les variations de résistance nécessaires à l'articulation du son qu'en les faisant glisser l'un sur l'autre de manière à interposer dans le circuit une longueur de charbon plus ou moins grande. A cet effet, il adapte à une lame vibrante placée verticalement et soutenue dans un cadre rigide, une petite tige conductrice terminée par un charbon taillé en coin, et fait appuyer la partie pointue de ce charbon sur le bord d'un autre charbon plat disposé au-dessous. Sous l'influence des vibrations de la lame, le charbon en coin accomplit une série d'allées et de venues qui fournissent des contacts plus ou moins étendus sur le charbon inférieur, et qui déterminent par conséquent des variations de résistance à peu près proportionnelles à l'amplitude des vibrations de la lame.

Fanfare de M. Ader. — Bien que cet appareil ne se rattache pas directement au microphone, puisqu'en définitive, le transmetteur n'est autre qu'un transmetteur microphonique du genre de ceux que nous avons décrits dans notre ouvrage sur le Téléphone, on peut néanmoins le rapporter à cette classe d'instruments phonétiques, car, par le fait, les sons reproduits sont considérablement amplifiés; il est vrai que c'est alors par une disposition particulière du récepteur. Nous reproduisons, figure 15, l'aspect de cet appareil tel qu'il a été exhibé à l'Exposition d'Électricité de 1881 pour reproduire des quatuors d'airs de chasse qui étaient entendus des différents points du palais de l'Exposition et qui ont fait l'admiration des curieux. Il se composait, comme on le voit, de quatre récepteurs téléphoniques munis chacun d'une trompette et rangés circulairement les uns à côté des autres. Chacun d'eux était en relation par un circuit spé-

cial avec un transmetteur microphonique que nous représentons figure 19 et qui était animé par le courant
d'une pile de cinq éléments Leclanché. La disposition du
circuit était d'ailleurs la même que pour le téléphone
ordinaire. On a pu cependant obtenir le même résultat
avec une bobine d'induction, mais les sons étaient moins
forts. Chacun des transmetteurs était mis en action par
un chanteur particulier qui faisait sa partie dans le quatuor, et, comme les airs de chasse sont ceux qui produisaient le meilleur effet, on s'était adressé, pour cet exer-
cice, aux sonneurs de cor de l'Alcazar, qui ont l'habitude
de ces airs, et de leurs combinaisons en partie harmo
nisées.

On a fait, pendant quelque temps, un secret de cette
disposition parce qu'on pensait en tirer parti pour la téléphonie, mais la rudesse dont étaient empreints les sons
articulés ainsi reproduits, a fait provisoirement renoncer
à cette application, et on en est resté aux effets d'airs de
chasse qui s'adaptent très bien à ce système. Dès lors le
secret n'avait plus sa raison d'être, car l'appareil n'était
plus alors qu'un simple appareil de curiosité.

Les figures 16 et 17 montrent de face et en coupe de
côté le dispositif intérieur d'un des quatre appareils représentés figure 15. C'est, comme on le voit, un fort aimant en fer à cheval à deux lames AA dont les pôles sont
munis de deux lamelles minces de fer doux disposées
dans le prolongement l'une de l'autre, dans l'intervalle
interpolaire, et réunies en N, dans le petit espace de deux
millimètres environ qui les sépare, par une pièce de cuivre
formant du tout une règle métallique parfaitement
droite et rigide. Les parties de fer de cette règle sont recouvertes, sur une certaine longueur, par deux hélices
mises en rapport avec le circuit téléphonique, et dans
l'intervalle entre ces bobines, se présente latéralement,
presqu'au contact de la règle, une très petite armature
de fer doux *a* de trois millimètres de largeur sur huit de

Fig. 15.

longueur et un d'épaisseur qui est soutenue par un taquet en bois *t* fixé sur un diaphragme en bois de sapin très mince LL. La distance de cette armature aux lamelles de fer N qui constituent les épanouissements des pôles de l'aimant, doit être telle que les variations d'intensité magnétique de

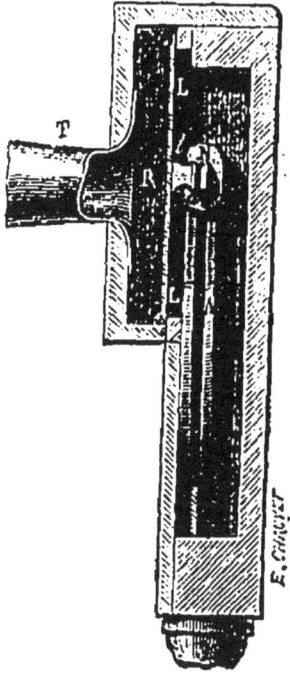 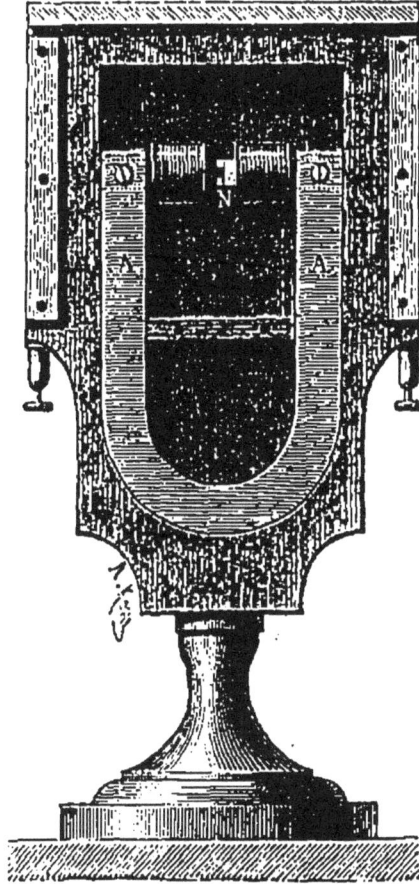

Fig. 16.   Fig. 17.

l'aimant déterminées par les courants ondulatoires, aient pour effet de provoquer de véritables chocs de cette armature contre la règle rigide, et de produire un effet analogue au roulement d'un tambour. Dans ces conditions, les sons répercutés par le diaphragme de bois deviennent

extrêmement énergiques, et étant encore amplifiés par la
caisse de résonnance R qui précède le diaphragme et sur
laquelle est montée la trompette T, ils sortent de celle-ci
avec une très grande intensité. Les trompettes que nous
représentons figure 15 n'avaient pas d'anches, mais M. Ader
en a essayé plusieurs modèles qui en étaient accompagnés,
comme les trompettes d'orgue; toutefois il n'a pas reconnu
qu'elles présentassent de notables avantages sur les trom-

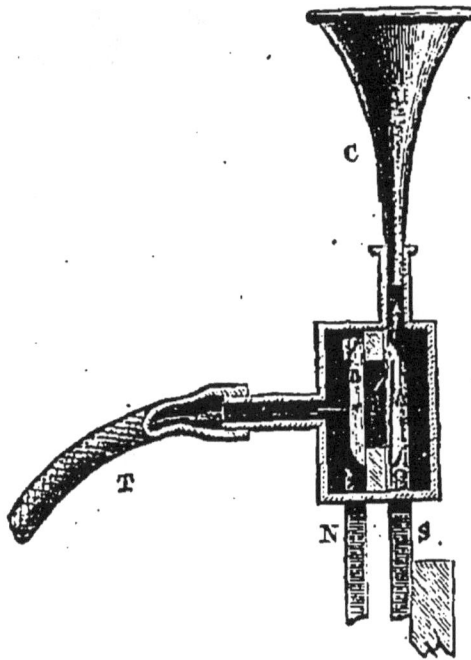

Fig. 18.

pettes simples. Nous représentons figure 18 une disposition de ce genre.

Dans ce système, l'appareil fonctionne avec une souf-
flerie dont le tuyau se voit en F, et l'anche est placée en A
de manière à obstruer une petite cavité formée par l'intervalle interpolaire P des deux pôles épanouis et une
petite cloison percée d'une fente oblongue correspondant
à l'anche A; la trompette T est alors placée sur un tuyau
adapté à la partie supérieure de la chambre, et les flèches

que l'on aperçoit sur le dessin indiquent la direction du courant d'air. Naturellement le dessin représente une coupe suivant le plan passant par l'intervalle interpolaire.

Quant au transmetteur, c'est, comme on le voit figure 19 une embouchure téléphonique munie d'un fort diaphragme au centre duquel est fixée, comme dans le transmetteur de Reiss, une lame de platine. Une pointe de contact du même métal, dont on peut régler la position par rapport à la lame du diaphragme, complète l'interrupteur. Il ne

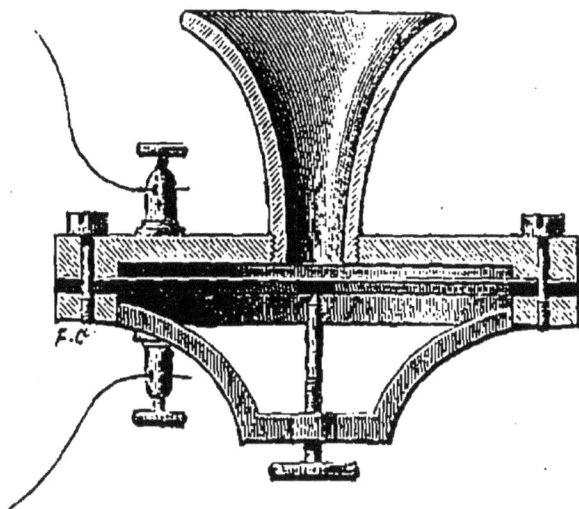

Fig. 19.

présente, en conséquence, rien de particulier qu'une disposition robuste et massive. (Voir les appendices.)

Nous avons insisté un peu sur ces appareils, parce qu'ils ont été une des curiosités de l'Exposition et parce qu'ils montrent qu'on pourra quelque jour transmettre la parole assez haut pour qu'on n'ait pas besoin de se déranger de son fauteuil pour parler et entendre.

Expériences faites avec le microphone. — Il me reste maintenant à indiquer les expériences intéressantes qui ont conduit M. Hughes à l'instrument remarquable dont nous venons de parler et celles qui ont été entre-

prises par d'autres savants, soit au point de vue scientifique, soit au point de vue pratique.

Considérant que la lumière et la chaleur peuvent modifier la conductibilité électrique des corps, M. Hughes
s'est demandé si des vibrations sonores transmises à un
conducteur traversé par un courant ne modifieraient pas
aussi cette conductibilité, en provoquant des contractions et des dilatations des molécules conductrices qui
équivaudraient à des raccourcissements ou à des allon-
gements. du conducteur ainsi impressionné. Si cette

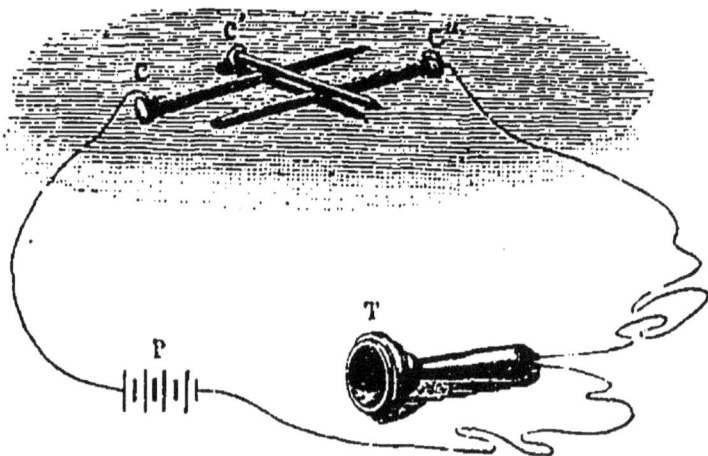

Fig. 20.

propriété existait réellement, elle devait permettre de
transmettre les sons à distance, car de ces variations de
conductibilité devaient résulter des variations proportionnelles de l'intensité d'un courant agissant sur un
téléphone. L'expérience qu'il fit sur un fil métallique
tendu n'a pas répondu toutefois à son attente, et ce n'est
que quand le fil dut vibrer assez fortement pour se
rompre qu'il entendit un son au moment de la rupture.
En rejoignant les deux bouts du fil, un son se produisit
encore, et il reconnut bientôt que pour en obtenir il suffisait d'un contact imparfait entre les deux bouts disjoints
du fil. Il devint dès lors manifeste, pour M. Hughes, que

les effets qu'il prévoyait ne pouvaient se produire qu'avec un conducteur divisé et par suite de contacts imparfaits.

Il rechercha alors quel était le degré de pression le plus convenable à exercer entre les deux bouts rapprochés du fil pour obtenir le maximum d'effet, et pour cela il effectua cette pression à l'aide de poids. Il reconnut que, quand elle était légère et qu'elle ne dépassait pas celle d'une once par pouce carré, au point de jonction, les sons étaient reproduits distinctement, mais d'une manière un peu imparfaite; en modifiant les conditions de l'expérience, il put s'assurer bientôt qu'il n'était pas nécessaire, pour obtenir ce résultat, que les fils fussent réunis bout à bout, et qu'ils pouvaient être placés côte à côte sur une planche ou même séparés (mais avec addition d'un conducteur posé en croix sur eux), pourvu que les métaux en contact fussent du fer et qu'une pression légère et constante pût les réunir métalliquement. L'expérience fut faite avec trois pointes de Paris disposées comme on le voit figure 20, et elle a été répétée depuis, dans de meilleures conditions, par M. Willoughby-Smith, avec trois limes dites queues-de-rat qui permirent de transmettre le bruit d'une faible respiration[1].

Il essaya ensuite différentes combinaisons de ce genre présentant plusieurs solutions de continuité, et une chaine d'acier lui fournit d'assez bons résultats; mais les légères inflexions, c'est-à-dire le timbre de la voix, manquaient, et il dut chercher d'autres dispositions. Il essaya d'abord d'introduire aux points de contact des poudres métalliques; la poudre de zinc et d'étain connue dans le commerce sous le nom de *bronze blanc*, améliora beaucoup

---

[1] M. Willoughby-Smith a varié encore cette expérience en plaçant sur les bouts disjoints du circuit qu'il disposait angulairement l'un par rapport à l'autre, un paquet de fils de soie cuivrés. Dans ces conditions, l'appareil devenait tellement sensible, que le courant d'air résultant d'une lampe placée au-dessous du système, déterminait un crépitement très accentué dans le téléphone.

les effets obtenus; mais ils n'étaient pas stables, à cause de l'oxydation des contacts, et c'est en essayant de résoudre cette difficulté, ainsi qu'en cherchant la disposition la plus simple pour obtenir une pression légère et constante sur ces contacts, que M. Hughes fut conduit à la disposition des charbons mercurisés décrite précédemment[1], laquelle donna les effets maxima.

L'importance de l'effet obtenu dans le microphone dépend du reste, d'après M. Hughes, du nombre et de la perfection des contacts, et c'est sans doute pour cela que certaines positions du crayon, dans l'appareil qui a été décrit plus haut, sont plus favorables que d'autres.

Pour concilier les résultats de ses expériences avec les idées qu'il s'était faites, M. Hughes pensa que, si les différences de résistance provenant des vibrations du conducteur n'étaient pas produites quand ce conducteur était entier, c'est que les mouvements moléculaires se trouvaient arrêtés par des résistances latérales égales et contraires, mais qu'il suffisait qu'une de ces résistances n'existât pas pour que le mouvement moléculaire pût se développer librement. Or un mauvais contact équivalait,

---

[1] Voici ce que dit M. Hughes, relativement à cette disposition : « Le charbon, en raison de son inoxydabilité, est un corps précieux pour ce genre d'applications. En y alliant le mercure, les effets sont beaucoup meilleurs. Je prends pour cela le charbon employé par les artistes pour leurs dessins, je le chauffe graduellement au blanc, et le plongeant ensuite tout d'un coup dans le mercure, ce métal s'introduit instantanément en globules dans les pores du charbon et le métallise pour ainsi dire. J'ai essayé aussi du charbon recouvert d'un dépôt de platine ou imprégné de chlorure de platine, mais je n'ai pas eu un effet supérieur à celui que j'obtenais par le moyen précédent. Le charbon de sapin chauffé à blanc dans un tube de fer contenant de l'étain et du zinc ou tout autre métal s'évaporant facilement, se trouve également métallisé, et il est dans de bonnes conditions, si le métal est à l'état de grande division dans les pores de ce corps, ou s'il n'entre pas en combinaison avec lui. Le fer, introduit de cette manière dans le charbon, est un des métaux qui m'a donné les meilleurs effets. Le charbon de sapin, quoique mauvais conducteur, acquiert de cette manière un grand pouvoir conducteur. »

selon lui, à la suppression de l'une de ces résistances, et, du moment où ce mouvement pouvait se produire, les dilatations et contractions moléculaires qui étaient la conséquence des vibrations devaient correspondre à des accroissements ou à des affaiblissements de résistance du circuit. Nous ne suivrons pas davantage M. Hughes dans cette théorie, qui serait assez longue à développer, et nous allons continuer notre examen des différentes propriétés du microphone[1].

Le charbon, comme nous l'avons déjà dit, n'est pas la seule substance qu'on peut employer à composer l'organe sensible de ce système de transmetteur. M. Hughes a essayé d'autres substances, et même des corps très conducteurs, tels que les métaux. Le fer lui a donné d'assez bons résultats, et l'effet produit par des surfaces de platine dans un grand état de division a été égal, sinon supérieur, à celui fourni par le charbon mercurisé. Toutefois, comme avec ce métal on rencontre plus de difficultés dans la construction des appareils, il donne la préférence au charbon qui, comme lui, jouit de l'avantage de l'inoxydabilité.

Nous avons dit en commençant que le microphone pouvait être employé comme thermoscope : mais il doit avoir alors la disposition particulière que nous avons représentée figures 7 et 8. Dans ces conditions, la chaleur,

---

[1] Suivant M. Hughes, les vibrations qui affectent le microphone, même quand on parle à distance de l'instrument, ne proviendraient pas de l'action directe des ondes sonores sur les contacts du microphone, mais des vibrations moléculaires déterminées par elles sur la planche servant de support à l'appareil; il montre, en effet, que, plus cette planche présente de surface, plus les sons produits par le microphone sont intenses, et qu'en enfermant le microphone de son parleur dans une enveloppe cylindrique, il n'en diminue pas beaucoup la sensibilité, si la boîte qui renferme le tout présente une certaine surface. C'est pour augmenter encore, à ce point de vue, la sensibilité de ses appareils, qu'il adapte la monture sur laquelle pivote la pièce mobile du parleur et du récepteur microphonique sur une lame de ressort.

en réagissant sur la conductibilité de ces contacts, peut faire varier dans de si grandes proportions la résistance du circuit, qu'en approchant la main du tube on peut annuler le courant de trois éléments Daniell. Il suffit, pour apprécier l'intensité relative de différentes sources de chaleur, exposées devant l'appareil, d'introduire dans le circuit des deux électrodes A et B (fig. 7), une pile P de un ou deux éléments Daniell et un galvanomètre un peu sensible G. Un galvanomètre de cent vingt tours de spires est suffisant pour cela. Quand la déviation diminue, c'est que la source calorifique est supérieure à la température ambiante; quand elle augmente, c'est qu'elle est inférieure. « Les effets résultant de l'intervention du soleil et de l'ombre se traduisent sur cet appareil, dit M. Hughes, par des variations considérables dans les déviations du galvanomètre. Il est même impossible de le tenir en repos, tant il est sensible aux moindres variations de la température. »

J'ai répété avec un seul élément Leclanché les expériences de M. Hughes, et j'ai, pour cela, employé un tuyau de plume rempli de cinq fragments de charbon, provenant d'un des charbons cylindriques de petit diamètre que fabrique M. Carré pour la lumière électrique. J'ai bien obtenu les résultats qu'il indique, mais je dois dire que l'expérience est assez délicate. En effet, quand les fragments de charbon sont trop serrés les uns contre les autres, le courant passe avec trop de force pour que les effets calorifiques puissent faire varier la déviation galvanométrique; quand ils sont trop peu serrés, le courant ne passe pas. Il est donc un degré moyen de serrage qui doit être effectué pour que les expériences réussissent, et, quand il est obtenu, on observe, en approchant la main du tube, qu'une déviation qui était de 90° diminue au bout de quelques secondes et semble être en rapport avec le rapprochement plus ou moins grand de la main. Mais c'est l'haleine qui produit les effets les plus marqués, et je ne serais pas éloigné de croire que les déviations plus ou moins grandes que provoquent les émissions des sons articulés, quand on prononce séparément les différentes lettres de l'alphabet, proviendraient d'une émission plus ou moins grande et plus ou moins directe des gaz échauffés sortant de la poitrine. Ce qui est certain, c'est que ce sont les lettres qui provoquent les sons les plus accentués, telles que A, F, H, I, K, L, M, N, O, P, R, S, W, Y, Z, qui déterminent les plus fortes déviations de l'aiguille galvanométrique.

Dans mon mémoire sur la conductibilité des corps médiocrement conducteurs, j'avais déjà signalé cet effet de la chaleur sur les corps divisés, et j'avais de plus montré que, après une certaine déviation rétrograde qui se produisait toujours au premier moment, il se manifestait un mouvement en sens inverse de l'aiguille galvanométrique qui accusait, au bout de quelques instants de chauffage, une déviation bien supérieure à celle indiquée primitivement.

Dans une note publiée dans le *Scientific American* du 22 juin 1878, M. Edison donne quelques détails intéressants sur l'application de son système de transmetteur téléphonique à la mesure des pressions, des dilatations et autres forces capables de faire varier la résistance du disque de charbon de cet appareil par suite d'une compression plus ou moins forte. Comme les expériences qu'il fit à ce sujet remontent au mois de décembre 1877, il en avait conclu qu'il avait encore la priorité de l'invention du microphone employé comme thermoscope; mais nous devons lui faire observer que, d'après la manière dont M. Hughes a disposé son appareil, l'effet produit par la chaleur est précisément inverse de celui qu'il signale. En effet, dans le dispositif adopté par M. Edison, la chaleur agit par une augmentation de conductibilité qu'acquiert le charbon sous l'influence d'une augmentation de pression déterminée par la dilatation d'un corps sensible à la

chaleur; dans le système de M. Hughes, la chaleur provoque un effet diamétralement opposé, parce qu'elle
n'agit alors que sur des contacts et non par effet de
pression. Ainsi la résistance du microphone thermoscope
se trouve augmentée sous l'influence de la chaleur au
lieu d'être diminuée. Cet effet différent tient à la division
du corps médiocrement conducteur, et j'ai démontré
que, dans ces conditions, ces corps, quand ils ne sont
chauffés que faiblement, déterminent toujours un affaiblissement dans l'intensité du courant qu'ils transmettent. Je crois, du reste, que la disposition de M. Edison
est meilleure comme appareil thermoscopique et permet
d'apprécier des sources calorifiques beaucoup moins
intenses. S'il faut l'en croire, on pourrait, avec son appareil, non seulement mesurer la chaleur du rayonnement
lumineux des étoiles, de la lune et du soleil, mais encore
les variations de l'humidité de l'air et de la pression
barométrique. Toutefois, il faut en rabattre beaucoup
sur ces prétentions, car des expériences fort bien faites,
entreprises par M. Ferrini, montrent, comme on le verra
plus loin, que ce système ne peut s'appliquer à aucune
mesure de précision.

Cet appareil, que nous représentons figure 21 avec ses
différents détails et avec la disposition rhéostatique employée pour les mesures, se compose d'une pièce métallique A fixée sur une planchette C, et sur l'un des côtés
de laquelle est adapté le système de disques de platine
et de charbon D décrit au chapitre du téléphone d'Edison
dans notre ouvrage sur le téléphone. Une pièce rigide G
munie d'une crapaudine soutient extérieurement ce système, et on introduit dans cette crapaudine l'une des
extrémités effilées d'un corps susceptible d'être impressionné par la chaleur, l'humidité ou la pression barométrique. L'autre extrémité est soutenue par une seconde
crapaudine I adaptée à un écrou H susceptible d'être plus
ou moins serré par une vis de réglage. Si l'on introduit ce

système dans un circuit galvanométrique $a\ b\ c\ i\ g$ muni de tous les instruments de mesure électrique, les variations de longueur du corps interposé se traduisent par

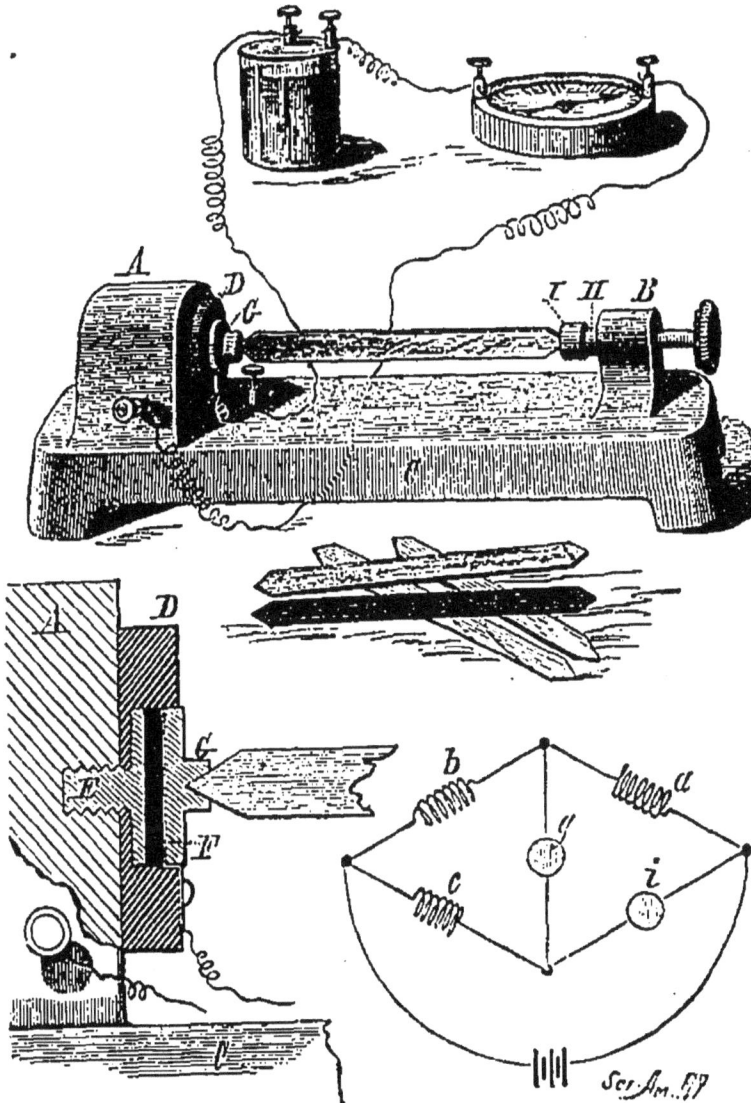

Fig. 21.

des déviations de l'aiguille galvanométrique plus ou moins grandes, qui sont la conséquence des différences de pression résultant de l'allongement ou du raccourcissement du corps dilatable interposé dans le circuit sur l'appareil.

Les expériences du microphone faites à la séance de la Société des ingénieurs télégraphistes de Londres, le 25 mai 1878, avaient admirablement réussi et ont été l'occasion d'un article intéressant dans l'*Engineering* du 31 mai, dans lequel on assure que toute l'assemblée a pu entendre parler le téléphone, dont la voix se rapprochait beaucoup de celle du phonographe. Quand on annonça que ces paroles avaient été prononcées à une distance assez grande du microphone, le duc d'Argyle, présent à la séance, tout en admirant l'importance de la découverte, ne put s'empêcher de s'écrier que cette invention pourrait avoir des conséquences terribles : « Ainsi par exemple, dit-il, nous sommes à Downing-street, et je ne puis m'empêcher de penser que si un des appareils du professeur Hughes était placé dans la pièce où les ministres de Sa Majesté sont en conférence, nous pourrions entendre d'ici tous les secrets de cabinet. Si un de ces petits appareils pouvait être mis dans la poche de mon ami Schouvaloff ou bien dans celle de lord Salisbury, nous serions tout à coup en possession de ces grands secrets que tout ce pays et toute l'Europe attendent avec une si grande anxiété. Si l'assurance qu'on donne que ces appareils sont susceptibles de répéter toutes les conversations qui peuvent se faire dans une pièce où ils sont placés était réelle, cela pourrait constituer un véritable danger, et je pense que le professeur Hughes, qui a inventé ce magnifique et en même temps si dangereux instrument, devrait rechercher maintenant un antidote à sa découverte. » D'un autre côté, le docteur Lyon-Playfair pense « que le microphone devrait être appliqué à l'aérophone, pour qu'en plaçant ces instruments dans les deux chambres du Parlement, les discours des grands orateurs puissent être entendus par toute une population sur une étendue de quatre à cinq milles carrés. »

Les essais du microphone faits à cette époque à Halifax, et qui ont été rapportés dans les journaux anglais du temps, montrèrent que les prévisions du duc d'Argyle étaient parfaitement justifiées. En effet, un dimanche, un microphone ayant été placé sur la devanture de la chaire d'un prédicateur à l'église d'Halifax, et cet instrument étant relié par un fil de 5 kilomètres à un téléphone placé près du lit d'un malade habitant un château voisin, ce malade avait pu entendre toutes les prières, les cantiques et le sermon. Aujourd'hui tous ces effets n'ont plus rien d'extraordinaire, et on en a vu bien d'autres à l'Exposition d'Electricité de 1881.

Il paraît, du reste, que l'application du microphone dont nous venons de parler n'a pas été particulière à Halifax, car les journaux ont annoncé qu'il y avait des villes aux États Unis où l'on avait pris des abonnements pour entendre ainsi le Service divin.

Nous n'avons pas besoin de rappeler que c'est par l'intermédiaire d'appareils microphoniques qu'on a pu réaliser les auditions théâtrales qui ont fait l'admiration du public à l'Exposition d'Electricité de 1881, et qui avaient été organisées dès 1878 à Bellinzona, en Suisse, par M. Patocchi. La relation de ces auditions se trouve dans les premières éditions de notre ouvrage.

THÉORIE DU MICROPHONE.

Dès l'année 1879, M. le docteur Julian Ochorowicz a publié dans le journal *la Lumière électrique* trois articles intéressants sur la théorie du microphone, qui montrent que cette question est plus complexe qu'on ne l'avait cru tout d'abord, et il la résume de la manière suivante :

« En résumé, dit-il, on doit reconnaître dans toutes les formes de microphones :

1° Un mouvement mécanique des parties constituantes;

2° Une variation dans les points de conductibilité;

5° Un changement de résistance.

« Je dis points de conductibilité et non « de contact », parce
que cette première expression embrasse à la fois les points
de contact et la route traversée par le courant dans l'une ou
dans l'autre direction. Voilà donc une formule générale qui
doit toujours guider les chercheurs. Mais de ces trois actions,
c'est le changement des points de contact qui joue ici le rôle
principal. Du nombre plus ou moins grand de ces points dépend *l'intensité* des sons : le nombre des interruptions successives des mêmes contacts détermine leur *hauteur*, et les
changements accessoires leur *timbre*; enfin des diverses combinaisons successives et simultanées, périodiques ou non
périodiques de tous ces changements, résulte leur *articulation*.
Il suffit de comparer les traces de la parole dans le phonautographe, le logographe et le phonographe, pour se convaincre
qu'il n'y a en réalité, dans ces appareils, qu'une réduction de
la *qualité* en *quantité*. Je suis même porté à croire que cette
réduction est bien simple et qu'une série de combinaisons en
temps et en espaces de *trois points matériels de contact* suffit
pour servir d'équivalent à tous nos sons articulés. Il me serait
difficile de rapporter ici toutes les expériences et réflexions
qui m'ont conduit à cette supposition. En attendant, je ne la
donne qu'à titre de probabilité. Mais abordons maintenant les
questions spéciales et avant tout celle de la prétendue amplification des sons par le microphone.

« Il est facile de se convaincre qu'elle n'existe pas. Tous les
sons, considérés en *eux-mêmes, sont toujours affaiblis par le
microphone.*

« Mais le microphone n'est pas seulement un appareil qui
transmet électriquement les *sons,* il est aussi, et d'une manière plus particulière encore, l'appareil qui *transforme les
ébranlements mécaniques en sons,* et ceux-là peuvent être amplifiés dans cette transformation.

« *Exemples :* Le tic-tac d'une montre de poche, posée sur
la même planche que le microphone, quoique à une distance
de 6 à 7 mètres, peut être entendu distinctement. Si cette
montre est posée sur la planchette même du microphone, le
son peut être entendu dans toute une chambre, parce qu'il
agit, non comme *bruit,* mais comme *ébranlement mécanique.* Or,
cette même montre devient incapable d'influencer le micro-

phone lorsqu'on la tient en l'air à une distance de quelques millimètres de celui-ci, parce qu'alors elle n'agit que par son *bruit*. En revanche, un faible souffle d'air, qui n'occasionne presque aucun bruit, fait l'effet d'un courant d'air, etc.

« *L'affaiblissement des sons articulés est d'autant plus marqué qu'ils sont plus intenses; de sorte que les sons les plus faibles éprouvent le moindre affaiblissement.* Les sons musicaux simples accompagnés d'un ébranlement mécanique relativement fort (par exemple, d'un courant d'air sortant de la bouche quand on chante ou que l'on siffle), *peuvent être un peu amplifiés* par un microphone à interruptions complètes, mais cette amplification n'a lieu que lorsqu'il s'agit de sons *faibles*.

« *Les ébranlements mécaniques*, quoique non accompagnés de sons, *sont toujours transformés en sons, et ceux-ci augmentent en intensité à mesure que leur amplitude tend à interrompre le courant.* Cette interruption accomplie, l'augmentation cesse de se manifester. Un courant d'air n'agira pas plus fortemen qu'un faible souffle, dès que celui-ci est assez fort pour provoquer une rupture momentanée, mais complète, du courant. Il y a deux limites entre lesquelles sont comprises toutes les lois des phénomènes microphoniques : la limite inférieure, où il y a *minimum* d'ébranlement mécanique et où le changement de contact est à peine réalisé, et la limite supérieure, où l'ébranlement interrompt le courant, indépendamment de l'énergie de cet ébranlement. Au delà, il n'y a plus d'amplification ni même d'articulation ; mais entre ces limites *l'intensité des sons est directement proportionnelle à l'énergie des ébranlements mécaniques qui accompagnent les ondes sonores.* Et comme les vibrations d'une ou de plusieurs parties du microphone déterminent une augmentation ou une diminution dans le nombre des points de bonne ou de mauvaise conductibilité, on en conclut que :

« *L'intensité des sons est directement proportionnelle à la grandeur des changements différentiels dans la résistance du microphone.*

« Si je ne me trompe l'influence de l'énergie des ondes sonores sur l'intensité des sons perçus dans le téléphone n'a pas été encore reconnue positivement. Au contraire, on était porté à croire qu'elle ne devait pas exister (Voy. Clerk-Maxwell, *Nature*, vol. 18, p. 162[1]), et cependant il m'est impossible

---

[1] M. Wrobleski, professeur à l'Université de Strasbourg, faite

d'en douter, seulement il faut prendre en considération non pas le côté sonore, mais le côté mécanique des phénomènes. Quand on parle à voix basse près du microphone, ou à voix forte, mais à une distance de quelques mètres, les sons sont plus faibles que quand on parle à voix haute ou de près. Une montre à bruit fort est mieux entendue qu'une montre à bruit faible, etc. Les limites de proportionnalité sont bien restreintes, il est vrai, mais les différences de résistance le sont aussi. Augmentons celles-ci, et nous élargirons celles-là.

« La prétendue indépendance des sons du récepteur de ceux qui frappent le transmetteur a pris sa source dans un fait parallèle au premier, savoir, que les limites d'une articulation distincte sont beaucoup plus rapprochées que celles des sons non articulés. La *distinction* et la netteté *des sons articulés transmis par un microphone sont en raison inverse de leur intensité. L'intensité croît à mesure que les vibrations microscopiques tendent à interrompre complètement le courant, tandis qu'en même temps la faculté de transmettre les sons articulés disparaît.*

« Et c'est là la principale difficulté qui empêche d'amplifier les sons à volonté.

« L'intensité des sons acquiert son *maximum* lorsque les interruptions du courant deviennent complètes ; mais alors les sons ne peuvent plus être articulés ; voilà pourquoi on entend mieux quand on parle d'une voix ordinaire que quand on parle d'une voix haute.

« *L'intensité des sons est aussi en rapport direct avec la force du courant*, mais ce rapport est encore plus réduit que les précédents. Les manifestations microphoniques commencent dès que le courant a la force de vaincre la résistance du microphone et de le traverser. Ce sont les bruits d'interruption complète qui se manifestent les premiers, ils sont très faibles, et leur modulation est encore impossible. Si l'on augmente l'intensité du courant, la modulation acquiert son premier degré, et le bruit d'une montre est perçu nettement. Il devient plus fort à mesure que l'intensité du courant fait un troisième pas, et alors la parole commence à être perçue. Au fur et à

même de cette négation une loi en disant que « l'énergie des ondes sonores n'a aucun rapport avec l'intensité des sons perçus». (*Cosmos*, 1878, X, 398, Lemberg.)

mesure que la force du courant augmente, l'intensité des
sons croît encore, mais leur articulation s'efface. La proportionnalité se manifeste seulement à l'égard des sons simples
qui provoquent l'interruption complète du courant et jusqu'à
ce que le bruit des étincelles les étouffe.

« J'ai fait encore une série d'expériences qui démontrent
que les *phénomènes du microphone dépendent beaucoup de la
vitesse des mouvements de ses parties constituantes*. On peut vérifier ce fait, non seulement en présence des courants faibles,
mais aussi quand ils sont intenses. Cela se manifeste d'une
manière plus évidente encore dans les microphones à liquide
et dans les piles microphoniques, et l'on peut s'en convaincre
par l'expérience suivante, qui est curieuse.

« On attache aux deux bouts du fil téléphonique deux morceaux de fil de fer et on les plonge dans un verre d'eau pure ;
l'action microphonique se manifeste alors aussitôt que l'on fait
toucher les deux bouts ou même quand on plonge et on retire
l'un de ses bouts, laissant l'autre dans l'eau.

« Les bruits d'interruption du courant sont naturellemen
bien faibles, mais ils deviennent plus faibles encore quand les
mouvements de l'électrode sont lents, et ils s'éteignent com-
plétement quand on les exécute encore plus lentement. Au
contraire, ils deviennent un peu plus forts quand les mouvements sont rapides et d'une plus grande amplitude. Ainsi dans
une pile à bichromate de potasse, où les deux pôles peuvent
être enfoncés à volonté, soit isolément, soit conjointement,
l'immersion rapide provoque des sons accentués, tandis qu'une
immersion lente et successive ne détermine plus aucune action
microphonique, même quand elle est effectuée plus profondément, *quoique l'intensité du courant augmente et que l'aiguille
du galvanomètre dévie de plus en plus*.

« *Les changements dans la résistance et dans l'intensité des
courants ne sont donc nullement suffisants pour provoquer les
phénomènes microphoniques* ; il est pour cela indispensable que
ces changements soient *rapides*.

« Le microphone change par lui-même le timbre de la voix,
et cela de plusieurs manières qui dépendent de la position de
ces différentes parties et de leur pression initiale. En touchant
du bout du doigt la tige mobile, on peut changer le timbre à
plusieurs reprises, et on peut même faire entendre des bruits

4

et des sons spontanés analogues à un bourdonnement, à un sifflement ou à un gémissement plaintif, et cela sans qu'aucune cause extérieure intervienne. Ce phénomène curieux est dû à des écartements et glissements imperceptibles de la partie mobile du microphone, sous l'influence de son poids. On peut les provoquer artificiellement en construisant un appareil dans lequel ce glissement automatique est facilité, et en posant la pièce mobile de manière qu'elle puisse descendre automatiquement. Ces bruits sont souvent si intenses qu'on les entend dans toute une chambre, ce qui prouve qu'ils résultent d'une suite d'interruptions plus ou moins complètes.

« Les sons simples qui résultent *d'une série d'interruptions complètes ont toujours la même intensité et le même timbre, indépendamment de l'énergie qui les provoque, mais ils changent d'intensité et sont en rapport avec la force du courant.*

« Le courant électrique étant modifié par l'action du microphone dans toute sa longueur, et pouvant agir à distance par induction, il n'est pas nécessaire d'introduire le téléphone dans le circuit pour entendre les sons. Il suffit pour cela de le rapprocher de n'importe quel point du fil du microphone, ou même de la pile. Pour plus de commodité, on peut réunir ensemble deux téléphones, approcher l'un du fil et entendre dans l'autre. Quand, au lieu du microphone, on introduit dans le circuit une bobine avec un interrupteur automatique, le téléphone transmetteur peut être influencé à une distance d'un mètre. Si les fils du téléphone sont réunis directement à la bobine secondaire, les sons qu'on entend dans toute une salle sont de beaucoup plus intenses que ceux de l'interrupteur lui-même. C'est ce son qu'on peut le plus facilement entendr dans un microphone *employé comme récepteur.*

« Cette nouvelle fonction inattendue du merveilleux instrument de M. Hughes a été invoquée comme une difficulté insurmontable pour une théorie microphonique. — « Cette fois, c'est à n'y rien comprendre, » dit M. du Moncel en citant les expériences de MM. Blyth et Hughes. Cependant le fait n'est pas si étrange, ni même si nouveau qu'on le croyait d'abord. Les sons provoqués par le passage seul d'un courant discontinu ont été profondément étudiés par de la Rive en 1845[1] et par

Beatson en 1848[1], et quant à l'explication, il me semble que nous pouvons la rapporter aux diverses propriétés mécaniques du courant. Il est connu que son passage influe sur l'élasticité de ses conducteurs (Wertheim), et, bien qu'il ne soit pas strictement établi qu'il peut allonger les fils qu'il parcourt (Edlund), cependant les expériences de la lumière électrique (arc de Volta) nous montrent qu'il exécute un arrachement des particules charbonnées et les transporte d'une électrode sur l'autre. On connaît d'ailleurs les mouvements des particules liquides, dans la direction du courant, etc. Il est donc permis de concevoir le courant électrique comme un véritable *courant* d'eau qui enlève d'une certaine façon les particules matérielles qu'il rencontre, surtout quand elles sont mobiles, et s'il est trop faible pour les enlever réellement, il n'en conserve pas moins une tendance qui se manifeste par des répulsions presque imperceptibles. Or ce sont ces répulsions qui reproduisent la parole, étant produites elles-mêmes par un courant modulé sous l'influence de la parole. Nous trouvons ici le même effet essentiel que dans les téléphones : à savoir, une transformation réciproque de cause en effet.

« Les sons transmis de cette façon ne sont perceptibles que là où le conducteur solide (un fil métallique) est remplacé par quelques particules séparées et facilement mobiles (le microphone); mais il est facile de comprendre qu'ils existent aussi, à un degré beaucoup plus faible, dans tous les points du circuit. Il suffit pour s'en convaincre d'enrouler quelques dizaines de mètres de fil isolé sur un petit tambour de bois et de le tenir appuyé contre l'oreille. L'intensité du son augmente même quand on place au milieu d'une telle bobine quelques morceaux de fer.

« En poussant la réduction du téléphone encore plus loin, on peut arriver à se passer du microphone récepteur et même d'une bobine réceptrice, en appuyant de simples électrodes (lames ou cylindres métalliques) contre les deux tempes. Le courant intermittent passe alors par la tête, et la peau sèche joue ici le même rôle que les feuilles de papier dans le condensateur chantant de MM. Varley et Pollard. On peut aussi construire une harpe électrique avec des fils fins, rapprochés

[1] Électro-magn.. avril 1846.

les uns des autres, et cette harpe émet des sons quand elle
est traversée par un courant discontinu. C'est alors l'air qui
joue le rôle de mauvais conducteur. Enfin une spirale de fil
fin engendre des sons sous l'influence des attractions électro-
dynamiques.

« Il ne nous reste plus qu'une remarque à faire sur les propriétés *thermoscopiques* du microphone. Elles rentrent dans le
même ordre d'explications que celles qui nous ont servi pour
comprendre l'action du microphone agissant comme transmetteur; seulement, comme il s'agit ici d'une action électro-
motrice et non téléphonique, les changements dans les points
de conductibilité n'ont plus besoin d'être *rapides*. Une autre
différence, en apparence contradictoire, se fait remarquer.
On sait que le *microtasimètre* de M. Edison présente des effets
tout à fait opposés à ceux du *microphone thermoscopique* de
M. Hughes. Dans le premier, la chaleur agit par une augmentation de conductibilité; dans le second, c'est l'inverse : la
chaleur augmente la résistance; pourquoi? Parce que, dans le
premier cas, c'est un corps *solide* qui se dilate sous l'influence
de la chaleur, *en augmentant le nombre des contacts*, tandis
que dans le second cas, où il existe plusieurs petits morceaux
de charbon juxtaposés, c'est l'*air*, qui les entoure et les sépare,
qui se dilate avant tout, et cette dilatation doit nécessairement
produire une *diminution dans le nombre des contacts;* mais le
principe reste toujours le même.

« En résumé, il nous est impossible de reconnaître dans le
microphone une nouvelle propriété de la matière, ou, tout au
moins, celle de l'action directe des ondes sonores sur certains
corps médiocrement conducteurs. Le microphone ne présente
aucune analogie avec le microscope, et sa théorie n'a aucun
rapport avec celle du *sélénium.* »

M. Ferrini a fait une étude particulière de la conductibilité des contacts entre des charbons soumis à différentes pressions, et il est arrivé aux déductions suivantes :

1° Les charbons, tant cohérents qu'en grains, gagnent
en conductibilité à mesure que la pression augmente et
la perdent à mesure que la pression décroît.

2° En général, les charbons les plus denses sont ceux

qui conduisent le mieux, mais il y a de très grandes différences sous ce rapport entre deux charbons ayant presque la même densité, ce qui tient probablement à leur composition.

5° Les charbons les plus compacts et les plus durs sont en général les moins sensibles aux changements de la pression. Ainsi, par exemple, pour les charbons de forme cylindrique fabriqués par M. Carré, la diminution de résistance, causée par un accroissement de pression de 1 à 9 millimètres, variait entre 0,5 et 0,7 de leur résistance normale, et pour trois autres sortes de charbons qui avaient une résistance normale plus grande, cette diminution de la résistance n'était que la onzième partie de sa valeur normale.

4° Le changement qui est produit dans la conductibilité spécifique du charbon par le changement de pression peut être attribué généralement à deux actions différentes : l'une, qui détermine le principal effet, est momentanée et disparaît quand on ramène la pression à son point de départ; l'autre détermine un effet secondaire qui est d'une durée plus ou moins grande, suivant les circonstances, et qui se manifeste quelquefois après que la pression est revenue à son état initial.

Après une série d'expériences dans lesquelles le charbon, soit en un ou plusieurs morceaux, soit en poudre, avait été soumis à une pression graduellement croissante et abandonné pendant plusieurs heures sous la dernière pression transmise, sa résistance s'est trouvée presque toujours diminuée. Le contraire a eu lieu lorsque la pression avait été graduellement diminuée et que le charbon avait été abandonné pendant longtemps sous une pression très légère. En comparant les résistances observées dans deux séries consécutives d'expériences dont l'une se rapportait aux pressions graduellement croissantes ou décroissantes, et l'autre à ces actions renversées, on a trouvé que les résistances correspondant aux pressions décroissantes étaient toujours plus faibles que celles correspondant aux autres séries de pressions, sauf pour les pressions les plus petites. Les différences constatées entre les deux séries de résistances étaient généralement accentuées et d'autant plus grandes que la sensibilité du charbon expérimenté était plus grande.

5° L'importance de l'effet secondaire dont il vient d'être question augmente avec l'accroissement de la pression, et si cette pression ne dépasse pas la limite dans laquelle on peut la maintenir proportionnelle au déplacement de la vis micrométrique, les effets se produisent assez régulièrement ; mais si cette limite est dépassée, le charbon conserve un affaiblissement permanent dans sa résistance. Ainsi, dans certaines expériences faites avec un bloc de charbon de Carré, la résistance fut réduite de 0,92 (unité Siemens) à 0,67. Le corps dont la résistance se trouve ainsi modifiée d'une manière permanente, ne cesse pas pour cela d'avoir sa conductibilité modifiée proportionnellement à la pression qui est exercée sur lui ; il a seulement perdu de sa sensibilité, mais il subit d'une manière plus régulière les effets qui affectent sa conductibilité.

6° Puisqu'un changement de pression détermine un effet immédiat qui est suivi d'un autre effet moins important se dissipant lentement, il est clair que les affaiblissements de résistance observés à la suite d'une série de pressions croissant à de courts intervalles, seront tous plus faibles que ceux que les mêmes pressions occasionneraient si les effets étaient isolés, et il doit en être de même des accroissements de résistance qui se produisent à la suite d'expériences faites avec des pressions décroissantes.

Comme les différences entre les résistances normales et celles qui sont la conséquence des expériences ont des signes contraires, et ne diffèrent pas probablement beaucoup les unes des autres, M. Ferrini a pris la moyenne

arithmétique des valeurs des séries d'accroissements ou
d'affaiblissements, comme représentant l'expression probable de la résistance normale pour la pression correspondante, et il a alors examiné si la loi de la décroissance
de la résistance avec la pression est la même pour les
divers charbons. Il a eu pour cela recours à la méthode
graphique, et il a pu reconnaître que les courbes obtenues
formaient les branches d'une hyperbole équilatérale. Le
calcul par la méthode des moindres carrés conduisit
aussi au même résultat, à savoir que pour chaque charbon
la différence entre sa résistance réelle et sa limite vers
laquelle elle tend, pour un accroissement indéfini de la
pression, est en raison inverse de la pression correspondante, avec une origine spéciale, différente pour chaque
expérience. Les différences entre les valeurs calculées et
celles données par l'expérience étaient petites, et M. Ferrini en arrive à la conclusion que la loi précédente est
une loi générale pouvant s'appliquer à toutes espèces de
charbons, qu'ils soient constitués par de simples morceaux cylindriques ou par des piles composées de petits
fragments.

M. Ferrini fait toutefois remarquer que la poudre de
charbon ne semble pas soumise à la loi précédente, car
elle donne des valeurs différentes d'une expérience à
l'autre; il trouve que pour les diverses espèces de charbons, bien qu'en général les plus denses aient la meilleure conductibilité, c'est la variation de leur composition
qui exerce le plus d'influence sur leur résistance. De
plus, indépendamment de l'effet secondaire de pression
dont il a été parlé plus haut, il a observé d'autres changements de résistance dont l'origine est très difficile à
expliquer, bien que d'après les recherches qui précèdent,
les divers charbons obéissent à une même loi dans les
changements de leur conductibilité spécifique avec la
pression. Il en conclut en conséquence qu'il n'est pas
prudent d'employer le charbon comme moyen scientifique

à l'aide duquel on puisse calculer la résistance d'après la pression.

A l'occasion des procès qui ont eu lieu dernièrement en Angleterre au sujet du téléphone, M. Conrad Cooke, l'un des rédacteurs de l'*Engineering*, a entrepris quelques expériences pour démontrer que les variations de résistance résultant de la pression ne se produisent pas dans les mêmes conditions avec les charbons durs et les charbons mous. Ainsi, il montre que si un crayon de charbon dur est interposé entre deux blocs de la même matière et fait partie d'un circuit téléphonique, on n'obtient aucun son dans le téléphone quand on frappe avec un marteau le bloc supérieur, mais si ce morceau de charbon interposé est de nature molle et spongieuse, ces coups de marteau s'entendent parfaitement dans le téléphone. Il en conclut que dans le premier cas les variations d'intensité de courant viennent d'une variation de la résistance de la surface de contact des charbons, variation qui ne peut être que très réduite et en rapport avec des pressions faibles, tandis que dans l'autre cas, la variation résulte d'un changement de conductibilité de toute la masse.

APPLICATIONS DU MICROPHONE.

Les applications du microphone se multiplient tous les jours, et, en outre de celles dont nous avons déjà parlé dans notre précédent volume, il en est quelques-unes qui ont un véritable intérêt scientifique et même pratique. De ce nombre sont celles qu'on peut en faire à la télégraphie, comme système de relais, aux études scientifiques pour l'étude des vibrations imperceptibles à nos sens, à la médecine et à la chirurgie, et même à l'industrie. Nous avons d'ailleurs vu que le microphone employé comme parleur était venu grandement en aide à la téléphonie.

Applications aux études scientifiques. — Avant les curieuses expériences de M. Ader et celles que j'ai entre-

prises dans la même direction, la reproduction des sons
par les téléphones sans diaphragme n'avait pas été nettement démontrée, en raison de la faiblesse des vibrations
alors transmises, et M. Hughes entreprit alors avec le
microphone une série d'expériences qui démontrèrent
parfaitement la vérité des assertions qui avaient été données à cet égard. M. F. Varley a fait aussi de son côté
d'intéressantes expériences qui ont conduit au même résultat et qui lui ont fait dire en terminant :

« Toutes ces expériences confirment du reste les travaux de M. du Moncel, qui a fait avancer considérablement la question en jetant une grande lumière sur les
causes imparfaitement connues jusqu'alors qui sont en
jeu dans l'action du téléphone articulant. »

J'ai rapporté ces diverses expériences dans la seconde
édition de cet ouvrage, page 205; mais aujourd'hui que
le fait est démontré d'une manière beaucoup plus con-
cluante, il est inutile d'en parler davantage.

En revanche, nous devrons insister sur les applications
qui en ont été faites à l'étude des phénomènes physiologiques et pour lesquelles M. Trouvé a imaginé un dispositif très simple et très ingénieux. C'est un tout petit
microphone du modèle de la figure 15, dont la base en
ébonite est armée de trois pointes qui lui servent de
pieds. Ces pieds forment un triangle d'un centimètre de
côté, et sont destinés à l'empêcher de glisser sur le
muscle ou l'organe sur lequel il est placé par l'expéri-
mentateur. On peut lui ajouter une aiguille pour le pi-
quer, à la manière d'une épingle, dans un muscle, ce qui
paraît être le mode de fixation le plus naturel pour éviter complètement les bruits dus aux frottements anor-
maux. On adapte alors à la base du microphone un fil
en caoutchouc souple pour le fixer, et les bruits que
l'on entend dans le téléphone adapté à ce microphone
sont réellement ceux que l'on doit étudier. M. Trouvé a
construit des instruments de ce genre pour prendre toutes

les positions, et ils sont tellement petits qu'ils ne pèsent pas plus d'un gramme. Dernièrement même, il a disposé, conjointement avec M. de Boyer, un nouvel appareil qui est décrit dans *la Lumière électrique* du 1er mars 1880, et qui paraît avoir donné des résultats importants. (Voir fig. 27, page 69.)

On connaît les belles recherches qu'ont entreprises, dans le courant de l'année 1879, avec l'aide du téléphone, MM. Marey et Robin sur les poissons électriques, tels que torpilles, raies, gymnotes, etc. : il est évident que les appareils précédents placés entre leurs mains leur feront découvrir encore bien d'autres effets jusqu'ici inconnus.

Comme applications scientifiques du microphone, nous devons citer encore celles qu'en ont faites MM. Rossi et Semmola à l'étude des mouvements précurseurs des éruptions volcaniques, et, d'après M. Rossi, il paraîtrait que, grâce à cet instrument, on pourrait prévoir d'avance ces éruptions. (Voir les *comptes rendus*, année 1879.)

Application comme relais téléphoniques. — Dès le mois de février 1878, j'avais songé aux moyens de former des relais téléphoniques, mais je m'étais trouvé arrêté par l'absence de vibrations que j'avais constatée au diaphragme des téléphones récepteurs, et voici ce que je disais dans ma communication à l'Académie du 25 février 1878 : « Si les vibrations de la lame des téléphones récepteurs étaient semblables à celles de la lame des téléphones transmetteurs, il est facile de concevoir qu'en substituant au téléphone récepteur un téléphone à la fois récepteur et transmetteur ayant sa pile locale, ce dernier pourrait réagir comme un relais, grâce à l'intermédiaire de la bobine d'induction, et pourrait ainsi non seulement amplifier les sons, mais encore les transmettre à toute distance; mais il n'est pas prouvé que les vibrations des deux lames en correspondance soient de la même nature, et si les sons résultent de rétractions et dilatations molé-

culaires, le problème serait beaucoup plus difficile à résoudre. Ce sont des expériences à tenter. » Eh bien! ces
expériences ont été tentées avec succès par M. Hughes,
qui, dès les premiers jours de juin 1878, m'écrivait pour
me donner connaissance d'expériences qui l'avaient conduit à la création d'un relais microphonique des plus intéressants. Voici ces expériences :

Vous placez sur une planche en bois un peu grande,
une planchette à dessin, par exemple, un microphone à
charbon vertical dont les extrémités sont bien pointues
et qui est placé tout à fait verticalement. On dispose dans
le circuit un ou plusieurs téléphones, et si on les renverse
sur la planche de manière que leur membrane soit en regard de celle-ci, on entend un roulement continu qui res-
semble tantôt à un son musical, tantôt au bruissement de
l'eau bouillant dans une chaudière, et ce bruit, qui peut
être entendu à distance, dure indéfiniment tant que la
source électrique est en activité. M. Hughes explique ce
phénomène de la manière suivante.

La moindre secousse qui mettra le microphone en action aura pour effet d'envoyer des courants plus ou moins
interrompus à travers les téléphones qui les transforme-
ront en vibrations sonores, et celles-ci étant transmises
mécaniquement par la planche au microphone, entretien-
dront son mouvement, qui sera même amplifié, et provo-
quera de nouvelles vibrations sur les téléphones; d'où il
résultera une nouvelle action sur le microphone, et ainsi
de suite indéfiniment. D'un autre côté, en plaçant sur la
même planche un second microphone correspondant à un
autre circuit téléphonique, on peut en faire un appareil
réagissant comme *un relais télégraphique*, c'est-à-dire répétant à distance les bruits transmis à la planche, et ces
bruits répétés peuvent constituer soit un appel, soit les
éléments d'une dépêche dans le langage Morse, si l'on
place dans le circuit du premier microphone un manipulateur Morse. « J'ai fait, dit M. Hughes, avec cette dis-

position d'appareil, plusieurs expériences qui ont produit
beaucoup d'effet, quoique n'ayant employé qu'une pile de
Daniell de six éléments sans bobine d'induction. En adaptant au téléphone récepteur un cornet en carton de 40 centimètres de longueur, on a pu entendre dans toute une
grande salle le bruit continu du relais, les battements
d'une pendule et le bruit fait par la plume en écrivant.
Je n'ai pas essayé de transmettre la parole, parce que,
dans ces conditions, elle n'aurait pas été reproduite avec
netteté. »

Depuis ces premiers essais, M. Hughes a combiné un
autre système de relais microphonique encore plus
curieux et qui ne met à contribution que deux microphones à charbon vertical. En plaçant sur une planchette
deux microphones de ce genre et reliant un des microphones à un troisième servant de transmetteur, alors que
le second est mis en rapport avec un téléphone et une
seconde pile, on entend dans le téléphone les paroles
prononcées devant le microphone transmetteur, sans que
le relais téléphonique mette à contribution aucun organe
électro-magnétique.

Un peu plus tard (en août 1878), MM. Houston et Thomson
ont combiné également un système de relais téléphonique
qui ne diffère guère de celui de M. Hughes qu'en ce que
le microphone, au lieu d'être placé sur une planchette
en bois à côté du téléphone, est fixé sur le diaphragme
lui-même du téléphone, et se compose de trois microphones verticaux que l'on peut associer en tension ou en
quantité suivant les conditions de l'application. Le modèle
de cet appareil est reproduit dans le *Telegraphic journal*
du 15 août 1878, et nous y renvoyons le lecteur qui vou
drait avoir plus de renseignements à ce sujet.

Application à la médecine et à la chirurgie. —
L'extrême sensibilité du microphone avait fait penser à
employer cet appareil pour constater les bruits produits

à l'intérieur du corps humain et servir par conséquent de *stéthoscope* pour l'auscultation des poumons et des battements de cœur. Le D' Richardson en Angleterre, conjointement avec M. Hughes, s'occupe en ce moment de rendre pratique cette importante application; mais jusqu'à présent les résultats obtenus n'ont pas été très satisfaisants. On espère toutefois y parvenir. En attendant, M. Ducretet a construit un microphone stéthoscopique que nous représentons figure 22 et qui est d'une extrême sensibilité. C'est un microphone à charbon CP, à simple contact, dont le charbon inférieur P est adapté à un tambour à membrane vibrante de M. Marey, T. Ce tambour est relié par un tube de caoutchouc CC' à un autre tambour T' qui est destiné à être appliqué sur les différentes parties du corps à ausculter et que l'on appelle en conséquence *tambour explorateur;* la sensibilité de l'appareil est réglée au moyen d'un contre-poids PO, qui se visse sur le bras d'un levier bascule LL, auquel est fixé le second charbon C. Tout le monde connaît la grande sensibilité des tambours de M. Marey pour la transmission des vibrations, et cette sensibilité étant encore augmentée par le microphone, l'appareil acquiert une impressionnabilité extrême, peut-être même une trop grande, car il révèle toutes espèces de bruits qu'il est très difficile de distinguer les uns des autres. Du reste, cet appareil ne pourrait donner de bons résultats que confié à des mains expérimentées, et il faudrait évidemment une éducation auditive particulière pour qu'on pût en tirer parti.

Dans un ouvrage qu'a publié en 1879 le D' Giboux sur l'application du microphone à la médecine, ce système stéthoscopique est assez vivement critiqué, et ce n'est pas sans raisons, car d'après M. Giboux il n'est sensible qu'aux mouvements produits à la surface du corps, et les bruits intérieurs y sont sinon entièrement dissimulés, du moins complètement dénaturés; il préfère une autre disposition, qu'il a essayée avec un peu plus de succès.

Mais sans préjuger des perfectionnements ultérieurs que
cet appareil pourra subir dans l'avenir, il croit que
l'avantage le plus important qu'il peut présenter dans la
dratique médicale serait de permettre à un certain
nombre d'élèves de suivre avec le professeur les différents

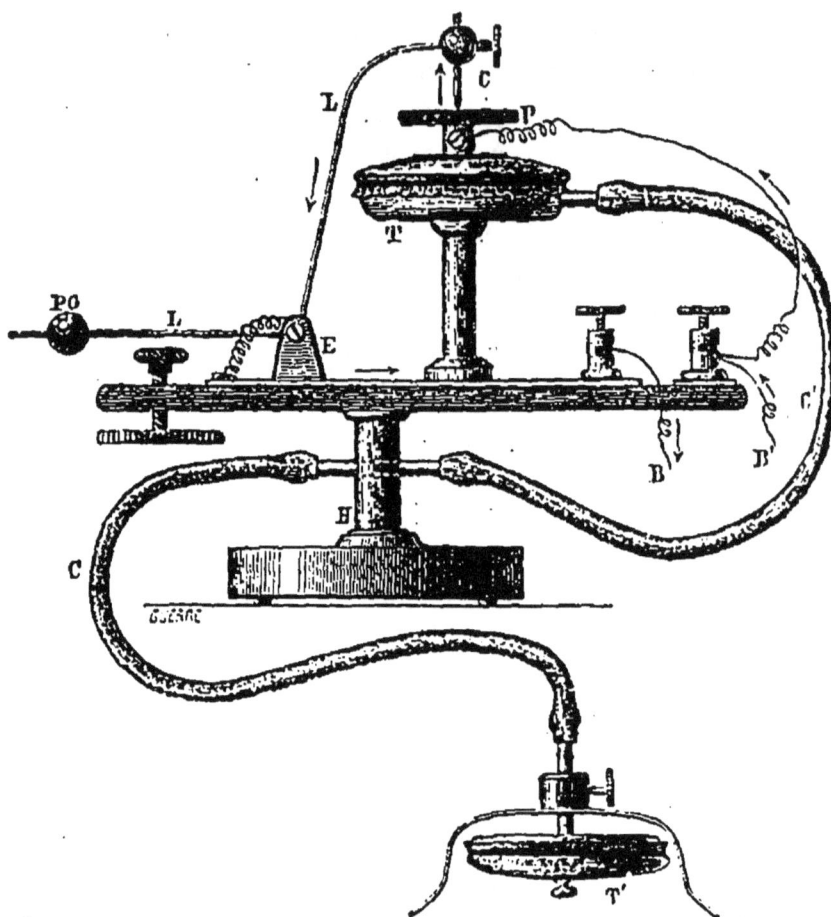

Fig. 22.

bruits qu'il observe chez les malades, de les étudier
avec lui dans leurs différentes phases, et de profiter ainsi
plus facilement des enseignements résultant de ses
observations. Un circuit microphonique peut en effet se
bifurquer entre plusieurs téléphones, et chaque personne
peut entendre ce qu'entendent les autres.

Comme application de ce genre, la plus importante est celle qu'en a faite, conjointement avec M. Hughes, M. Henry Thompson, célèbre chirurgien Anglais, pour l'exploration de la vessie dans la maladie de la pierre. Au moyen de cet appareil, on peut en effet constater la présence et préciser le siège des calculs pierreux qui peuvent s'y trouver, quelque petits qu'ils soient d'ailleurs. On emploie pour cela une sonde exploratrice composée d'une tige de maillechort un peu recourbée par le bout et qui est mise en communication avec un microphone sensible à charbon. Quand, en promenant cette sonde dans la vessie, la tige en question rencontre des particules pierreuses, fussent-elles de la grosseur d'une tête d'épingle, le frottement qui en résulte détermine des vibrations qui se distinguent parfaitement, dans le téléphone, de celles qui se produisent par la simple friction de la tige sur les tissus mous des parois de la vessie. Toutefois, M. Thompson prétend que pour obtenir de bons résultats de cette méthode, il faut prendre certaines précautions. Il faut que l'instrument ne soit pas trop sensible, afin que la nature des bruits soit bien distincte; la pile ne doit pas être trop forte, pour éviter les sons qui pourraient résulter des bruits extérieurs. L'appareil est du reste disposé comme on le voit figure 23. Le microphone est placé dans le manche qui porte la sonde et n'est autre que celui que nous avons représenté figure 5, mais avec de plus petites dimensions, et les deux fils conducteurs *e* allant au téléphone, ressortent du manche par le bout *a* opposé à celui *bb*, où la sonde *dd* est vissée. Comme cet appareil n'est pas destiné à reproduire la parole, on emploie des charbons de cornue au lieu de charbons de bois.

On a pu encore, par un moyen basé sur le principe du microphone, faire entendre certains sourds dont l'oreille n'était pas encore tout à fait insensibilisée. Pour obtenir ce résultat, on adapte devant les deux oreilles du ma-

lade deux téléphones, reliés entre eux par une couronne
métallique appuyée sur l'os frontal, et on met les deux
téléphones en rapport avec un microphone muni de sa
pile, lequel pend à l'extrémité d'un double fil conducteur. Le malade conserve dans sa poche
ce microphone, et il le présente comme
un cornet acoustique à son interlocuteur
quand il veut converser avec lui. Le microphone est alors constitué par le parleur de M. Hughes, représenté figure 5.
MM. Paul Bert et d'Arsonval ont, à ce
qu'il paraît, imaginé un microphone spécial dans ce but.

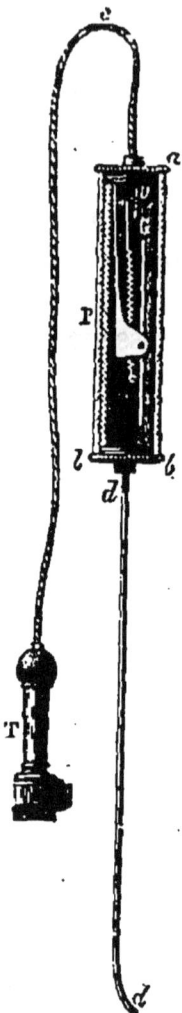

« A un meeting de la *Medical Society* de
Londres qui a eu lieu à la fin de l'année 1879, dit un journal Anglais, le
Dr Richardson a présenté un nouvel
instrument de son invention. C'est une
ingénieuse combinaison du sphygmographe, du microphone et du téléphone.
Son objet est de rendre perceptible d'une
manière distincte les battements du pouls.
Le rouage du sphygmographe est remplacé par un contact glissant de microphone, et la partie active de l'appareil est
une petite batterie au bichromate ; un système d'attache pour le poignet et un téléphone Bell complètent l'instrument. Le
principe de ce système est que, lorsque
le pouls met en mouvement l'aiguille de
l'appareil, une série de mouvements sont
produits par le contact glissant du mi-

Fig. 25.

crophone ; mais au lieu de produire des traces sur la
bande de papier de l'appareil de M. Marey, il en résulte
des variations d'intensité du courant qui sont transmises
du microphone au téléphone. En modifiant la puissance

de la batterie, l'intensité des sons peut être accrue au
point de les faire entendre à trente yards de l'instrument; ou bien on les affaiblit jusqu'à les rendre tout à
fait indistincts pour le malade, et à exiger que le méde-
cin applique le téléphone à son oreille pour être à même
de les distinguer.

« Le D' Richardson a fait sur une des personnes présentes l'essai de cet instrument, qu'il croit appelé à
rendre de grands services dans l'examen des dérange-
ments de la circulation du sang, en indiquant les palpita-
tions, la faiblesse aortique, le relâchement artériel, l'in-
termittence partielle, l'anémie, etc. ».

Il paraîtrait qu'un appareil du même genre avait été

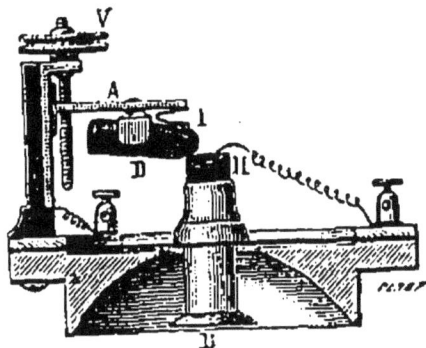

Fig. 24.

déjà inventé par le D' Stein, et d'après les dessins qui
nous en ont été montrés, il différait du précédent en
ce que l'appareil n'aurait, en aucune façon, la disposition du sphygmographe de M. Marey. Il consisterait
dans un simple interrupteur de courant fixé sur un châs-
sis et dont la partie mobile constituée par un ressort
serait appliquée directement sur le pouls.

Les travaux les plus complets entrepris sur les questions dont nous parlons sont ceux du D' Boudet de
Paris, qui a fait construire de très bons appareils que
nous représentons figures 24, 25, 26, et dont il a

5

su tirer bon parti au point de vue des études physiologiques.

L'un de ces appareils, auquel il a donné le nom de
myophone, sert à l'étude du *bruit musculaire;* c'est une
sorte de microphone horizontal dont le charbon inférieur II
fig. 24, est fixé au centre d'une membrane de parchemin tendue sur une embouchure de téléphone et destinée
à amplifier les vibrations qui lui sont communiquées.
L'autre face de cette membrane porte également à son
centre un bouton explorateur, que l'on applique directement sur le muscle en expérience, ou bien auquel on
attache par un fil ordinaire le tendon d'un muscle de
grenouille. On peut ainsi recueillir les bruits du muscle
à l'état de repos physiologique ou de contraction pro-
voquée par l'excitation électrique. Chez l'homme, on
constate que la tonalité de ce bruit est brusquement
élevée lors de la contraction volontaire, en même temps
que son intensité augmente. Le même appareil devient
un précieux moyen d'étude dans les cas pathologiques
tels que la *paralysie* et la *contracture;* il permet aussi
de vérifier si les muscles sont encore sensibles à l'action
des courants électriques faibles.

L'exploration du *pouls* (artère radiale), avait tenté tout
d'abord, comme on l'a vu, les expérimentateurs; aussi les
premiers microphones appliqués dans ce but, avaient-ils
presque tous porté le nom de *sphygmophones.* Celui du
Dr Boudet de Paris, représenté dans la figure 25, est certainement l'un des plus sensibles, et il est disposé de telle
sorte que les mouvements imprimés par l'ondée sanguine
n'apportent aucune gêne à l'auscultation des bruits intra-
artériels. Deux ressorts, montés sur une petite lame de
caoutchouc durci de 5 sur 2 centimètres 1/2, portent, l'un
le bouton explorateur K, l'autre une pastille de charbon II.
L'écartement de ces deux ressorts, et, par suite, la pression du bouton K sur l'artère sont maintenus par la vis G.
Le charbon mobile D peut monter ou descendre le long de

la tige A, selon que l'on tourne la vis V à droite ou à gauche. L'appareil, muni d'ailettes mobiles L, L, se fixe sur l'artère du poignet comme le sphygmographe de M. Marey; il indique tous les bruits qui se passent à l'intérieur du vaisseau, et, avec un peu d'habitude, on arrive très aisément à distinguer les différences de rhythme, les bruits de souffle, etc.

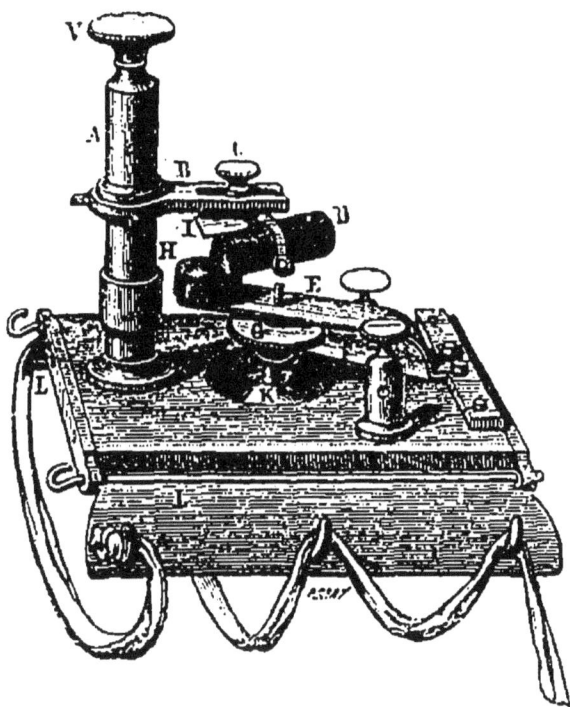

Fig. 25.

Cet explorateur, tel qu'il a été construit par M. Verdin, est un véritable instrument de précision; il est donc excellent lorsqu'il s'agit d'explorer l'artère radiale, et c'est même celui qui donne les meilleurs résultats; mais il ne peut commodément s'appliquer sur les autres artères telles que les carotides, les fémorales, etc., ni surtout sur les veines. Il est préférable alors de se servir du microphone à transmission représenté dans la figure 26. Les charbons de ce microphone sont alors placés sur un tambour T, assez semblable à ceux de M. Marey. Un petit embout d'ivoire ou de corne B, en forme d'entonnoir, sert d'explorateur et s'applique très légèrement sur les vaisseaux. Un tube de caoutchouc relie cet embout au tambour récepteur dont la membrane est faite en vessie de porc très fortement tendue. Si l'on veut atténuer l'influence de certains mouvements mécaniques, on adapte à l'orifice de l'embout une seconde membrane munie d'un bouton explorateur.

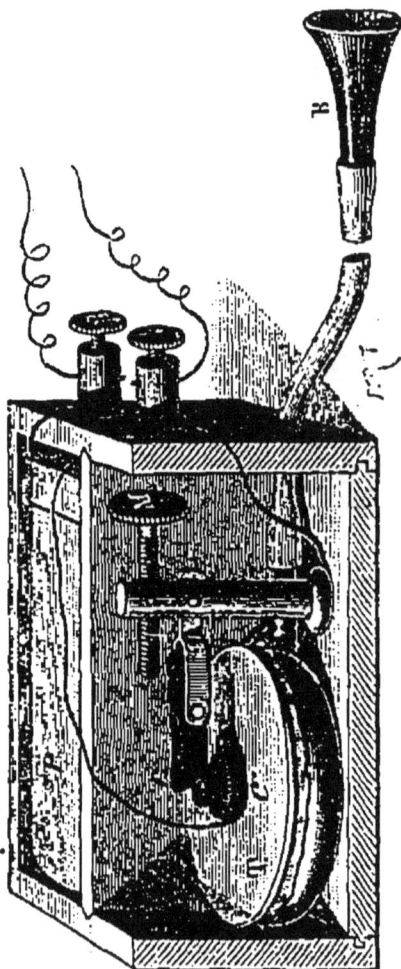

Quant au réglage de la pression des charbons, il s'exécute par un moyen très simple dont l'idée première appartient à M. le D^r d'Arsonval. Comme on peut le voir sur la figure 26, le ressort de pression est remplacé par l'attraction qu'exerce la vis M, en acier aimanté, sur une petite aiguille d'acier couchée sur le charbon horizontal. M. Gaiffe a réuni les diverses pièces de cet appareil dans une petite boîte très portative, qui renferme en même temps la pile P destinée à fournir le courant.

Fig. 26.

Pour l'usage de ces différents microphones, M. Boudet

recommande de n'employer qu'un courant très peu énergique, celui d'un seul élément au chlorure d'argent, par
exemple. Plus les vibrations que l'on veut recueillir sont
faibles, plus le courant lui-même doit être réduit ; on
évite ainsi les erreurs qui seraient produites par l'action
d'un courant énergique sur les contacts des charbons.
D'autre part, les ébranlements mécaniques produi-

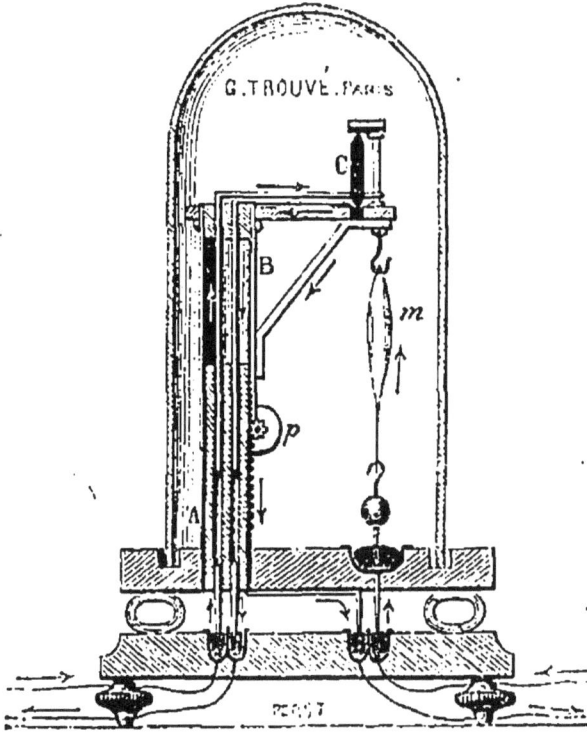

Fig. 27.

raient, avec un courant fort, des bruits très intenses qui
gêneraient la perception des bruits plus faibles.

Quant aux récepteurs, on comprend facilement que
leur résistance doit être très faible, pour qu'ils puissent
être impressionnés par des variations d'intensité aussi
petites que celles engendrées par les bruits de l'organisme. Il y a donc avantage à se servir de téléphones
à fil gros et court.

Nous représentons encore, figure 27, une sorte de balance microphonique construite par M. Trouvé qui peut aussi être d'un grand secours pour les études physiologiques.

Le microphone est en C; il est fixé à la partie supérieure d'un système mobile AB que hausse et baisse à volonté un dispositif à crémaillère *p*. Au-dessous du microphone est adapté un crochet auquel on attache le muscle *m* à expérimenter, et qui est mis en communication avec le circuit au moyen d'une boule et d'une pointe plongeant dans du mercure.

Applications diverses. — Le microphone peut encore avoir beaucoup d'autres applications, et voici ce que nous lisons à cet égard dans l'*English Mechanic* du 21 juin 1878 : « Au moyen de cet instrument les ingénieurs pourront apprécier les effets des vibrations occasionnées sur les édifices anciens et nouveaux par le passage de lourdes charges; un soldat pourra reconnaître l'approche de l'ennemi à plusieurs milles de distance, et distinguer même s'il aura affaire avec de l'artillerie ou de la cavalerie; la marche des navires, dans le voisinage des torpilles, pourra aussi être de cette manière annoncée automatiquement à la côte, et on pourra dès lors, à coup sûr, en déterminer l'explosion. »

On a aussi proposé d'appliquer le microphone comme un avertisseur des fuites de gaz dans les mines à charbon. Le gaz s'échappant des crevasses de charbon produit un son sifflant qui, par le moyen du microphone et du téléphone, pourrait être entendu au haut du puits.

Le microphone a encore été employé par M. Chandler Roberts pour rendre parfaitement perceptible à l'oreille la diffusion des molécules gazeuses à travers une cloison poreuse.

Dernièrement encore, le microphone a été appliqué par M. Serra-Carpi pour déterminer la position des ventres et

des nœuds des ondes sonores dans les colonnes d'air vibrantes. Cette sorte de sonde est composée d'un petit an
neau muni d'une membrane élastique sur laquelle appuie
une légère tige de graphite, et cette tige, à son autre extrémité, peut osciller dans un trou percé dans un petit morceau de charbon soutenu par un demi-cercle en carton.
En plongeant successivement cette sonde dans le tuyau, on
entend des bruits dont la nature et l'intensité changent
suivant que la sonde est sur un ventre ou sur un nœud.

APPLICATIONS TÉLÉPHONIQUES COMME APPAREILS RÉVÉLATEURS
DES ACTIONS MOLÉCULAIRES

L'une des principales applications des appareils téléphoniques aux recherches scientifiques est celle que
M. Hughes en a faite à l'étude des actions moléculaires,
car c'est par ce moyen seul que ces sortes de réactions
peuvent être appréciées. Toutefois, le téléphone n'inter-
vient dans ce genre de recherches que comme organe révélateur et mesureur des effets produits, et les appareils
excitateurs sont des espèces de balances dites d'induction
dont la sensibilité est extrême et dont la disposition a, du
reste, été variée suivant les conditions des expériences.
Nous allons maintenant passer en revue ces différents appareils, et nous commencerons par l'audiomètre ou sonomètre.

Audiomètre ou sonomètre. — L'audiomètre ou sonomètre, que nous représentons figure 28, est un appareil
qui a pour but de mesurer l'intensité d'un son et de le
graduer depuis zéro ou silence absolu jusqu'à une limite
qui correspond à une intensité parfaitement définie et
qui dépend seulement de la source du son employé. Il
se compose de trois bobines de fil fin disposées sur une
règle triangulaire, graduée en centimètres et en milli-

mètres. Deux de ces bobines sont fixées aux extrémités
de la règle, mais l'une, A, contient un grand nombre de
tours de spires, tandis que l'autre, B, n'en contient que
quelques tours seulement ; la troisième, C, est la seule qui
soit mobile sur la règle, et elle se trouve reliée à un téléphone. Les deux premières bobines sont mises en rapport avec le circuit d'une pile de trois éléments Daniell,
et le courant qui les parcourt est combiné de manière à
produire extérieurement deux effets opposés ; de sorte

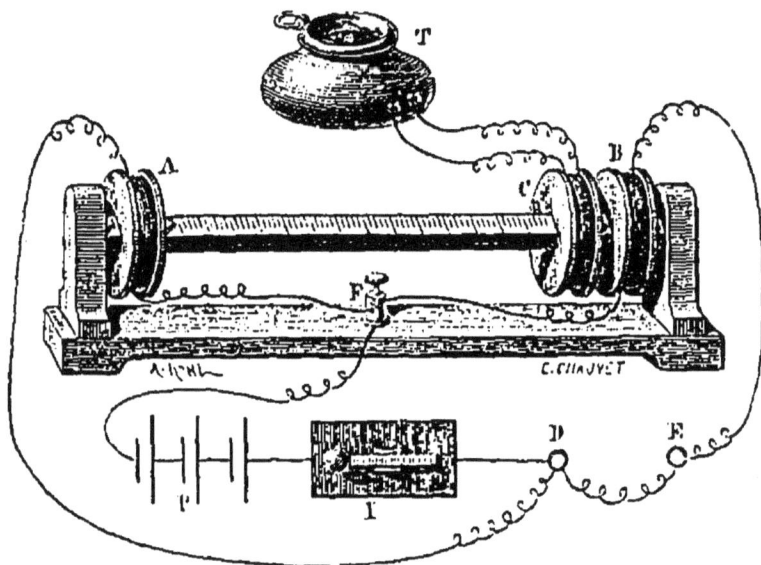

Fig. 28.

que la bobine mobile C, se trouvant influencée par les
deux autres bobines d'une manière opposée, peut trouver
sur la règle graduée une position telle, qu'aucun courant
induit ne s'y trouve développé, ce dont on est averti par
la cessation de tout bruit dans le téléphone correspondant
à cette bobine. Ce point représente par conséquent le zéro
de la graduation, et il est d'autant plus rapproché de la
bobine B que le rapport entre le nombre de tours de
spires des bobines A et B est plus grand. Naturellement,

s'il n'existait pas dans le circuit un interrupteur de courant, on n'obtiendrait aucun son dans le téléphone, mais un interrupteur électrique ou mécanique peut y être adapté, et dès lors le téléphone, comme dans les expériences de M. d'Arsonval, remplit les fonctions d'un galvanomètre excessivement sensible. Cet interrupteur peut être disposé de différentes manières, mais celui qui donne les résultats les plus pratiques est un trembleur électrique à petite résistance dont les vibrations sont assez multipliées pour produire des sons.

Ceci étant établi, on comprend facilement comment la sensibilité de l'audition peut être mesurée par cet instrument. Il est évident que si l'on avait une oreille parfaite, le zéro de la règle graduée qui correspond à l'extinction des sons devrait être très éloigné de B, et toujours le même ; mais on conçoit qu'en raison de l'imperfection de cet organe, la position de la bobine C, où disparaîtront les sons, ne sera pas la même pour une oreille fine comme pour une oreille peu sensible, et si on note les numéros de la graduation qui correspondront à ce point pour les différentes personnes qui font l'expérience, on pourra mesurer sûrement la sensibilité de leur organe auditif.

Cinquante observations faites sur différentes personnes ont donné presque tous les degrés de l'échelle depuis 1° correspondant à une oreille extrêmement fine, jusqu'à 200° correspondant à la surdité complète. Une oreille moyenne donne, à l'audiomètre, de 4° à 10°. En général, les droitiers entendent mieux de l'oreille droite et les gauchers de l'oreille gauche. Cependant, chez certaines personnes habituées à écouter de l'oreille gauche, les médecins, par exemple, l'oreille gauche est plus fine que l'oreille droite. L'appareil est tellement sensible que le déplacement de la bobine de 1/2° trop à droite rend le téléphone muet.

Les intéressantes expériences entreprises par MM. Hughes et Richardson ont montré que la poitrine remplie d'air et avec un souffle retenu, augmente pour quelques secondes la subtilité de l'ouïe. Une personne dure d'oreille, qui marquait 100° à l'audiomètre, a pu dans les conditions ci-dessus énoncées atteindre à 80°. Une oreille moyenne, qui marquait 8° en temps ordinaire, est descendue à 5°. L'état maladif influe également beaucoup sur la perfection de l'ouïe; ainsi une jeune personne atteinte d'anémie aiguë marquait 18° de l'oreille droite et 15° de la gauche. Après dix jours d'un nouveau régime et une grande amélioration dans la santé générale, l'oreille droite était descendue à 12° et la gauche à 5°. Inutile de multiplier les exemples. L'influence de la pression atmosphérique est également manifeste sur l'ouïe, et un abaissement de pression diminue la sensibilité de 2° à 4°.

Il y aurait à citer un grand nombre d'études et de recherches auxquelles se prête l'instrument; signalons seulement les applications que l'on peut en faire aux diagnostics des maladies, à l'appréciation de la valeur relative des organes de l'ouïe ou des procédés artificiels d'audition, l'appareil permettant de tâter l'oreille comme on tâte le pouls[1].

Une autre application intéressante du sonomètre est celle que l'on peut en faire à la mesure des résistances. En disposant l'appareil de manière que le courant passant dans les bobines A, B, qui sont alors exactement semblables, se bifurque en F pour former deux circuits différents de même résistance, le point de la règle graduée qui correspondra à l'extinction des sons, sera bien voisin du milieu de AB, et on pourra d'ailleurs le déterminer une fois pour toutes, d'une manière précise, en employant pour cela une pile suffisamment forte. Dans ces conditions, il est bien certain que tout changement de résistance dans le

---

[1] Voir un intéressant mémoire publié à ce sujet par le docteur Richardson et traduit en français dans le journal *les Mondes*, tome L, pages 254 et 658.

circuit DB sera accusé par un bruit téléphonique, et si l'on a gradué, à la suite d'expériences successives, les différents points de la règle correspondant à l'annulation des sons pour différentes résistances étalonnées, intercalées dans le circuit de E en D, il suffira d'introduire entre les mêmes points une résistance inconnue pour qu'on en lise la valeur sur la règle graduée.

On pourrait encore obtenir le même résultat en rapprochant l'une de l'autre les trois bobines et en plaçant dans le circuit AD la résistance inconnue, alors qu'un rhéostat sera intercalé en DE. Il est bien certain que dans ces conditions le téléphone T ne pourra rester muet que quand les deux circuits AD, DB seront égaux en résistance, et par conséquent la résistance développée sur le rhéostat en DE, pour obtenir cette annulation du son, indiquera la résistance inconnue. Il y a évidemment beaucoup de réglages préalables à opérer pour obtenir des résultats satisfaisants, mais on peut y arriver assez facilement.

M. Ader a perfectionné ce dernier système en substituant aux trois bobines d'induction une bobine unique, analogue à celles dont on se sert avec les téléphones à piles, mais ayant deux fils primaires au lieu d'un seul. Ces fils, étant parfaitement égaux et bien équilibrés, sont traversés par le courant en sens inverse, et le téléphone adapté au circuit de l'hélice secondaire peut indiquer par l'extinction des sons le moment où les deux circuits primaires deviennent parfaitement égaux en résistance. On peut donc placer dans l'un des circuits la résistance à mesurer, dans l'autre le rhéostat, et lire sur celui-ci la résistance qui a été développée pour rendre le téléphone muet.

Le sonomètre a pu être encore appliqué par M. Hughes au réglage des téléphones pour en déterminer les conditions de bonne construction. Il suffit en effet pour cela d'interposer un téléphone dans le circuit de la bobine

mobile du sonomètre, et de voir à quel degré s'éteignent
les sons produits dans le téléphone dans les conditions où
l'on expérimente. On fait alors varier la disposition des
divers organes qui entrent dans la construction de celui-
ci, et l'on examine s'il y a amélioration ou amoindrisse-
ment, c'est-à-dire s'il y a diminution ou augmentation du
nombre de degrés indiqués par le sonomètre. En tâton-
nant un peu, on pourra arriver à trouver une disposition
pour laquelle le nombre de degrés du sonomètre sera
minimum, et ce nombre représentera le maximum de
sensibilité de l'appareil.

Bien entendu, ces expériences pourront se rapporter à
l'éloignement plus ou moins grand du diaphragme, aux
différentes épaisseurs et diamètres de celui-ci, aux formes
plus ou moins avantageuses des aimants et des bobines, à
la capacité plus ou moins grande des caisses sonores et
à leur disposition, etc.

Cette méthode d'étude aussi simple qu'élégante a donc
pour effet de remplacer par des valeurs numériques les
appréciations fort incertaines de sentiment qui ont été
employées jusqu'ici pour le réglage des téléphones, et les
meilleures conditions de construction de leurs différents
organes.

Balance d'induction téléphonique. — Cet appareil,
qui est fondé sur le même principe que celui que nous
venons de décrire, a produit des résultats si merveilleux
et si inattendus que nous croyons devoir lui consacrer une
description un peu étendue. Nous en représentons le dispositif dans la figure 29. Il comprend, comme on le voit,
plusieurs organes. Dans la partie supérieure de la figure,
on voit la coupe des deux parties de la balance; dans la
partie inférieure, les communications électriques qui
relient l'appareil au téléphone, à la pile, à l'interrupteur
du courant et à un commutateur qui permet d'appliquer
à l'instrument le sonomètre, se trouvent suffisamment

Fig. 29.

indiquées pour qu'on puisse comprendre aisément le fonctionnement de tout le système.

L'appareil consiste dans deux tubes d'ébonite ou de buis T, T' d'environ 10 centimètres de hauteur sur 5 centimètres de diamètre, à l'extrémité de chacun desquels se trouvent fixées quatre rondelles de la même matière disposées de manière à former des bobines AA, BB, A'A', B'B', sur lesquelles on enroule 150 mètres environ de fil recouvert de soie du numéro 52. Ces bobines sont séparées, sur chaque tube, par un intervalle d'à peu près un demi-centimètre, et le tube est lui-même porté par un socle qui est fixé sur la planchette servant de support à l'appareil.

Ces tubes représentent les deux plateaux d'une balance; l'un deux, celui de gauche, est destiné à recevoir les corps qui doivent servir de types de comparaison; l'autre, les corps à étudier; et comme, pour arriver à peser en quelque sorte les effets qui résultent de la différence d'état physique ou chimique de ces corps, il est nécessaire d'équilibrer ces effets, le tube de droite est muni d'un dispositif particulier que l'on distingue aisément sur nos figures. Pour éviter toute confusion, nous appellerons le tube de gauche *tube d'épreuve*, et l'autre tube à droite, *tube d'équilibre*. Dans le premier se trouvent adaptés plusieurs dispositifs accessoires pour les différentes expériences que l'on a à faire, et dont la forme dépend, par conséquent, du genre de ces expériences. Dans notre figure, nous avons supposé l'appareil destiné à étudier les effets des alliages métalliques sur des pièces plates, comme des pièces de monnaie, et alors le dispositif dont nous parlons se compose d'une espèce de godet G dont le fond C est disposé de manière que la pièce P se trouve exactement au milieu de l'intervalle séparant les deux bobines. Si l'on a à expérimenter des tiges de fer ou des barreaux aimantés, le fond C de ce godet est percé à son centre afin de laisser passer la tige, et celle-ci est disposée en conséquence. Nous ne décrirons pas tous ces dispositifs qui peuvent être extrêmement nombreux et variés.

Le tube d'équilibre T' a à peu près la même disposition que le tube T, mais la bobine supérieure A'A' est mobile sur la surface extérieure du tube, et se trouve encastrée dans une pièce d'ébonite LL articulée en K sur un support N et portant du côté opposé à son articulation une vis qui appuie sur une colonne D. De cette manière, la bobine A'A' peut être plus ou moins rapprochée de la bobine fixe B'B'. Un petit godet, dont le fond C supporte en P' une pièce métallique semblable à P, se trouve disposé, dans l'appareil, dans les mêmes conditions que le godet G, et permet, au moyen de la vis V, d'établir le réglage des deux parties de l'appareil. Ce réglage est, du reste, fait une fois pour toutes et ne doit être changé que dans des cas exceptionnels. Pour l'effectuer, le téléphone O est introduit dans le circuit des bobines AA, A'A', et un courant interrompu est lancé en Q à travers les bobines BB, B'B' qui constituent les deux inducteurs. Sous l'influence de ce courant, des courants induits naissent dans les bobines AA, A'A', et comme les circuits sont disposés de manière que ces courants induits se trouvent neutralisés quand les actions inductrices sont égales, il ne se produit des sons dans le téléphone qu'autant qu'il peut y avoir une différence entre les deux actions inductrices. Si les pièces P, P' sont aussi semblables que possible et dans une position exactement pareille, il ne devrait se produire aucun son, mais l'expérience démontre qu'il n'en est pas ainsi, et c'est pour arriver à cet équilibrement complet des deux courants, équilibrement qui est accusé par l'annulation complète du son dans le téléphone, qu'a été disposé le système mobile LL réglé par la vis V. En abaissant ou en élevant successivement cette pièce LL, on arrive, en effet, à trouver une position de la bobine A'A' qui entraîne l'annulation complète des sons dans le téléphone. En général, il faut tourner excessivement peu la vis V pour obtenir ce résultat.

Dans ces conditions, l'appareil est propre à fournir des indications, et c'est alors que l'on peut constater les différences existant entre deux pièces d'un métal différent ou même entre deux pièces d'un même métal soumises à des effets physiques différents. Il s'agissait maintenant de mesurer exactement ces différences, et pour y arriver, M. Hughes a employé deux systèmes. Quand il ne s'agi que d'une appréciation peu rigoureuse, il met à contribution le *sonomètre*, et pour cela, il met le téléphone O en communication avec le sonomètre, au moyen des fils f, f', ce que l'on obtient au moyen du commutateur X qui relie en même temps la bobine AA avec le sonomètre. Alors, on règle celui-ci au moyen de la bobine mobile, jusqu'à ce qu'il y ait extinction des sons dans le téléphone, et la position de cette bobine mobile sur la règle graduée indique l'importance du courant induit résultant de la différence d'état des deux pièces ; mais ce système, comme nous l'avons dit, n'est qu'approximatif. Pour obtenir la mesure d'une manière plus rigoureuse, M. Hughes emploie le dispositif qui surmonte le tube T'.

Ce dispositif consiste essentiellement dans une règle RR d'inégale épaisseur à ses deux extrémités, et graduée sur l'un de ses côtés; cette règle, qui a 50 centimètres de longueur, forme donc comme une espèce de coin très allongé, dont l'extrémité antérieure est presque coupante. Elle est en zinc, et se trouve placée au-dessus de l'ouverture du tube entre deux guides à rainure t, t' supportés horizontalement par des traverses à colonnes l,l. L'un de ces guides t' porte un repère o accompagné d'un vernier placé au point de tangence de la bobine A'A' et de la règle et qui sert de point de repère pour les mesures. Cette disposition a été adoptée afin de laisser la pièce LL complètement libre dans ses mouvements, sans que le système mesureur appuie dessus.

6

Les effets produits dans ce cas sont faciles à comprendre : l'action exercée par la règle R sur la bobine A'A' modifie l'intensité des courants induits qui sont développés dans cette bobine, et cela proportionnellement à son épaisseur. On peut donc arriver, en poussant plus ou moins cette règle à travers la bobine A'A', à compenser la différence d'intensité du courant induit qui est résulté de l'intervention de la pièce P', et on arrive de cette manière à éteindre les sons dans le téléphone comme avec le sonomètre. Il ne s'agit plus alors, pour avoir la mesure de l'action produite, que de lire le numéro de la graduation de la règle correspondant au repère o. On place alors le commutateur X sur le contact qui relie directement le téléphone à la bobine AA. Cette partie de l'appareil peut du reste aussi bien être placée au-dessus du tube T qu'au-dessus du tube T', et même il peut y avoir quelquefois avantage à employer la première disposition en raison de la fixité de la bobine AA. Les deux dispositions ont été employées par M. Hughes.

L'interrupteur destiné à fournir les courants discontinus qui doivent agir sur le téléphone a été varié dans sa disposition. Dans l'origine, M. Hughes employait à cet effet un microphone actionné par les battements d'une horloge sur laquelle il était placé; mais la disposition qui lui a donné les meilleurs résultats est celle que nous représentons en Q. C'est une sorte de clef Morse sur le levier de laquelle appuie un fil métallique, suspendu en K et terminé par une petite masse pesante. Le serrage de ce fil contre la clef est produit par une petite boule métallique adaptée, comme dans un *peson*, à un petit bras placé à angle droit au bout supérieur du fil, au point précisément où il est articulé sur le support Y. Une petite pièce d'ivoire est incrustée dans ce fil à hauteur du levier de la clef, et, par conséquent, le courant passant par ce levier et regagnant l'appareil en K par le fil, se trouve interrompu au moment de l'inaction de la clef;

mais., en abaissant celle-ci, le conctact métallique est produit, et la fermeture du circuit a lieu.

Ce genre de contact par friction est, à ce qu'il paraît, préférable pour les expériences de cette nature. Toutefois, certains expérimentateurs préfèrent employer un trembleur électrique à petite résistance, et dont les vibrations sont assez multipliées pour produire des sons musicaux.

Expériences faites avec la balance d'induction. — Nous allons maintenant passer en revue les principales expériences que M. Hughes a faites avec cet instrument, et elles suffiront pour en montrer l'importance.

Disons tout d'abord que la balance d'induction, étant surtout un appareil d'analyse d'effets physiques, ne donne des indications chimiques que par la différence de structure moléculaire des différents corps, laquelle subit l'influence de toutes les causes physiques extérieures qui peuvent agir sur eux. Il peut donc arriver non seulement que des corps de nature différente puissent fournir des indications différentes à la balance d'induction, mais encore, qu'un même corps puisse en donner également, quoiqu'étant chimiquement dans les mêmes conditions, si toutefois il présente des différences de température, ou de structure moléculaire, ou même s'il a été soumis à des actions mécaniques différentes. On peut comprendre d'après cela que cet appareil est unique pour étudier les phénomènes moléculaires des corps, et qu'il présente, à ce point de vue surtout, des avantages qui ne pourraient être fournis par aucun autre instrument.

Supposons d'abord que, l'appareil étant parfaitement réglé et bien équilibré, on prenne un disque métallique du diamètre et de l'épaisseur d'une pièce de 1 franc, et qu'on l'introduise dans le tube d'épreuve en P; le téléphone qui était muet fera alors entendre très fortement des sons, aussitôt qu'on fera fonctionner l'interrupteur; mais on

pourra le rendre muet de nouveau, si on fait mouvoir
la bobine mobile du sonomètre ou la règle R du tube
d'équilibre, jusqu'à ce que l'on ait obtenu ce résultat. Si
on note alors le degré indiqué par le sonomètre ou par
la règle R, on aura la mesure de la capacité inductrice
de la pièce de métal. Or, M. Hughes a constaté que, pour
un même métal ayant les mêmes dimensions, le degré
marqué sur le sonomètre ou sur le tube d'équilibre est
constant, et varie seulement avec la composition chimique
et moléculaire de ce métal. En opérant sur des disques
de différents métaux de l'épaisseur et du diamètre d'un
shilling, M. Hughes a trouvé les chiffres suivants :

Argent chimiquement pur.	125°
Or.	117°
Argent monnayé.	115°
Cuivre.	100°
Fer ordinaire.	52°
Fer chimiquement pur.	45°
Plomb.	38°
Bismuth.	10°
Coke de cornue à gaz.	2°

Les mêmes résultats se constatent avec les alliages, ce
qui a permis d'employer cet appareil pour le contrôle
des monnaies, du moins comme premier renseignement;
car, en raison des causes physiques qui peuvent intervenir, ces indications peuvent ne pas correspondre exactement à la nature chimique du métal.

Pour qu'on puisse se faire une idée de la sensibilité de
cet appareil aux effets moléculaires, citons quelques expériences relatives au fer et à l'acier. Voici les résultats
obtenus par M. Hughes.

	Recuit	Trempé
Fer chimiquement pur.	160°	130°
Fer doux forgé.	150°	125°
Fil de fer tréfilé.	156°	120°
Acier fondu.	120°	100°

Ces résultats sont bien nets et assez marqués pour qu'il
ne puisse y avoir aucun doute à leur égard; mais l'ap-

pareil constate des effets beaucoup plus insaisissables
encore : ainsi il donne des indications différentes suivant
la forme et les dimensions des corps que l'on soumet à
l'analyse, suivant leur température, selon qu'ils ont été
soumis à un effet de traction ou de torsion, selon qu'ils
sont magnétisés ou non, et, s'ils sont à l'état de poudre,
suivant le degré de pression exercée sur eux, etc., etc.
Parmi les expériences qui ont été faites à cet égard, nous
devons rappeler celles qui concernent les métaux magnétiques, car elles nous intéressent à plusieurs points de
vue dans le travail qui fait l'objet de ce livre. Voici le résumé qu'en a fait M. Géraldy dans le journal la *Lumière
Électrique* du 15 août 1879.

« M. Hughes place dans l'intérieur des bobines un disque de
fer : il y a rupture d'équilibre. Retirant ce disque il le remplace par un fil traversant les deux bobines : l'équilibre est
détruit de nouveau. Mais si l'on suit à la fois le disque et le
fil avec des dimensions convenablement choisies, rien ne se
produit ; l'un des deux morceaux de métal agissant en sens
inverse de l'autre, l'un pour diminuer, l'autre pour augmenter
ses inductions, leurs effets s'annulent. Dans ces conditions
et en changeant le fil magnétique, M. Hughes a constaté :
1° que l'acier trempé a pour le magnétisme un pouvoir conducteur bien inférieur à celui du fer doux et au contraire une
puissance de retenue beaucoup plus élevée ; 2° que le magnétisme, tout en ne changeant pas leur pouvoir conducteur, détermine dans les corps un changement moléculaire analogue
à celui qui est produit par la trempe. En effet, mettons dans
les deux tubes de la balance deux tiges d'acier et rendons
l'équilibre parfait en ajoutant quelques fils de fer fins du côté
le plus faible : si l'on prend l'une des tiges et qu'on la ma-
gnétise en l'exposant à l'action d'un fort aimant, on trouvera
que, remise dans la balance, elle éprouvera une perte de pouvoir conducteur équivalente à 30°. Reprenons l'expérience :
si au lieu de magnétiser la barre on la porte au rouge et qu'on
la trempe dans l'eau froide, on trouvera que remise dans la
balance elle manifestera la même perte. Si ces expériences
sont répétées avec diverses sortes de fers se rapprochant de

l'acier comme composition et consistance, on trouvera que ces métaux possédant déjà de la trempe seront de moins en moins affectés par le magnétisme, jusqu'à ce que l'on arrive à l'acier dur qui n'éprouve plus aucun changement. De ceci on peut conclure déjà que l'effet produit par le magnétisme est analogue à celui produit par la trempe. Les expériences suivantes vont permettre de reconnaître que la modification qu'il produit a lieu perpendiculairement aux lignes de force magnétique.

« L'instrument montre qu'un changement remarquable a lieu dans la puissance conductrice magnétique du fer et de l'acier, si l'on soumet le fil que l'on examine à une tension longitudinale. Passons à travers l'axe d'un couple de bobines un fil de fer d'un demi-millimètre de diamètre, de 20 centimètres environ de longueur, attaché à une clef de manière qu'on puisse le tendre : le fil non tendu marque 100° par exemple ; en appliquant une tension légère et croissante, la valeur augmente rapidement, et atteint le double lorsqu'on arrive au point de rupture. Si pendant cette tension on frappe le fil de façon à entendre la note qu'il rend, quel que soit le procédé de tension, un fil semblable rendant la même note marquera invariablement le même degré. Ainsi la note *la*, de 435 vibrations par seconde, amène toujours la valeur magnétique de 160°.

« Si maintenant, tandis que le fil est tendu et marque 160°, nous le magnétisons en attirant sur lui un fort aimant composé, la note ne varie pas, mais la valeur à la balance tombe de 20° et se réduit à 80°. Ce fil ne pourra plus alors être ramené par la tension à sa valeur primitive, et se rompra avant de l'atteindre. Nous voyons donc que l'effet de la traction, qui est de ramener les fibres parallèlement à la ligne de tension mécanique, développe la puissance conductrice, tandis que le magnétisme ainsi que la trempe détruisent ces effets, d'où nous sommes déjà amenés à penser que l'action magnétique est produite perpendiculairement aux lignes de force.

« Cette opinion est confirmée par les effets que produit la torsion. En effet, si au lieu d'étendre le fil on le tord, il décroît en valeur conductrice magnétique, chaque tour diminuant sa puissance suivant une loi remarquablement régulière. A 80 tours, il y a diminution de 65 pour 100. A 85 tours la rupture avait lieu. En prenant un fil ainsi amené auprès de son point de rupture et le soumettant au magnétisme, on reconnaît que celui-ci n'a plus aucune action ; mais, en échange, ce fil de fer doux ainsi tordu possède un pouvoir de rétention magnétique remarquable, supérieur à celui de l'acier trempé.

Enfin prenons trois morceaux semblables de fil de fer doux : laissons le premier à l'état naturel, soumettons le second à la tension jusqu'auprès de son point de rupture, et le troisième à la torsion dans les mêmes conditions, puis magnétisons-les également ; le pouvoir de rétention du fil à l'état naturel étant 100, celui du fil tendu sera 80 et celui du fil tordu 500. »

L'action de la chaleur sur les métaux a révélé, grâce à la balance d'induction, des effets très inattendus. Ainsi, alors qu'elle diminue la conductibilité des métaux non magnétiques, elle facilite, au contraire, les mouvements du magnétisme dans les métaux magnétiques ; ainsi, le degré d'induction est beaucoup plus élevé dans le fer, l'acier et le nickel soumis à une forte température que quand ils sont à la température ordinaire. Une barre de fer doux dont la valeur de la conductibilité magnétique (à la température de 20° C), était au sonomètre de 160° a pu indiquer 500° à la température de 200°.

Pour le nickel, l'accroissement est plus considérable encore ; ce métal, qui est inférieur au fer à la température ordinaire, lui est supérieur à 200°, et la variation magnétique du nickel avec la température est si grande, que la chaleur rayonnante de la main suffit pour faire changer sa valeur de plusieurs degrés ; il peut ainsi être regardé comme un thermomètre magnétique très sensible.

Le nickel, du reste, est le métal le plus apte à révéler les *sons moléculaires*, mais il faut qu'il soit très pur et disposé en lamelles de 5 centimètres de longueur sur 5 de largeur et un quart de millimètre d'épaisseur. Quand ce métal est aimanté, les sons sont encore plus intenses.

Si l'on tient cette lame près d'une hélice plate ou d'une bobine quelconque, on entendra toujours des sons moléculaires très caractérisés, quelle que soit d'ailleurs la position de la lame par rapport à la bobine.

Si cette lame est employée comme diaphragme d'un téléphone actionné par un microphone, elle est soumise à
deux genres de vibrations, les unes qui tiennent aux attractions électro-magnétiques, les autres qui sont moléculaires et qui se greffent sur les premières, de manière
à rendre leurs contours dentelés.

Bien que les sons fournis par le nickel soient, à la
balance d'induction, quatre fois plus forts que ceux
fournis par l'acier, des diaphragmes de téléphone en
nickel ne valent pas les diaphragmes en fer. Cependant,
dans le cas où le téléphone n'a pas de noyau magnétique
et qu'il est réduit à une simple bobine, les diaphragmes
de nickel ont une grande supériorité.

Le nouvel appareil de M. Hughes fera sans doute découvrir bien d'autres phénomènes importants, et nous
sommes heureux dès à présent de pouvoir enregistrer les
découvertes qui précèdent, et qui montrent comment, dans
les sciences, une découverte en amène une et plusieurs
autres. (Voir les mémoires de M. Hughes dans le journal
anglais *Nature* du mois de juin 1879, le *Philosophical
Magazine* de juillet 1879, et ceux de M. W. Chandler
Roberts *On the examination of certain alloys by the aid
of the induction Balance*, dans le *Philosophical Magazine*
de juillet 1879, du docteur Richardson, etc).

**Balance d'induction pour le magnétisme molécu-
laire de M. Hughes.** — La possibilité que donne la *balance d'induction* de révéler les conditions d'état moléculaire des corps conducteurs a permis à M. Hughes d'étudier
facilement les effets moléculaires produits au sein des
corps magnétiques, sous l'influence de l'aimantation
et des actions mécaniques exercées sur eux, effets qui,
comme on l'a vu dans notre ouvrage sur le téléphone,
donnent lieu à des actions téléphoniques très remarquables (Voir 4e édition, p. 252). Toutefois, pour pouvoir
les étudier facilement, M. Hughes a dû disposer la balance

d'induction d'une manière particulière dont nous représentons le principe, figures 50, 51 et 52.

Dans ces nouvelles conditions, le dispositif se compose : 1° d'un appareil pour produire les courants d'induction ; 2° d'un sonomètre, pour établir l'équilibrement ; 3° d'un rhéotome ou interrupteur de courant et d'une batterie ; 4° d'un téléphone.

La partie essentielle de cette nouvelle balance est celle qui se rapporte au système inducteur, et que nous représentons figure 50. Le fil de fer à essayer F F, qui traverse

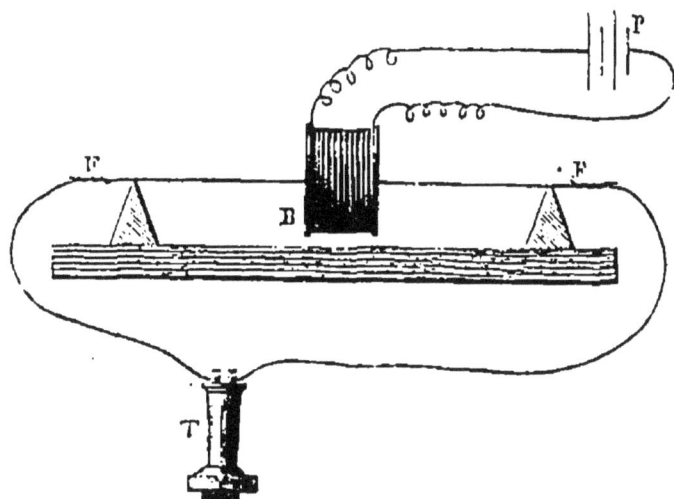

Fig. 50.

librement la bobine B, est soutenu sur deux supports placés à 20 centimètres de distance l'un de l'autre et sur l'un desquels il est fixé au moyen de deux vis de pression. L'autre extrémité du fil, qui a 22 centimètres de longueur, s'appuie sur l'autre support et porte un bras qui se termine par une aiguille indicatrice mobile devant un cadran divisé. De cette manière, si le fil est tordu, la valeur de sa torsion peut être mesurée par le déplacement de l'aiguille indicatrice. Une vis de réglage permet d'ailleurs de placer cette aiguille au degré voulu.

Le diamètre extérieur de la bobine est de 5 1/2 centimètres, et celui de sa partie tubulaire de 5 1/2 centimètres;
sa largeur est de 2 centimètres seulement, et elle est enroulée avec un fil de 200 mètres de longueur du n° 52.
Elle est attachée à un bâtis qui est combiné de manière
à ce qu'on puisse la fixer sous un angle voulu, par rapport au fil qui la traverse, et de manière qu'on puisse la
déplacer longitudinalement sur une longueur de 20 centimètres, pour essayer le fil dans ses différentes parties.
Toutes les parties de cet appareil doivent autant que
possible être construites en bois, afin d'éviter toute induction extérieure de la part de la bobine.

L'extrémité du fil de fer, qui est fixe, est réunie à un
fil de cuivre qui se replie pour passer au-dessus de la
bobine et parallèlement à elle, en formant une sorte
de boucle qui fait partie d'un circuit complété par un
autre fil attaché à l'extrémité libre du fil de fer. Ce dernier fil communique à la batterie, par l'intermédiaire du
rhéotome, ou au téléphone, suivant que l'un ou l'autre
des deux organes est inducteur.

Dans le cas où le fil de fer communique avec la pile,
la bobine est reliée au téléphone; mais en général,
M. Hughes préfère la disposition inverse, afin d'éviter le
passage du courant à travers le fil.

« Pour équilibrer les courants, dit M. Hughes, et reconnaître la direction des courants induits produits, j'emploie le sonomètre et le rhéotome dont il a été déjà question. Les deux bobines extérieures du sonomètre sont
alors en communication avec la pile et la bobine d'induction de l'appareil, et la bobine mobile du sonomètre
est reliée au circuit du fil de fer et du téléphone. Le
sonomètre que j'emploie de préférence dans ces expériences est fondé sur un principe que j'ai exposé dans un
mémoire inséré dans les comptes rendus de l'Académie
des sciences du mois de décembre 1878. Il est constitué
par deux bobines seulement, mais la plus petite est dis-

posée de manière à tourner au centre de l'hélice la plus grande qui est fixe, comme on le voit figures 51 et 52. Cette petite hélice mobile B porte une longue aiguille A (de 20 centimètres) dont la pointe se meut devant un arc divisé. Quand le plan de cette hélice est perpendiculaire à celui de la grande hélice H à l'intérieur de laquelle elle se trouve, aucune induction n'est possible, et l'aiguille indique zéro, mais pour toute autre position, un courant se manifeste, et il est proportionnel à l'angle que font entre eux les deux plans des hélices. Grâce au cercle divisé les évaluations sont faciles à lire.

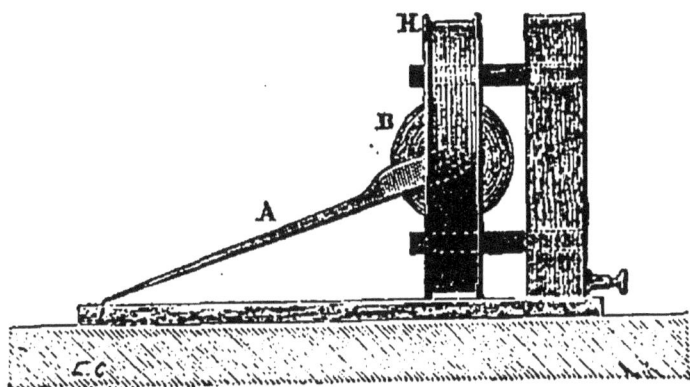

Fig. 51.

« Si le plan des spires de la bobine de la balance d'induction est bien perpendiculaire au fil de fer qui la traverse et si les bobines du sonomètre sont disposées de manière que l'aiguille indicatrice soit à zéro, aucun courant ne sera donc produit, et, par conséquent, le téléphone restera muet; mais il suffira de tordre un tant soit peu le fil de fer de la balance pour déterminer un son, et en tournant convenablement la bobine mobile du sonomètre, on arrivera à annuler les sons dans le téléphone; or, l'angle qu'aura décrit la bobine du sonomètre indiquera la valeur de ce courant. Toutefois, cette annulation des

sons est très difficile à obtenir avec les forts courants
développés par la torsion dans un fil de fer de 2 millimètres de diamètre, et il faut, pour l'obtenir, employer
une disposition de sonomètre plus compliquée qu'il est
inutile de décrire ici.

«Le rhéotome est constitué par un mécanisme d'horlogerie muni d'une roue à mouvements rapides réagissant
sur un interrupteur de courant, de manière à produire

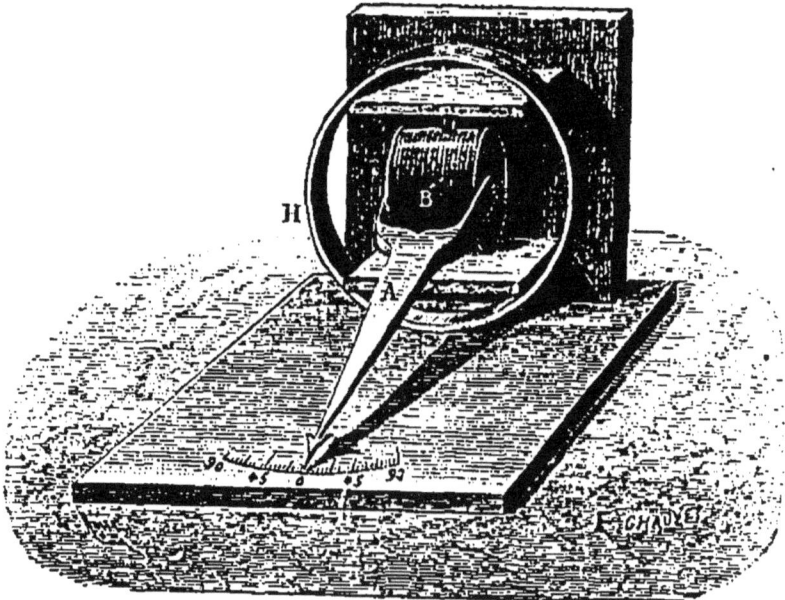

Fig. 52.

des sons alternatifs séparés par des intervalles de temps
égaux. J'emploie ordinairement 4 éléments à bichromate
de potasse ou 8 éléments Daniell, et ces éléments sont
réunis à la bobine de la balance par l'intermédiaire du
rhéotome, comme il a été dit précédemment. »

Nous avons rapporté longuement dans le journal *la Lumière électrique* (tome III, p. 278, 289, 296, 554, 401,
425) les curieuses expériences de M. Hughes avec cette
balance, et ne pouvant les rapporter ici, nous signalerons

seulement les déductions auxquelles elles ont donné lieu.

On a d'abord été conduit à établir que le magnétisme peut déterminer à des effets d'induction très différents, suivant qu'il réagit à la suite d'un changement survenu dans son énergie ou suivant qu'il réagit *moléculairement*. Dans le premier cas, il produit les courants induits que nous connaissons, dans le second il développe des courants, non pas dans un fil ou une hélice qui entoure le corps magnétique, mais dans la propre substance de celui-ci. Quelquefois les deux effets se produisent simultanément quand le corps est soumis à des actions mécaniques extérieures. Suivant M. Hughes, les actions moléculaires du magnétisme se produisent à la suite d'un étirement ou d'une action de torsion exercés sur le corps magnétique, autant du moins que l'élasticité peut réagir concurremment ; mais ce qui est curieux, c'est que ces courants persistent tant que l'action mécanique exercée sur eux subsiste et sont indépendants de la forme et de la masse du corps magnétique. Naturellement des actions mécaniques inverses produisent des courants de sens différent, et on peut même arriver par ce moyen à annuler les effets produits par l'induction ordinaire.

M. Hughes a démontré en second lieu que la magnétisation extérieure d'un fil magnétique n'exerce aucune influence sur l'induction moléculaire qu'il peut provoquer, mais, en revanche, que la chaleur agit énergiquement en augmentant son intensité dans le fer, et en la diminuant dans l'acier.

En faisant la contre-partie des expériences qui l'avaient conduit aux déductions précédentes, M. Hughes a reconnu que le passage d'un courant à travers un fil magnétique dépourvu de toute torsion pouvait déterminer sur ses molécules un arrangement particulier équivalent à celui qui aurait été exercé par une action mécanique de cette nature, et que cet effet, qui est persistant, ne peut être dé-

truit que par une torsion en sens inverse de celle déterminée par le courant. Ce moyen a pu être, par conséquent,
employé à mesurer le degré de la torsion donnée aux
molécules magnétiques sous l'influence des courants traversant un fil magnétique, et a conduit M. Hughes à reconnaître : 1° qu'un fil qui a été traversé par un courant
ou qui a subi un effet de torsion se trouve dans le cas
d'un solénoïde dont les spires sont invisibles, mais qui
n'en agit pas moins d'une manière analogue ; 2° que les
effets du courant et de la torsion peuvent s'additionner,
mais qu'alors le fil ne peut plus revenir à l'état neutre par
la détorsion, parce qu'alors il reste la torsion déterminée
par le passage du courant ; 3° que les effets ainsi produits sont pour ainsi dire nuls avec l'acier trempé ; 4° que
ce genre de réaction est indépendant du magnétisme ter-
restre ; 5° que, pour obtenir ces effets de torsion moléculaire sous l'influence électrique, il faut que la matière
elle-même serve de véhicule au courant, mais qu'une
action électrique ou magnétique transversale par influence
peut les détruire une fois produits ; 6° que la chaleur ou
des mouvements vibratoires rapides peuvent également
détruire ces effets, bien qu'ils contribuent à les renforcer
pendant l'action du courant ; 7° que les effets précédents
peuvent être obtenus sur des fils de fer de différents diamètres, mais qu'ils sont plus développés sur des fils de 1/2
à un millimètre que sur des fils plus gros, en raison sans
doute de la moindre résistance de ceux-ci. M. Hughes
croit du reste que tous les fils télégraphiques sont tous
plus ou moins affectés de torsions moléculaires.

Dans ses dernières recherches, M. Hughes s'est occupé
des effets que devaient produire, sur les fils de fer, des
courants interrompus les traversant directement ou les
influençant par l'intermédiaire de bobines magnétisantes,
et il est arrivé aux conclusions suivantes :

1° Un courant électrique polarise son conducteur, et le
magnétisme moléculaire de celui-ci peut se convertir en

un courant électrique par une simple torsion de ce conducteur ;

2° C'est seulement par le mouvement de rotation de la
polarité magnétique qu'un courant électrique est engendré
par suite de la torsion ;

5° Le passage d'un courant à travers un fil de fer ou
d'acier s'effectue suivant une hélice ;

4° La direction de cette hélice dépend du sens du courant et de la polarité magnétique du fil ;

5° Un aimant naturel peut être disposé avec des polarités moléculaires contournées en spirale et, par conséquent, des courants électriques de sens contraire déterminent tous les deux une spirale semblable en les traversant ;

6° On peut faire tourner les molécules polarisées, soit
par la torsion, soit par un fort étirement transversal ou
longitudinal ;

7° La rotation ou le mouvement des molécules donne
des sons clairs et perceptibles.

8° Ces sons peuvent être augmentés ou diminués jusqu'à devenir nuls, par les moyens seuls qui ont produit
la rotation moléculaire.

9° Les mêmes effets ayant été obtenus par trois méthodes
différentes d'expérimentation, on ne peut pas dire qu'ils
soient dus à un simple changement ou affaiblissement
des polarités, comme quand une rotation ayant été in-
complète, une simple vibration mécanique suffit pour rétablir l'effet maximum ;

10° La chaleur, le magnétisme, les courants électriques
continus, l'étirement mécanique, les vibrations exercent
tous une action marquée sur ce genre d'effets.

Ces différentes recherches expliquent parfaitement
comment M. Ader est parvenu à reproduire la parole en
faisant réagir, sans l'intervention d'aucune pile, un diaphragme téléphonique sur une série de petits bouts de
fils de fer placés à l'intérieur d'une hélice magnétisante.

Les chocs déterminés entre ces petits morceaux de fer donnaient naissance aux courants moléculaires magnétiques que nous venons d'étudier, lesquels, en réagissant par induction sur l'hélice, engendraient les sons dans le téléphone en correspondance, à la manière des téléphones Bell ordinaires.

Balance électro-dynamique pour mesurer l'intensité des courants développés dans un téléphone. — On a vu, dans notre ouvrage sur le téléphone, combien est faible

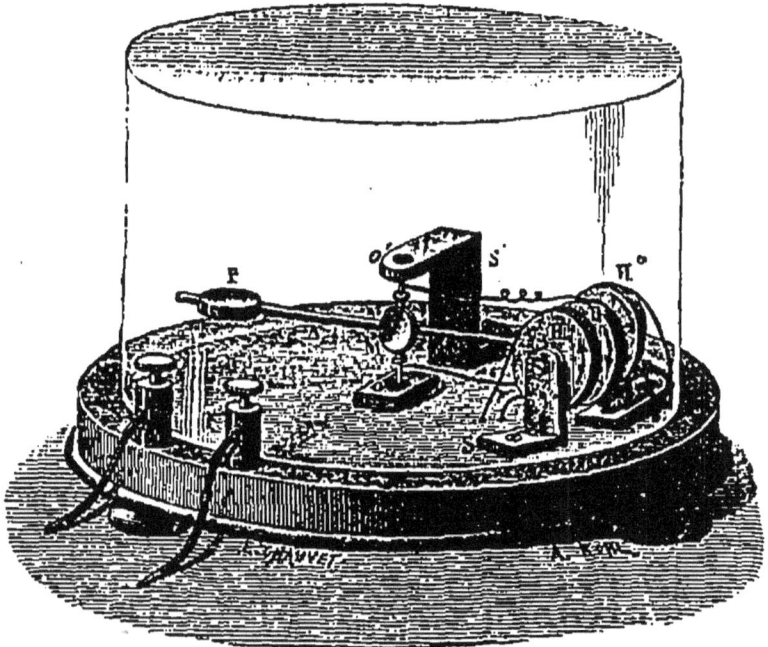

Fig. 35.

l'intensité des courants développés dans un téléphone Bell, et combien il était difficile de la mesurer; M. Ader, cependant, a construit une petite balance que nous représentons figure 35 et qui se trouve néanmoins impressionnée par eux.

C'est une sorte de longue aiguille aimantée horizontale A montée sur un axe vertical *oo'* pivotant sur ses pointes et portant à l'une de ses extrémités une spirale plate

d'induction H dont le poids se trouve parfaitement équilibré en P sur le bras opposé. Cette spirale plate est
comprise entre deux autres spirales H' et H'' placées à
petite distance et qui sont reliées (par les pivots de l'axe
vertical du système) avec la spirale mobile, mais de telle
manière que le courant marche parallèlement dans la spirale mobile pour l'une des spirales fixes H'' et dans un
sens contraire pour l'autre spirale fixe H'. Il en résulte que
quel que soit le sens du courant, la déviation de la bobine
mobile s'effectue toujours dans le même sens. En plaçant
sur l'axe vertical un miroir M comme dans le galvanomètre
de Thomson, il devient alors facile d'apprécier les petites
variations du système, et en faisant circuler à travers les
spirales les courants induits des téléphones, il devient
facile, en ramenant à la déviation observée celle d'un
élément Daniell ayant traversé une résistance suffisante,
d'apprécier comparativement la valeur des courants induits observés.

**La balance de Hughes appliquée comme explora-
teur chirurgical.** — Il est souvent difficile, dans les
blessures causées par les armes à feu, de préciser l'em-
placement exact où se trouve le projectile qui a pénétré
dans les chairs, et cette difficulté fut telle, quand on voulut
extraire la balle dont le Président Garfield fut frappé,
qu'on rechercha immédiatement des moyens électriques
pour y parvenir. L'idée vint immédiatement à plusieurs
physiciens et chirurgiens, de mettre à contribution la
balance d'induction de Hughes, et plusieurs dispositifs
furent immédiatement indiqués par MM. G. Bell, Hughes
et Hopkins.

Celui de M. Hughes consistait à rendre mobile l'un des
couples de bobines de la balance d'induction que nous
avons représentée figure 29, et de le promener sur le
corps du patient après avoir pris le soin, avant l'expérience,
de bien équilibrer l'appareil; dans ces conditions le sys-

tème devait être retourné puisque la bobine d'épreuve
devait alors toucher le corps. Tant qu'aucun corps métallique ne se trouvait pas dans le voisinage de la bobine
exploratrice, le téléphone de la balance restait muet, mais
aussitôt que l'action du projectile pouvait se manifester
sur la bobine induite, l'équilibre était rompu et le téléphone parlait. Dès lors, on pouvait circonscrire l'exploration, et, par l'intensité des sons produits au moment
des différents déplacements du système explorateur, on
pouvait fixer le point où le projectile était le plus rapproché de l'appareil. Pour savoir à quelle profondeur il
était situé, il suffisait de rétablir l'équilibre en soulevant
ou en approchant successivement de la bobine d'épreuve
du système fixe de la balance une balle de plomb semblable à celle présumée enfoncée. Quand aucun son n'é-
tait plus perçu dans le téléphone, il suffisait de mesurer
la distance de la balle d'essai à la bobine correspondante, pour avoir celle de la balle enfoncée à la surface
du corps.

Le système de M. G. Bell est fondé sur le même principe,
mais il est un peu différent dans sa disposition. Il se
compose, comme on le voit figure 34, d'un système de
deux bobines plates A et B parallèles et superposées en
partie l'une sur l'autre de manière que le bord de chacune
d'elles passe auprès de l'axe de l'autre. L'une de ces bobines est faite de gros fil, c'est le circuit primaire ; l'autre
de fil fin, c'est le circuit secondaire. L'ensemble des bobines est noyé dans une masse de paraffine et placé à l'intérieur d'une planchette en bois munie d'une poignée. Un
courant vibratoire provenant d'une pile traverse la première bobine, tandis que le circuit de la seconde comprend un téléphone ordinaire.

Dans ces conditions, aucun son ne sera perçu dans le
téléphone. Mais si l'on approche de la partie commune C
aux deux bobines un corps métallique quelconque, le
silence fera place aussitôt à un son dont l'intensité dépendra

de la nature et de la forme de ce corps métallique et aussi de sa distance.

Il est difficile dans la pratique de réaliser la super-position exacte et convenable des bobines, aussi convient-il d'intercaler respectivement dans le circuit primaire et dans le circuit secondaire deux nouvelles bobines D et E, analogues aux premières, mais beaucoup plus pe-tites, dont la surface commune peut être modifiée par le jeu d'une vis micrométique. On arrive très rapidement,

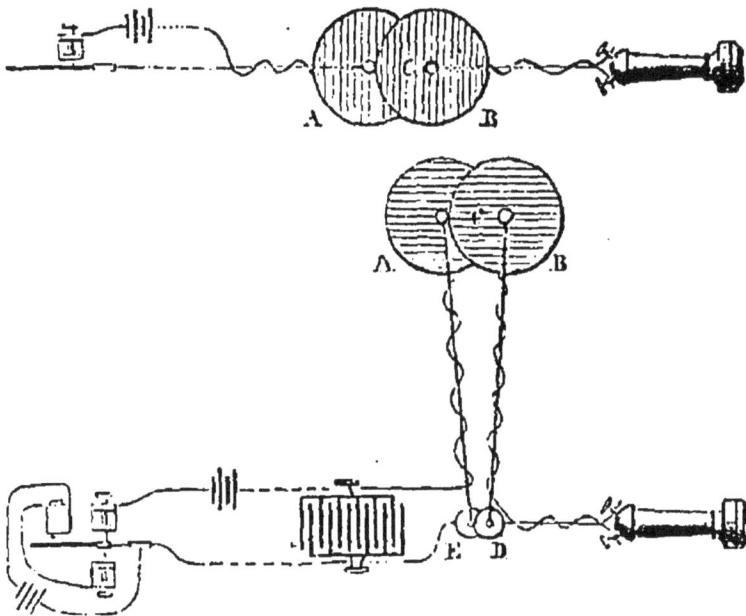

Fig. 34.

au moyen de ce réglage, à réduire le téléphone au si-lence le plus complet. L'introduction d'une capacité élec-trostatique F dans le circuit primaire produit des effets de beaucoup supérieurs à ceux que l'on obtiendrait autre-ment, ainsi que l'a reconnu M. Rowland.

Si l'on veut, avec ce système. déterminer la profondeur à laquelle se trouve la masse métallique, cela est facile si l'on connaît a priori sa forme ou mode de pré-sentation et sa substance; il suffit pour cela de dérégler l'appareil tandis qu'il est appliqué sur la peau, jusqu'à ramener le téléphone au silence; après quoi, retirant l'appareil, on en approche la masse auxiliaire identique à celle explorée jusqu'à reproduire à nouveau le silence, et la distance de cette masse à l'explorateur donne la mesure qu'il s'agit de déterminer.

On a fait à New-York, le 7 octobre 1881, une expérience intéressante avec cet appareil, qui a donné des indications bien différentes de celles qu'avaient pu fournir les moyens ordinaires. Elle a porté sur la personne du colonel B. T. Clayton, blessé en 1862. La balle était entrée par devant, dans l'articulation de la clavicule gauche, qu'elle avait fracturée. Les docteurs Swenburn et Wanderpool supposaient qu'elle s'était logée sous le scapulum, mais la balance d'induction a démontré qu'au contraire elle devait se trouver en avant et au-dessous de la troisième côte.

LE RADIOPHONE

Pendant que M. Graham Bell était en Angleterre,
en 1878, pour faire valoir sa merveilleuse découverte du
téléphone, il eut l'idée, en voyant les résultats si curieux
obtenus avec le sélénium sous l'influence de la lumière,
de les étudier au moyen du téléphone, et dans une
note présentée par lui à la Société Royale de Londres le
17 mai 1878, il annonçait qu'il était possible d'entendre
*l'effet produit par une ombre interrompant l'action de
la lumière sur une plaque de sélénium.* Déjà en septembre 1878, dans la première édition de mon ouvrage
sur le téléphone, page 193, j'avais indiqué des expériences
de MM. Willoughby-Smith et Siemens, qui montraient
qu'on pouvait obtenir des sons en projetant un rayon lumineux sur une goutte de sélénium introduite entre deux
électrodes de platine en forme de fourches dont les dents
étaient enchevêtrées les unes dans les autres sans se toucher et mises en communication avec un téléphone et une
pile; mais à cette époque on ne se doutait guère qu'il sor-
tirait de là une série d'études qui pourraient révolu-
tionner la physique et créer une branche nouvelle de
cette science. C'est pourtant ce qui a eu lieu dans ces dernières années, grâce au génie et aux travaux persévérants
de M. Graham Bell, et aussi aux recherches intéressantes

qui ont été entreprises à la suite par MM. Mercadier, Preece, Tyndall, Röntgen, Dufour, etc.

Comme on vient de le voir par l'exposé historique que nous venons de faire de cette découverte, la radiophonie a eu pour point de départ une modification, sous l'influence de la lumière, des conditions électriques d'une plaque de sélénium traversée par un courant électrique, modifications qui résultaient de changements survenant dans la résistance électrique de cette substance et qui se traduisaient par des sons dans le téléphone quand l'action lumineuse était intermittente ; mais les expériences qui suivirent ces premiers résultats, montrèrent que le phénomène n'était pas aussi isolé qu'on aurait pu le croire et qu'il était une propriété générale des corps impressionnés par la lumière ; on a pu même constater que les effets lumineux n'étaient pas seuls à intervenir dans ce genre de phénomènes, que les effets calorifiques étaient même le principal agent, et on s'est trouvé conduit à changer le nom de *photophones*, que M. Bell avait donné dans l'origine à ses premiers appareils, en celui de *radiophones*, qui se rapportait mieux à tous les effets observés.

Premier mémoire sur la Radiophonie de M. Bell. — C'est à la session de l'année 1880 de l'Association Américaine pour l'avancement des sciences, que M. Graham Bell lut son premier mémoire sur la radiophonie. Il se divisait en deux parties ; dans l'une il traitait des sons produits par l'action de la lumière sur le sélénium traversé par un courant électrique actionnant un téléphone ; dans l'autre, des sons produits par l'action directe d'un rayon lumineux tombant sur différents corps disposés en lames minces, tels que l'or, l'argent, le platine, le fer, l'acier, le laiton, le cuivre, le zinc, le plomb, l'antimoine, l'argent allemand, le métal de Jenkin, le métal de Babitt ; l'ivoire, la cellulose, la gutta-percha, le caoutchouc durci, le caoutchouc flexible, le papier, le parchemin, le bois, le mica et le verre argenté.

Dans ce premier mémoire, il ne s'étend pas beaucoup sur ces derniers effets, et constate que la substance qui a donné les sons les plus accentués était le caoutchouc durci, disposé en disque mince; il montre qu'il suffit de placer ce disque contre l'oreille pour qu'on puisse entendre des sons, et les intermittences lumineuses pouvaient d'ailleurs être faites simplement à l'aide de lentilles mobiles. Quand la lame formait le diaphragme d'un cornet acoustique, les sons étaient naturellement plus accentués. Le sélénium cristallin employé directement donna, contrairement à ce qu'on aurait pu croire, de moins bons résultats, mais ils étaient néanmoins très marqués, et on put les distinguer avec toutes les substances dont nous avons parlé précédemment, excepté avec le charbon et le verre de microscope. Ce furent l'antimoine, le papier et le mica qui produisirent les sons les plus faibles. M. Bell assure d'un autre côté qu'il a pu entendre de cette manière des sons provenant de la lumière solaire intermittente à travers de simples tubes de caoutchouc vulcanisé, de laiton et de bois. Ces expériences, faites en commun avec M. Sumner-Tainter, n'étaient que le commencement de la série des belles expériences dont nous allons parler plus loin, et nous ne les signalons ici que comme historique de la question, parce qu'elles ont été l'occasion de discussions qui ont éclairé cette étude d'un jour inattendu.

Quant à la partie du travail de M. Bell se rapportant à la reproduction des sons par l'intermédiaire de substances sensibles électriquement à la lumière, elle a été beaucoup plus développée et on y trouve des renseignements très intéressants non seulement sur la possibilité de reproduire la parole par ce moyen, mais encore sur la manière de préparer le sélénium pour produire les meilleurs effets.

Le premier soin de MM. Bell et Sumner-Tainter a été

de chercher à obtenir la reproduction de la parole en
soumettant les intermittences lumineuses, agissant sur le
sélénium, à l'influence directe des vibrations de la voix, et
pour cela ils ont mis d'abord à contribution deux plaques
perforées d'un grand nombre de fentes très étroites, qu'ils
plaçaient parallèlement l'une devant l'autre de manière à
faire coïncider les fentes, et projetaient à travers ces fentes
un faisceau de rayons lumineux. L'une de ces plaques
était fixe, l'autre était libre et était fixée au centre d'un
diaphragme téléphonique qui était actionné par la voix.
Dans ces conditions, toutes les vibrations du diaphragme
téléphonique, devant lequel on parlait, communiquaient
à la plaque mobile un mouvement de va et vient qui obs-
truait momentanément plus ou moins les fentes de la
plaque fixe, et cette obstruction étant proportionnelle à
l'amplitude des vibrations, l'action de la lumière sur le
sélénium variait avec ces vibrations et pouvait par conséquent déterminer des variations correspondantes de
conductibilité dans cette substance. Dès lors un courant
électrique dans le circuit duquel était interposé un téléphone pouvait avoir son intensité modifiée d'après les
vibrations sonores de l'appareil transmetteur, et la parole
devait être entendue[1]; mais il fallait pour cela amplifier
l'effet au moyen d'un réflecteur parabolique concentrant
le faisceau lumineux interrompu sur le sélénium. (Voir
la disposition de ce système d'interruption lumineuse,
figure 41, page 116.)

Toutefois les appareils qui furent employés dans cette
première expérience ne donnèrent pas des résultats
complètement satisfaisants; le sélénium dont on s'était

---

[1] M. G. Bell, dans sa communication, insiste sur la condition
d'effets *lumineux vibratoires* pour la reproduction de la parole par ce
système, car suivant lui, toute l'invention est dans cette condition
des rayons lumineux. Il ignore si cette condition a été réalisée dans
l'invention de M. G. F. W. de Kew, ou par M. Sargent, de Philadelphie;
mais, suivant lui, l'honneur en revient à M. David Brown, de Londres,
et à M. Sumner-Tainter.

servi avait aussi une trop grande résistance, et les sons
produits étaient souvent inintelligibles. Il fallut donc
perfectionner le système et surtout le sélénium sous le
rapport de sa conductibilité, et on fut conduit ainsi à
construire des téléphones spéciaux d'une grande résistance.

D'après les recherches de MM. G. Bell et Sumner-Tainter,
le sélénium ordinaire présente une résistance de
250 000 ohms dans l'obscurité, et grâce à leurs recherches,
ils ont réussi à en obtenir de très sensible n'ayant que
500 ohms dans l'obscurité, et 115 ohms à la lumière.
D'un autre côté, au lieu de prendre du platine pour établir le contact avec le sélénium, comme on le fait ordinairement, ils ont pris du laiton, qui produit un effet
infiniment meilleur, effet qu'ils attribuent à une sorte
d'affinité chimique entre les deux corps, et d'où résulte
un meilleur contact[1]. Pour placer la combinaison dans
de bonnes conditions, il suffit de frictionner avec un bâton
de sélénium la surface de la lame de laiton, convenablement chauffée, qui doit constituer le disque sensible, et
recuire le tout pour lui donner de la sensibilité. Pour cela,
on chauffe simplement le sélénium au-dessus d'un fourneau
à gaz, et on observe son aspect; quand il atteint une certaine
température, sa surface réfléchissante se voile et prend
l'aspect d'une glace recouverte d'humidité. Quand cet
aspect, en s'accentuant successivement, a pris celui de
granulations métalliques, on retire la lame du fourneau
pour la laisser se refroidir lentement, et fournir les cristallisations nécessaires à sa sensibilité. Il ne faut pas
pousser trop loin l'échauffement, car le métal fondrait, ce

---

[1] Suivant eux, et du reste je suis de leur avis, le simple contact
des métaux détermine une grande résistance *au passage* des courants, résistance qui est diminuée quand il y a entre eux une sorte d'action chimique qui rend ce contact plus intime. Il y a entre eux, dans
les deux cas, la même différence que celle qui existe entre un corps
susceptible d'être mouillé et un corps non susceptible de l'être.

qui lui ôterait, en grande partie, ses propriétés. Cette opération s'effectue du reste en quelques minutes. La plaque, ainsi préparée dans de bonnes conditions, doit présenter au microscope l'aspect de cristallisations à facettes et distinctes, ayant un aspect blanchâtre, et se détachant sur un fond couleur de rubis.

. Quant au transmetteur, il a dû subir de nombreuses transformations; on a essayé plus de 50 dispositions différentes avant d'en avoir une réellement bonne, et on a mis pour cela à contribution des rayons polarisés, actionnés par le magnétisme, ou des rayons réfractés par les liquides et réfléchis par les pôles polis d'un électro-aimant, ou des rayons ayant traversé plusieurs lentilles de différents foyers; mais la disposition à laquelle MM. Bell et Sumner-Tainter se sont arrêtés consiste dans un miroir plan construit avec une matière très flexible, telle que du mica ou du verre à microscope, et derrière lequel on parle comme on le ferait devant un diaphragme téléphonique. On projette, au moyen d'une forte lentille, un faisceau lumineux sur ce diaphragme-miroir, et on rend ensuite parallèles les rayons réfléchis au moyen d'une autre lentille qui les projette à leur tour à distance, sur le réflecteur parabolique dont il a été déjà question et au foyer duquel est placé le disque de sélénium préparé ainsi qu'on l'a vu précédemment. Ce disque est, bien entendu, traversé par le courant d'une pile locale dont le circuit correspond à un téléphone à grande résistance. Il suffit alors de parler devant le diaphragme-miroir pour que la parole soit entendue dans le téléphone. Voici maintenant comment M. Bell décrit l'une des expériences qui furent faites avec cette disposition :

. « M. Tainter s'occupait du transmetteur qui était placé sur le haut de la maison d'école de Franklin à Washington, et j'étais placé auprès du récepteur qui était installé dans mon laboratoire (1525, L. street) à une distance de 213 mètres. En plaçant le téléphone à mon oreille, j'entendis distinctement les mots suivants transmis par l'appareil de projection : *Si vous entendez ce que je dis, venez à la fenêtre et agitez votre chapeau.* Dans nos expériences de laboratoire, continue M. Bell, les appareils récepteurs et transmetteurs étaient toujours assez éloignés l'un de l'autre pour que l'oreille ne fût pas impressionnée par les sons directs, et nous avions d'ailleurs placé les téléphones dans une pièce autre que celle où se trouvaient la plaque de sélénium et le système projecteur. Or, nous avons constaté que la parole pouvait être reproduite avec de la lumière oxhydrique et même avec la lumière d'une lampe de Kerrosens. Les effets les plus marqués étaient produits au moyen d'un appareil à disque perforé qui permettait, par des mouvements rapides communiqués au disque, de produire des sons sans aucun bruit au transmetteur, et, alors, on pouvait rapprocher le récepteur de celui-ci pour étudier plus scientifiquement les effets produits. L'on obtenait de cette manière des sons musicaux dont la hauteur dépendait de la vitesse de rotation du disque. Dans ces conditions, la flamme d'une bougie pouvait même déterminer des sons, et on arrivait, en faisant à la main les obturations des fentes du disque, à obtenir sur le récepteur les sons longs et courts des signaux Morse.

« Nous avons fait aussi un certain nombre d'expériences, dans le but de savoir quels sont ceux des rayons du spectre qui affectent le plus le sélénium, et, pour cela, nous avons interposé sur le trajet des rayons projetés différentes substances absorbantes. Avec une solution d'alun ou du sulfure de carbone, les sons produits par les rayons intermittents étaient très affaiblis, et en introduisant de l'iode dans le sulfure de carbone, on les interceptait en grande partie, alors qu'avec une feuille mince de caoutchouc durci, on ne pouvait y parvenir. Quand cette feuille était tenue près du disque interrupteur, l'effet produit par l'écran mobile semblait réagir sur un *rayon invisible* qui impressionnait le sélénium à travers un espace de 12 pieds, et le téléphone accusait un son faible, il est vrai, mais néanmoins perceptible; on pouvait même l'interrompre en plaçant la main sur le trajet du rayon invisible. Il serait prématuré, avant de nouvelles expériences, de dire ce que peuvent être ces rayons invisibles; mais il est difficile d'admettre que ce soient des rayons se propageant en ligne courbe, car l'effet se produisait à travers deux feuilles de caoutchouc durci entre lesquelles était placée une solution d'alun. »

M. Bell, dans son mémoire, donne aussi quelques détails sur le sélénium et sur quelques expériences faites avec cette substance qui ont leur intérêt. Il fait d'abord l'historique de la découverte de ce corps par Berzelius et rappelle que c'est M. Knox qui montra le premier sa propriété conductrice de l'électricité à la température de fusion; il montre ensuite que c'est Hittorff qui, en 1852, a reconnu ses propriétés conductrices à la température ordinaire, *quand il est à l'état allotropique.* Il décrit ensuite les propriétés du sélénium[1] dont nous ne parlerons pas en ce moment, ce sujet devant être traité plus loin, et il termine son préambule en indiquant les diffé-

---

[1] Voici ce que M. Bell dit du sélénium : « Quand il est à l'état vitreux, il est de couleur brun foncé, presque noire à la lumière diffuse, et a une surface extrêmement brillante. Réduit à l'état de pellicule fine, il est transparent, et paraît d'un beau rouge quand il est frappé par la lumière. Quand, après avoir été fondu, il est refroidi très lentement, il présente un aspect tout différent; il devient d'un rouge pâle, avec un aspect granuleux et cristallin, ayant l'apparence métallique. Il est alors parfaitement opaque, même en pellicules minces. Cette variété de sélénium a été longtemps connue sous le nom de *granulaire* ou *cristalline*, ou *métallique*, ainsi que l'a appelée M. Regnault. C'est cette variété de sélénium qu'Hittorf trouva être conductrice de l'électricité à la température ordinaire, et il trouva également que sa résistance diminuait constamment en la chauffant jusqu'au point de fusion, mais qu'elle augmentait ensuite subitement en passant de l'état solide à l'état liquide. On a vu d'ailleurs que la lumière agissait d'une manière considérable sur cette substance.

rentes expériences qui l'ont mis sur la voie de sa nouvelle découverte.

Le travail de M. Bell ne mentionne pas les applications de
ce nouvel appareil, mais voici ce que j'en disais dans le numéro du 1ᵉʳ octobre 1880, du journal *la Lumière électrique*,
page 579 : « Il est aisé de comprendre que si le photophone pouvait être mis en action à une distance un peu
grande, ce qui n'est pas facile à admettre en raison de
l'affaiblissement rapide de l'intensité lumineuse avec la
distance, il pourrait rendre quelques services pour la dé-
fense des places assiégées, dans certains travaux de géo-
désie, et peut-être même à la guerre, comme complément
de la télégraphie optique. Pour le moment, les expériences qui viennent de nous être communiquées, et dont
nous n'avons pas lieu de suspecter la véracité en raison
du caractère sérieux, et je pourrais dire même scrupuleux de leur auteur, ces expériences, dis-je, sont excessivement curieuses au point de vue de la physique et,
montrent que, quoi qu'en disent certains savants, le sélénium convenablement préparé peut être impressionné
excessivement rapidement et sous des influences lumineuses très faibles, ce dont on avait douté jusqu'à présent. Les diaphotes ou téléphotes fondés sur l'action du
sélénium ne sont donc pas aussi invraisemblables que
certaines personnes veulent le prétendre, du moins si
l'on ne considère l'effet produit que comme une image
autographique et non une image réelle. »

Nous croyons devoir emprunter au mémoire de M. Bell
l'exposé suivant qu'il fait lui-même des travaux antérieurs
qui l'ont mis sur la voie de sa découverte. On y verra
avec quel esprit de justice il rend à chacun la part qui
lui est due, et quelle différence existe entre lui et certains autres inventeurs sous le rapport du sérieux et de
l'honnêteté scientifique.

« Quoique le sélénium, dit-il, soit connu depuis
soixante ans, il n'a pas été jusqu'ici beaucoup utilisé

dans les arts, et il n'est encore regardé que comme une curiosité physique. On lui donne en général la forme de bâtons cylindriques, et quelquefois ces bâtons sont dans des conditions métalliques, mais le plus souvent ils sont vitreux et non conducteurs de l'électricité.

« M. Willoughby-Smith avait pensé, dans l'origine, qu'en raison de sa grande résistance, le sélénium cristallisé pourrait être employé avec succès pour les câbles sous-marins, aux endroits où ils prennent terre et au moment où, procédant à leur immersion, on fait des épreuves d'isolement et des échanges de signaux. L'expérience avait, en effet, démontré que quelques-uns des barreaux employés avaient 1 400 mégohms (quatorze cent millions d'ohms) de résistance, c'est-à-dire une résistance égale à celle que présenterait un fil télégraphique joignant la terre au soleil; mais on constata que cette résistance était très variable, et c'est en en recherchant les causes que M. May, le préparateur de M. Willoughby-Smith, découvrit que la résistance de cette substance était moindre quand elle était exposée à la lumière que dans l'obscurité.

« Afin de s'assurer si la température n'exerçait pas aussi son influence, on plaça le sélénium dans un vase rempli d'eau, de manière que la lumière, avant d'atteindre cette substance, eût traversé une couche d'eau de 1 à 2 pouces, et on trouva qu'à l'approche de la flamme d'une simple bougie, le galvanomètre, mesurant la résistance de cette substance, déviait d'une manière sensible; on répéta l'expérience avec la lumière du magnésium, et on constata que la résistance, sous cette influence lumineuse, avait diminué de plus de moitié.

« Les résultats de ces expériences furent accueillis dans l'origine avec une certaine incrédulité par les savants, mais ils furent bientôt vérifiés par MM. Sale, Draper, Moss et autres, qui l'étudièrent alors scientifiquement, même au point de vue des différents rayons spectraux ; c'est ainsi que M. Sale trouva que l'action maxima était produite par la partie du spectre au delà du rouge, en un point coïncidant avec les raies correspondantes au point d'ébullition de l'eau. Il est vrai que, d'après M. Adams, cette action maxima correspondrait à la partie la plus lumineuse du spectre, c'est-à-dire à la limite du vert et du jaune. D'un autre côté, lord Rosse ayant exposé du sélénium aux radiations non lumineuses de corps chauds, ne put constater aucun effet produit par l'action calorifique, alors qu'une pile thermo-électrique placée dans les mêmes circonstances indiquait la présence non équivoque d'un courant. En interceptant les rayons chauds émanés de la source lumineuse par l'interposition d'une solution d'alun entre le sélénium et la lumière, il n'arriva pas à réduire l'action de la lumière sur la résistance électrique de la substance, et il en était tout autrement quand on substituait au sélénium la pile thermo-électrique, qui ne fournissait plus aucun courant. Par contre, M. Adams a trouvé que le sélénium était sensible aux rayons froids de la lune, et M. Werner Siemens a découvert que, dans certaines variétés de sélénium, la lumière et la chaleur produisaient des effets différents. Dans les expériences de M. Siemens, on chercha à réduire le plus possible la résistance du sélénium en employant une sorte de treillage en fils de platine.

« Ce treillage était composé par deux fils de platine enroulés chacun en limaçon, de manière à constituer deux spirales plates et zigzaguées, placées parallèlement l'une au-dessus de l'autre sur des disques de mica, et entre lesquelles était introduit du sélénium liquide qui remplissait tous les interstices entre les spires de fil. Chaque élément était de la grandeur d'une dime (un dixième de dollar), et les éléments étaient placés dans un bain de paraffine exposé pendant plusieurs heures à une température de 210° C. Après cette opération les éléments étaient retirés, et on les laissait refroidir très len-

tement. Les résultats obtenus avec ces éléments étaient
assez variables, et leur résistance à la lumière n'était
quelquefois que de un quinzième de leur résistance dans
l'obscurité.

« Sans insister plus longtemps sur les travaux des
autres, je crois devoir dire que les recherches les plus
importantes qui ont été faites sur la conductibilité du
sélénium sont celles de MM. Willoughby-Smith, Sale,
Draper, Moss, Adams, lord Rosse, Day, Sabine, Werner-
Siemens, C. W. Siemens. Toutes les expériences de ces
savants ayant été faites avec le galvanomètre, il me vint
à l'esprit de substituer à cet instrument le téléphone, dont
la sensibilité est beaucoup plus grande; et en étudiant
la question, je vis que je devais procéder autrement
qu'ils ne l'avaient fait, d'abord parce que les causes de
l'audition dans le téléphone étant analogues à celles qui
déterminent l'induction électrique, on ne peut obtenir
d'effet qu'autant que le courant électrique employé passe
d'un état plus fort à un état plus faible, et *vice versa*, et
en second lieu, parce que l'effet total est proportionnel
à la somme des différences d'intensité du courant. Il était
donc évident pour moi que le téléphone ne pouvait ré-
pondre à l'effet produit dans le sélénium, qu'au moment
de son passage de la lumière à l'obscurité, et *vice versa*,
et que, pour obtenir des résultats plus susceptibles d'être
appréciés, il fallait multiplier assez ces changements
lumineux pour donner lieu à des vibrations sonores, en
un mot, rendre *intermittente* l'action de la lumière.
J'avais, en effet, remarqué depuis longtemps que des
sons isolés pouvaient être imperceptibles au téléphone,
alors que, multipliés et rapprochés les uns des autres
par des interruptions rapides du courant transmetteur,
ils devenaient appréciables.

« Je fus alors frappé de l'idée de produire des sons sous
l'influence de la lumière, et, en étudiant plus à fond la
question, je pensai que tous les effets d'audition produits

sous l'influence électrique pouvaient être obtenus par
des changements d'intensité d'un rayon lumineux projeté
sur le sélénium, et qu'ils ne pouvaient avoir pour limite
que celle à laquelle s'arrête l'action de la lumière sur
cette substance; or, comme cette limite peut être assez
reculée par la projection de rayons parallèles concentrés
sur la plaque sensible par un réflecteur parabolique, je
pensai qu'il serait possible d'établir, par ce moyen, des
communications téléphoniques d'un point à un autre sans
le secours d'aucun fil conducteur, entre le transmetteur
et le récepteur. Il était évidemment nécessaire, pour
rendre cette idée pratique, de construire un appareil susceptible d'actionner la lumière sous l'influence de la

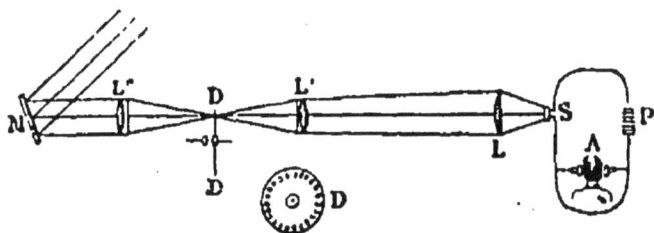

Fig. 35.

parole, et c'est ainsi que je fus conduit au système dont
je parle aujourd'hui. »

Comme complément de cet aperçu du premier mémoire
de M. Bell sur la radiophonie, nous croyons devoir reproduire ici les figures qui l'accompagnaient, et qui peuvent
donner une idée bien nette des différentes expériences
entreprises par lui.

La figure 35 montre la manière de reproduire des sons
par la rotation d'un disque muni de trous et interceptant
le faisceau lumineux agissant sur le disque de sélénium.
L'auditeur est en A, ayant un téléphone à chaque oreille;
le disque de sélénium est en S, la pile en P, et le disque
tournant en DD, au point de croisement des rayons réfléchis. Ces rayons tombent sur un miroir M, qui les réflé-

chit à travers une première lentille L″, d'où ils sortent
pour se projeter, après s'être croisés, sur une seconde
lentille L′ qui les rend parallèles pour atteindre une troisième lentille L; celle-ci les concentre sur le disque de
sélénium, et c'est au point de croisement D des rayons

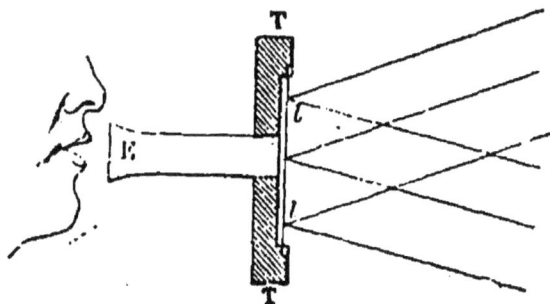

Fig. 56.

qu'est placé le disque percé de trous DD que l'on aperçoit vu de face au bas de la figure.

La figure 56 représente le miroir téléphonique derrière
lequel on parle pour transmettre la parole par l'action

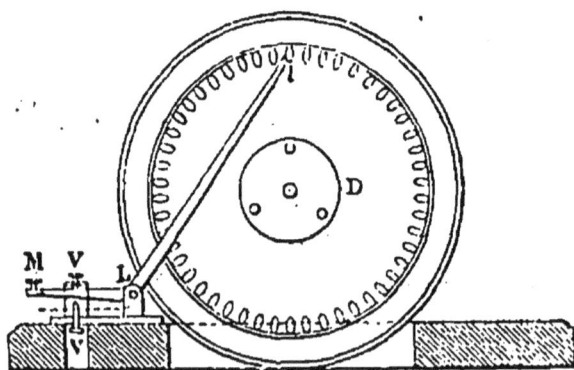

Fig. 57.

des rayons lumineux; la lame de mica argenté *ll* forme,
comme on le voit, la lame vibrante d'un téléphone TT,
ayant une longue embouchure E, et les rayons lumineux
projetés angulairement sur cette lame se trouvent déviés
de leur direction normale de réflexion par les vibrations

de la lame, ce qui équivaut à des extinctions proportionnelles à ces vibrations.

La figure 57 montre le disque tournant D sur une plus
grande échelle que dans la figure 55. Devant les trous de

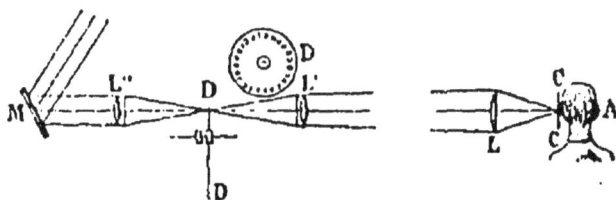

Fig. 58.

ce disque se trouve un levier obturateur articulé L*l* dont
la branche la plus courte, L*M*, constitue une clef Morse,

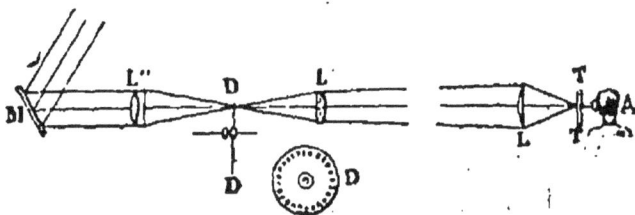

Fig. 59.

mobile entre deux butoirs V. En effectuant avec la poignée la manœuvre du Morse, on obtient une obturation

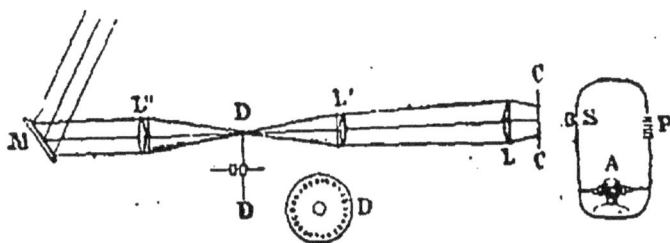

Fig. 40

saccadée et plus ou moins longue des rayons lumineux,
et par suite les sons longs et courts des parleurs télégraphiques dans le système Morse.

Les figures 38 et 39 représentent la disposition de la
première expérience sans l'intervention du circuit télépho-

nique, et par conséquent les sons produits dans ces conditions résultent de l'action directe de la lumière sur les
plaques où elle se trouve projetée; l'auditeur a alors,
comme on le voit, la plaque appliquée contre l'oreille.

La figure 40 représente la première expérience avec
l'interposition du disque mince de caoutchouc durci CC

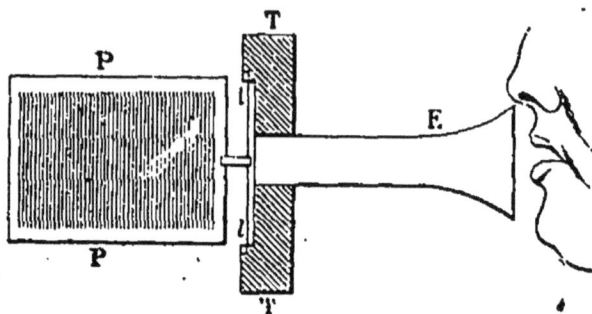

Fig. 41.

sur le trajet des rayons lumineux avant leur concentration
sur le sélénium S.

La figure 41 représente le premier dispositif au moyen
duquel le rayon lumineux se trouvait actionné par la
voix pour reproduire la parole; la plaque percée de fentes

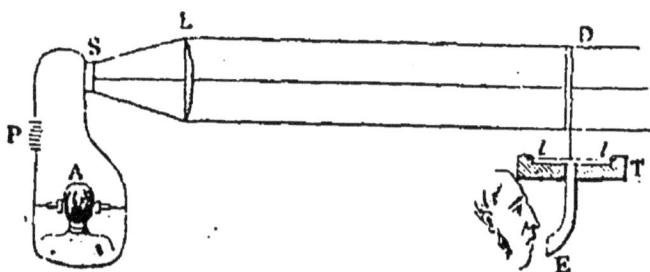

Fig. 42

longitudinales se voit en PP, et elle est, comme on le
remarque, fixée à la membrane vibrante ll d'un téléphone T. C'est derrière cette plaque PP que se trouve la
seconde plaque percée qui doit être fixe. D'après cette
disposition, on comprend facilement que si les deux
plaques sont disposées de manière que les fentes se cor-

respondent à l'état normal, les vibrations de la voix agissant sur le diaphragme, et par suite sur la plaque mobile, devront provoquer des extinctions plus ou moins grandes de la lumière, en rapport avec l'amplitude des ondes sonores.

La figure 42 indique comment ce système est disposé

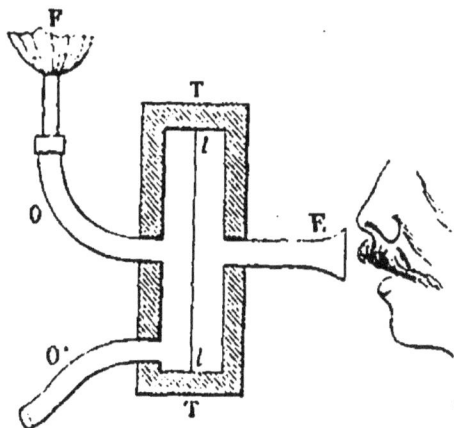

Fig. 43.

pour actionner la plaque de sélénium S en rapport avec le circuit des téléphones. Les deux plaques sont représentées en D vues sur la tranche.

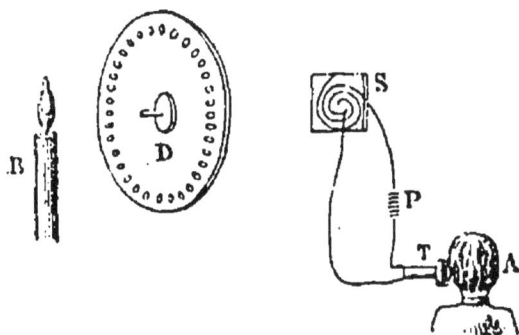

Fig. 44

La figure 43 représente le moyen employé par M. Bell pour impressionner par la voix la flamme d'un bec de gaz. Le jeu du système est facile à comprendre par l'inspection seule de la figure.

La figure 44 montre la disposition de l'expérience au

moyen de laquelle on prouve que la lumière d'une bougie peut produire des sons en agissant sur un système à sélénium. Il suffit, comme on le voit, de placer, entre ce système et la bougie, le disque percé de trous dont nous avons déjà parlé.

Tel est le résumé du premier travail de M. Bell sur la radiophonie, travail déjà bien riche, comme on le voit, en observations curieuses et nouvelles, et qui a provoqué immédiatement l'étude des savants des différents pays sur cette nouvelle branche ouverte à la science.

Second mémoire de M. G. Bell. — C'est peu de temps après la publication du mémoire précédent par les journaux Américains, que M. Bell vint en France pour recevoir le prix *Volta*, que la commission de l'Institut de France lui avait décerné pour la découverte du téléphone. Il apportait avec lui, comme on le voit, une nouvelle découverte qui à elle seule l'aurait bien mérité; mais les nombreuses expériences qu'il eut occasion de faire à Paris pour montrer ses expériences aux physiciens et le mirent sur la voie de nouveaux phénomènes, comme il n'était pas outillé pour les expérimenter en France, il écrivit plusieurs fois à son collaborateur, M. Tainter, pour lui indiquer la voie expérimentale dans laquelle ils devaient alors s'engager. Après de très beaux résultats déjà obtenus par M. Tainter dans cette nouvelle voie, M. Bell compléta ses recherches à son retour en Amérique, qui eut lieu en janvier 1881[1], et Il

---

[1] Voici la première des lettres de M. Bell à M. Tainter, datée de Paris le 2 novembre 1880.

«... J'ai combiné une nouvelle méthode pour produire des sons au moyen de l'action de rayons lumineux intermittents, sur les substances qui ne peuvent être employées sous forme de diaphragme mince ou sous forme tubulaire. Cette méthode est spécialement applicable à l'expérimentation d'une manière générale des phénomènes découverts par nous, et peut être adaptée aux solides, aux liquides et aux gaz.

« Placez la substance à expérimenter dans l'intérieur d'un tube en

fut ainsi conduit à un nouveau mémoire plus complet encore que le premier, qui, présenté à l'Académie des sciences de Washington le 21 avril 1881, fut reproduit par tous les journaux scientifiques du monde entier. Voici comment je le résumais dans le journal *la Lumière électrique* des 21 et 28 mai 1881 :

Dès le 7 janvier, M. Tainter, après avoir examiné les propriétés sonores d'un grand nombre de substances, reconnut que les corps de contexture spongieuse ou fibreuse tels que la ouate, la laine, la soie, etc., étaient susceptibles de déterminer des sons beaucoup plus intenses que des corps rigides et durs, et, d'après cette indication, il fut conduit à disposer des appareils propres à augmenter les effets sonores déjà reconnus, et à les rendre plus faciles à étudier. Il donna alors aux récepteurs radiophoniques la disposition que nous représentons figure 45. C'est une sorte de boîte conique de cuivre, fermée à sa base par une lame de verre G, et terminée à son sommet par un tuyau de cuivre C, adapté à un tube acoustique. On pouvait placer dans cette cavité conique et contre le verre, des corps dans l'état dont il a été question plus haut, et on reconnut que, dans ces conditions, les sons étaient beaucoup plus forts que lorsqu'on employait les simples diaphragmes primitivement expérimentés. Il essaya même des soies et des laines

verre, réuni par un tuyau en caoutchouc avec l'embouchure du tube d'essai, dont on appuie l'autre extrémité contre l'oreille, et projetez alors les rayons lumineux sur la substance renfermée dans le tube. J'ai essayé, avec succès, un grand nombre de substances de cette manière. Quoiqu'il soit très difficile d'avoir ici un rayon solaire, et bien que quand le soleil brille, l'intensité de sa lumière ne puisse être comparée à celle que nous avons à Washington, j'ai obtenu des effets splendides avec des cristaux de bichromate de potasse et de sulfate de cuivre, et avec de la fumée de tabac. Un cigare entier placé dans le tube produisait un son très fort. Je n'ai pu rien entendre avec de l'eau pure, mais en colorant celle-ci avec de l'encre, un faible son pouvait être perçu.

« Je pense que vous pourrez répéter ces expériences et même en étendre les résultats, etc., etc. »

de différentes couleurs, et il put constater que celles qui
donnaient les meilleurs effets étaient précisément celles
dont la couleur était la plus foncée, c'est-à-dire celles
qui absorbaient le plus les rayons lumineux. Ayant remarqué que de la ouate noircie avec du noir de fumée
donnait des sons très intenses, il fut conduit à employer
du noir de fumée pour enduire l'intérieur de la cavité
conique de l'appareil, ce qui lui donna d'excellents
résultats.

Il remarqua même que quand cette matière était directement exposée aux rayons solaires, elle agissait plus

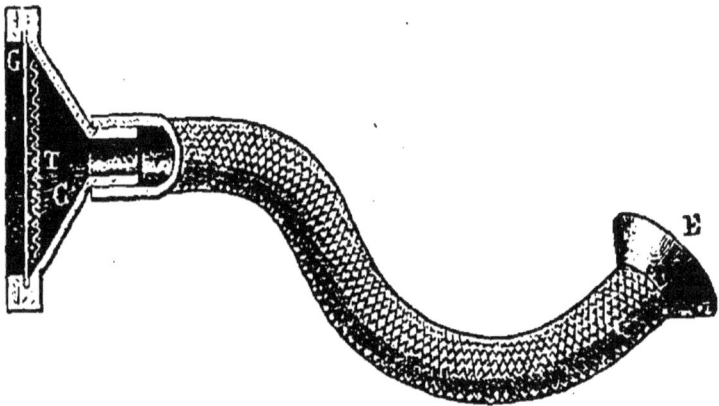

Fig. 45..

énergiquement que quand elle était placée en dehors de
leur action.

Les expériences de M. Tainter étaient arrivées à ce
point, lorsque M. Bell revint à Washington. Après les avoir
répétées et avoir constaté que les sons étaient augmentés
au point de fatiguer l'oreille, M. Bell eut l'idée de placer
derrière le verre G une gaze de fil enfumée T, et les effets
furent encore augmentés; mais, en étudiant de plus près
les effets produits avec le noir de fumée, il put recon-
naitre des variations intéressantes dans l'intensité des
sons. Ainsi, en employant le disque à intermittences, il
se produisait des renforcements qui devenaient de plus

en plus marqués à mesure qu'on se rapprochait du vrai son du résonateur, et quand la fréquence des interruptions correspondait au son fondamental de celui-ci, le son produit devenait si fort, qu'il pouvait être entendu par des centaines de personnes.

Ces effets surprirent M. Bell, car dans ses expériences antérieures, faites avec des disques de mica enfumé, il n'avait pu obtenir aucun accroissement de son ; néanmoins, le moyen précédent de renforcer les sons lui permit d'appliquer son transmetteur photophonique à la reproduction de la parole sans intermédiaire électrique. Dans une de ses expériences, que nous représentons fig. 46, la distance entre le transmetteur et le récepteur a pu être de 40 mètres, sans employer d'héliostat, et les diaphragmes des deux appareils n'avaient que 5 centimètres de diamètre.

Ce résultat important l'engagea à voir s'il n'y aurait pas moyen d'obtenir la transmission des sons, sans le concours des appareils lenticulaires dont il s'était servi dans ses premières expériences. Il employa à cet effet, comme on le voit figure 47, un double disque perforé B, dont l'un était mis en mouvement par une pédale de tour, et, à travers ces disques, il projetait, au moyen d'un simple miroir C, un faisceau de rayons solaires qui étaient reçus, à la station de réception, par un réflecteur parabolique A, au foyer duquel était placée une boule de verre contenant du noir de fumée. Cette boule était adaptée à un tube acoustique, comme dans l'appareil représenté figure 45.

Dans ces conditions, on a pu obtenir des sons, et, en faisant légèrement osciller le miroir sur son pivot d'articulation D, on a pu même reproduire les sons brefs et longs du langage Morse.

En définitive, il est résulté de ces nouvelles expériences de M. Bell, que *l'état physique des corps et leur couleur sont les deux causes qui exercent le plus d'influence sur l'intensité des sons qu'ils reproduisent.* Les effets les plus énergiques sont produits par les corps à fibres déliées, de contexture poreuse et spongieuse, et dont la couleur est la plus sombre et la plus absorbante.

On pourrait, suivant M. Bell, rendre compte de ces effets en admettant que, sous l'influence des rayons absorbés, les fibres de la matière spongieuse augmentant de volume rendraient plus étroits les intervalles poreux de la matière, et produiraient un mouvement d'expulsion de l'air qui s'y trouve emprisonné, mouvement auquel succéderait un autre mouvement de rentrée quand les rayons cesseraient d'agir, ce qui constituerait par conséquent une vague sonore, puis une vibration, en se répétant; ce serait, en définitive, une action analogue à celle qu'on produit lorsqu'on presse et que l'on desserre alternativement une éponge dans de l'eau. « C'est pourquoi, dit M. Bell, une substance spongieuse comme le noir de fumée produit des vibrations intenses dans l'air avoisinant, alors que la vibration déterminée sur le diaphragme où cette substance est déposée n'est que très faible. »

M. Bell, après avoir rappelé les expériences de M. Preece à ce sujet, dit qu'il ne peut accepter complètement ses conclusions, car, suivant lui, le disque n'est pas, comme il le dit, complètement dépourvu de vibrations. Quand un rayon intermittent est projeté sur une feuille d'ébonite ou autre matière dure, on peut, en effet, entendre directement des sons en appliquant l'oreille contre la lame, n'importe en quel point, et même assez loin de la partie directement influencée par les rayons lumineux. D'un autre côté, quand on expérimente sur le diaphragme noirci d'un transmetteur microphonique, un son est perçu dans le téléphone qui s'y trouve relié, surtout quand le contact de charbon du transmetteur est introduit dans le circuit primaire d'une bobine d'induction dont le circuit secondaire correspond au téléphone. L'effet se produit tout aussi bien quand le transmetteur est complètement ouvert. « Donc, dit-il, il existe bien une

Fig. 46.

vibration de la plaque sous l'influence de rayons lumineux intermittents, indépendamment de toute dilatation ou contraction de l'air renfermé dans une cavité derrière le diaphragme. »

Quant à l'action mécanique déterminée par la lumière, M. Bell veut à toute force qu'elle résulte d'un effet de dilatation et de contraction de la matière, et il combat encore à ce sujet une déduction que M. Preece a tirée d'une de ses plus curieuses expériences, dont nous parlerons plus tard. Nous ne pouvons en cela être de l'avis de M. Bell, et, quoi qu'en dise lord Rayleigh, nous ne pouvons admettre qu'une action aussi lente que la dilatation et la contraction de la matière puisse fournir des vibra-

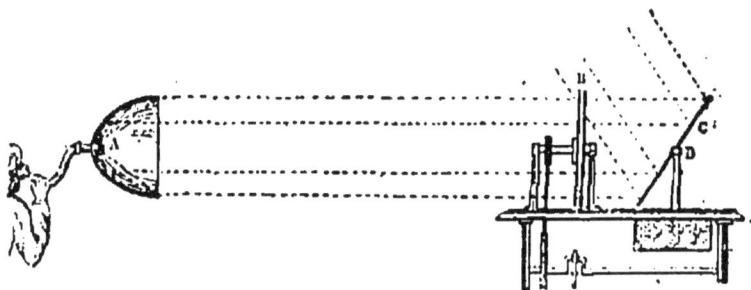

Fig. 47.

tions capables d'engendrer des sons. Il vaut mieux s'en tenir à signaler le fait sans l'expliquer; d'ailleurs, nous croyons qu'il appartient à un ordre de phénomènes moléculaires qu'on finira par analyser un jour, malgré la persistance des physiciens à refuser d'entrer dans cette voie. Nous passerons donc sous silence toutes les expériences de M. Tainter à ce sujet, qui ne nous paraissent pas concluantes, et nous allons nous occuper des nouvelles recherches de M. Bell, qui sont bien autrement intéressantes.

Après avoir étudié la reproduction des sons par les solides, M. Bell a voulu l'examiner dans les liquides, et il a combiné à cet effet un appareil composé d'un tube entouré d'une gaine en caoutchouc et découvert seulement sur le milieu, point où l'on projetait les radiations lumineuses. Ce tube correspondait à un tuyau acoustique, et toutes les précautions avaient été prises pour empêcher les actions perturbatrices. Malgré tous les soins apportés, les sons produits furent toujours assez faibles. L'eau claire et le mercure ne purent en déterminer aucun; l'ammoniaque, le sulfure ammoniacal de cuivre, l'encre à écrire, l'indigo dans de l'acide sulfurique, donnaient de faibles sons, mais distincts, et les plus forts étaient fournis par l'éther sulfurique et le chlorure de cuivre.

L'étude des gaz par MM. Bell et Tainter n'a pas ajouté beaucoup à ce qu'on savait déjà, à la suite des expériences de MM. Tyndall et Rontgen; ils ont trouvé seulement que les vapeurs qui produisaient les effets les [d]us caractérisés étaient la vapeur d'eau, l'acide carbonique, les vapeurs d'éther sulfurique, d'alcool, d'ammoniaque, d'amylène, de bromure d'éthyle, de diéthylamène, de mercure, d'iode, de peroxyde d'azote. C'étaient ces derniers qui fournissaient les sons les plus forts, et, comme pour les solides, c'étaient les gaz doués du plus grand pouvoir absorbant qui agissaient le plus énergiquement.

Nous arrivons maintenant aux effets photophoniques électriques, et c'est là où nous allons trouver du nouveau.

En reprenant ses premières expériences avec le sélénium, M. Bell put reconnaître que les effets étaient très capricieux, et, pour s'en rendre compte, il essaya différents échantillons de cette substance, qu'il avait rapportés d'Europe et qu'il remit à M. le Dr Chichester Bell (de Londres), alors à Washington, pour les analyser. Ce savant ne tarda pas à reconnaître que tous ces échantillons étaient impurs, et qu'ils contenaient du soufre, du fer, du plomb et de l'arsenic avec des traces de matières organiques; la quantité de soufre atteignait quelquefois 1 pour 100 de la masse entière. Quand cette substance était purifiée, son action devenait plus constante, et elle était en même temps plus sensible à la lumière. Mais cette substance n'est pas la seule à avoir sa résistance impressionnable à l'action de la lumière, car le professeur W. G. Adams a montré que le tellure était dans le même cas. Toutefois, quoique M. Bell eût disposé cette substance en une spirale plate dont les deux bouts communiquaient à un galvanomètre à réflexion, il ne put constater aucun effet sous ce rapport; cependant le téléphone put reproduire des sons, et les effets furent assez marqués en faisant intervenir une bobine d'induction.

Comme le sélénium a une grande résistance et que le tellure en a une petite, M. Bell pensa qu'un alliage de ces deux substances pourrait donner de meilleurs résultats; mais ses essais ne furent pas poussés assez loin pour être concluants, seulement on constata que cet alliage était sensible à l'action de la lumière.

Durant le cours de ses expériences avec le noir de fumée, et pendant le séjour de M. Bell en Europe, M. Tainter remarqua un fait très curieux qui devait conduire à des conséquences importantes. Il avait, en effet, constaté que sous l'influence des rayons lumineux intermittents, *il se produisait dans le noir de fumée des troubles moléculaires assez prononcés, pour qu'un courant électrique traversant cette substance, éprouvât des modifications d'intensité correspondant aux intermittences lumineuses.* Le noir de fumée pouvait donc jouer un rôle analogue au sélénium, et servir d'organe récepteur par l'intermédiaire d'un téléphone!... Et, par ce moyen, on pouvait obtenir des photophones dans des conditions beaucoup meilleures, tant au point de vue de la substance sensible, qui est très chère quand on emploie le sélénium ou le tellure, qu'à celui de la constance de l'action.

La meilleure forme qui fut donnée par MM. Bell et Tainter à ce nouvel élément photophonique est représentée figure 48. C'est une lame de verre argentée sur sa surface, et sur laquelle on a évidé, par un grattage convenable, une sorte de rigole en zigzags prolongée jusqu'aux bords du verre, de manière à diviser la surface argentée en deux parties isolées l'une de l'autre et constituant comme deux peignes dont les dents sont enchevêtrées les unes dans les autres. A chacun de ces peignes est adapté un

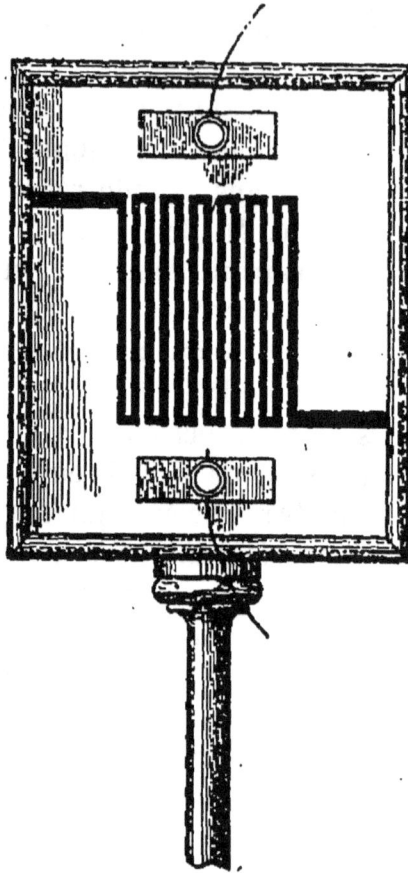

Fig. 48.

bouton d'attache pour les mettre en rapport avec le circuit d'une batterie électrique correspondant à un téléphone, et la surface de la lame est alors enfumée jusqu'à ce que l'on ait obtenu une bonne couche de noir de fumée sur tout le parcours de la rigole. Dans ces conditions, la lame étant soumise à l'action d'un rayon solaire intermittent, on peut entendre un son très caractérisé dans le téléphone. M. Bell attribue ce résultat à la condition physique du noir de fumée qui, étant à l'état spongieux, peut, par sa contraction ou sa dilatation, changer les conditions physiques de sa conductibilité. Le même effet se produit avec le platine spongieux. Quoi qu'il en soit, on peut très bien reproduire la parole par ce moyen,

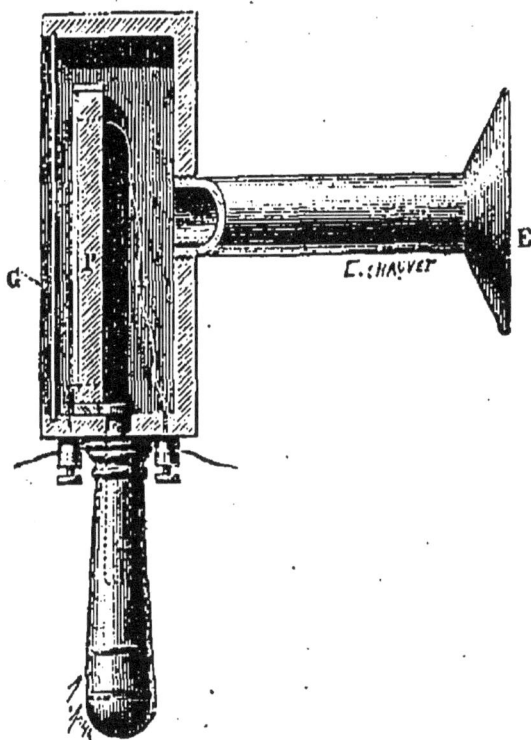

Fig. 49.

et les effets sont, comme à l'ordinaire, augmentés quand on emploie comme intermédiaire une bobine d'induction. Ce même système de récepteur à noir de fumée peut, du reste, être actionné par des courants électriques interrompus ou ondulatoires, et il agit alors comme un microphone récepteur.

Nous représentons dans la figure 49 une disposition

9

commode du récepteur précédent pour les recherches expérimentales. Quand un courant intermittent passe à travers le noir de fumée déposé sur la lame P, ou quand un rayon lumineux intermittent tombe sur cette même substance à travers la plaque de verre G, on peut percevoir les sons qui en résultent en approchant l'oreille du tube acoustique E, et, si ces deux sources de son agissent simultanément, on entend deux sons musicaux qui vibrent presque à l'unisson. M. Bell croit que, avec un arrangement convenable, on pourrait arriver à obtenir des interférences de sons.

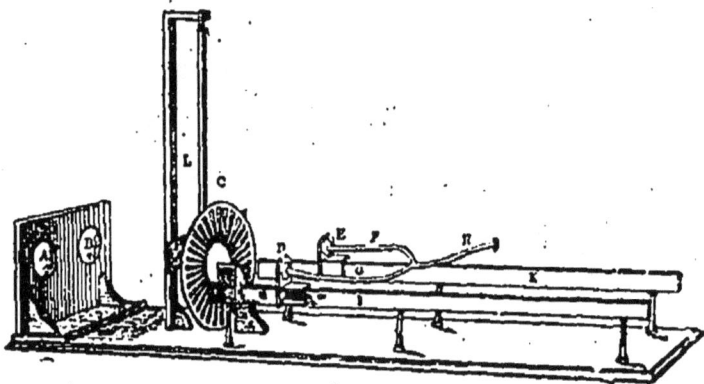

Fig. 50.

Ayant remarqué que différentes substances produisaient des sons d'une intensité différente dans les mêmes circonstances expérimentales, MM. Bell et Tainter ont pensé qu'on pourrait en tirer des déductions intéressantes si l'on parvenait à mesurer les effets auditifs produits, et, à cet effet, ils ont combiné différents appareils dont nous représentons un des plus importants spécimens dans la figure 50. Les résultats de leurs expériences n'étant pas encore complets, ils se bornent dans leur communication à la description de ces appareils, et nous verrons déjà qu'ils en ont tiré un bon parti.

Le principe sur lequel ces appareils sont fondés est

que lorsqu'un faisceau lumineux est concentré au foyer
d'une lentille, les rayons qui émanent de ce foyer
deviennent de moins en moins intenses à mesure que la
distance augmente, et cela dans une proportion facile à
calculer. Par conséquent, si on peut déterminer les distances auxquelles deux substances différentes soumises
à l'action d'un même foyer lumineux émettent des sons
de même intensité, on pourra calculer leur valeur relative.

Des expériences préliminaires entreprises par M. Tainter pendant que M. Bell était en Europe, avaient déjà
indiqué à quelles distances du foyer d'une lentille les
sons produits par différentes substances cessaient d'être
perceptibles, et les différences que l'on observa étaient
quelquefois énormes, comme on peut en juger par les
chiffres suivants :

	Distance de perception des sons
Diaphragme en zinc poli.	1,51 m.
— de caoutchouc durci.	1,90
— d'étain.	2 »
— de fer japonais.	2,15
— de zinc non poli.	2,15
— de soie blanche.	5,10
— de laine blanche.	4,01
— de laine jaune.	4,06
— de soie jaune.	4,15
— de ouate de coton blanc.	4,58
— de soie verte.	4,52
— de laine bleue.	4,69
— de soie pourpre.	4,82
— de soie brune.	5,02
— de soie noire.	5,21
— de soie rouge.	5,24
— de laine noire.	6,50

Avec le noir de fumée, la distance ne put être déterminée à cause du manque d'espace, mais le son était
parfaitement entendu à une distance de 10 mètres.

C'est à la suite de ces expériences que l'on construisit
les appareils mesureurs dont nous avons parlé. Dans

celui que nous représentons figure 50, le faisceau lumineux est projeté à travers deux lentilles A et B qui en
concentrent les rayons sur deux foyers situés en deux
points opposés d'un même diamètre du disque interrupteur C. Les deux substances que l'on veut comparer sont
déposées dans des récepteurs radiophoniques D, E, de
manière à présenter aux rayons lumineux sortant de
l'interrupteur une même surface, et ces récepteurs,
semblables à celui représenté figure 45, communiquent
au tube acoustique H par deux tuyaux de même longueur
F, G. De plus, ils sont adaptés à des curseurs mobiles
sur deux longues règles graduées I, K qui leur servent
de support et d'indicateur des distances. Les intermittences lumineuses produites par le disque interrupteur C
sont alternativement voilées, d'un côté du disque à
l'autre, par un écran pendulaire L, et l'on peut, de cette
manière, entendre alternativement les sons déterminés
par les deux substances en essai, placées en D et en E.

L'un des récepteurs radiophoniques est maintenu fixe
en un point de la règle sur laquelle il se meut, et on
déplace l'autre dans un sens ou dans l'autre jusqu'à ce
que les sons émis par lui soient de même intensité que
ceux émis par le récepteur fixe. Quand on y est parvenu,
on note les distances indiquées sur les règles I et K, et
on calcule d'après elles les forces relatives des sons.

On obtient le même résultat en conservant le système de
comparaison précédent et en substituant au disque interrupteur C et aux deux lentilles A et B un diapason électro-
magnétique obturateur que nous représentons figures 51
et 52. C'est un diapason D dont les vibrations sont entretenues par un électro-aimant E, placé entre ses branches et qui porte à l'extrémité de celles-ci une sorte de
double écran e, e', disposé de manière à former obturateur
à l'état de repos. Si l'on concentre sur cet obturateur un
faisceau lumineux et que le diapason soit mis en action,
il arrivera que la lumière projetée apparaîtra par inter-

mittences au moment où, sous l'influence des vibrations
du diapason, les écrans s'écarte-
ront l'un de l'autre, et l'on aura
ainsi le même effet qu'avec un disque ajouré tournant. Comme le
diapason produit un son par lui-
même, il doit être placé à une
distance suffisante pour qu'on ne
l'entende pas, et on reçoit les
rayons qui en émanent sur une
lentille qui les projette sur les
deux récepteurs radiophoniques,
après s'être croisés, ainsi qu'on
le voit figure 52.

Dans ce système, les tubes qui
réunissent les récepteurs radiophoniques au tube acoustique ne
sont plus de même longueur; ils
sont combinés de manière que les
vibrations de ces deux récepteurs
atteignent le tube acoustique dans
deux phases opposées, et il se produit alors des interférences, c'est-
à-dire une extinction du son,
quand les vibrations émises par
les deux récepteurs sont égales.
Quand elles ne le sont pas, un son
plus ou moins accentué se fait
entendre, mais on peut arriver à
l'éteindre en faisant voyager l'un
des récepteurs sur sa règle graduée, et la position réciproque
des deux récepteurs permet de
calculer la valeur relative des sons
émis par les substances qui s'y trouvent déposées.

On a pu encore obtenir la mesure de l'intensité des

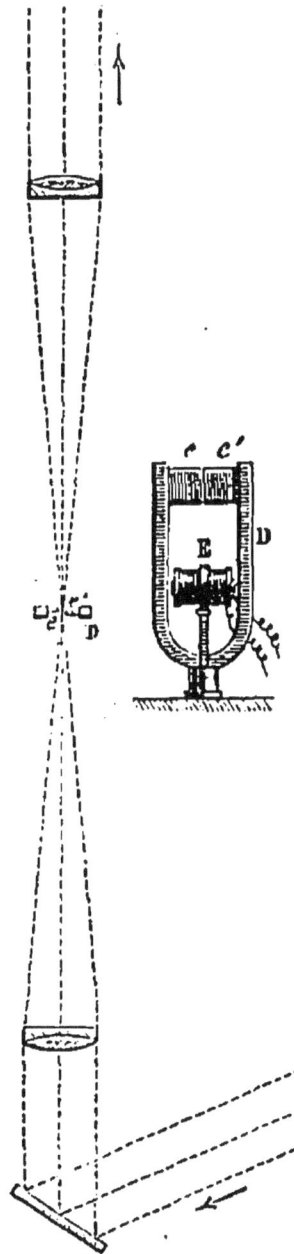

Fig. 51.

sons provoqués par l'action lumineuse en les rapportant à des sons produits électriquement, et en exami-
nant quelles résistances il fallait introduire dans le
circuit de l'appareil électrique produisant ces sons, pour
les faire arriver à l'intensité de ceux que l'on voulait
comparer.

Enfin, comme dernier moyen, MM. Bell et Tainter
indiquent l'emploi que l'on peut faire de courants
ondulatoires pour animer l'électro-diapason dont il a
été question précédemment, au lieu de courants intermittents. Ils croient que, dans ce cas, le son musical
produit électriquement dans l'un des récepteurs radiophoniques sous l'influence du même courant, pourrait

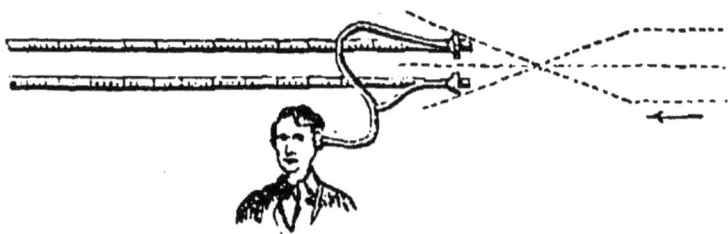

Fig. 52.

annuler l'effet produit dans l'autre récepteur sous l'influence des rayons lumineux intermittents, et qu'alors,
il serait possible d'équilibrer les effets électriques et
lumineux en introduisant dans le circuit électrique
une résistance qui pourrait servir d'élément de mesure.

Ayant, au moyen des appareils précédents, la possibilité de comparer l'intensité des sons radiophoniques,
MM. Bell et Tainter se sont mis à étudier avec un grand
soin les sons qui pouvaient résulter de l'action des différents rayons du spectre sur les diverses substances
qu'ils avaient essayées avec de la lumière blanche, et ils
sont arrivés à d'importants résultats que nous allons de
suite exposer; mais ces nouvelles recherches les ont
conduit à s'expliquer plus clairement qu'ils ne l'avaient

fait jusqu'alors sur leurs vues théoriques, et M. Bell en rend compte de la manière suivante :

« Dans mon mémoire lu devant l'Association Américaine en août dernier, dit M. Bell, j'avais employé la *lumière* dans ses conditions usuelles plutôt que dans ses conditions scientifiques, et je n'avais pas cherché à distinguer les effets résultant des différents rayons constituant la lumière ordinaire, rayons qui peuvent être classés, indépendamment des couleurs, en rayons thermiques, lumineux et actiniques. Mais comme, d'après le nom de *photophone*, que M. Tainter et moi avions adopté, on pourrait croire que nous pensions que les effets auditifs que nous avions découverts étaient dus uniquement à l'action des rayons lumineux, je crois utile de bien indiquer quelle était notre pensée qui, du reste, peut facilement être devinée, d'après le passage suivant d'un article publié dans un journal de Boston de l'époque :

« Quoique des effets soient produits, comme on l'a « démontré ci-dessus, sous forme d'énergie radiante, et « qu'ils soient invisibles, nous avons donné à l'appareil « pour la production et la reproduction des sons de cette « manière, le nom de *photophone, parce qu'un rayon lumi- « neux ordinaire contient tous les rayons qui réagissent.* »

« Afin d'éviter, à l'avenir, tout malentendu à cet égard, nous nous sommes décidés à adopter, pour notre système d'appareils, le nom de *radiophone*, proposé par M. Mercadier, parce que c'est un terme général qui s'applique à un appareil susceptible de produire un son sous l'influence de toutes sortes de radiations, et réunissant en lui les mots : *thermophone, photophone, actinophone*, qui pourraient s'appliquer à la production des sons par les radiations thermiques, lumineuses ou actiniques. »

Cette explication montre combien nous avions raison, quand nous disions que, dès l'origine, MM. Bell et Tainter avaient eu l'idée que les effets thermiques de la lumière pouvaient être en jeu dans les phénomènes qu'ils avaient

découverts, et leur expérience de la lame mince de caoutchouc durci, interceptant la lumière et n'empêchant pas
l'action de se produire sur le sélénium (voir page 107),
démontrait clairement que des radiations autres que
celle de la lumière pouvaient déterminer des sons. Nous
sommes étonné que certains publicistes persistent à vou-
loir attribuer à d'autres qu'à MM. Bell et Tainter une
interprétation aussi naturelle et qui est encore luin
d'être éclaircie d'une manière définitive.

Les travaux de MM. Bell et Tainter sur les sons produits
sous l'influence des différents rayons spectraux les ont
conduit à des conclusions un peu différentes de celles de
M. Mercadier.

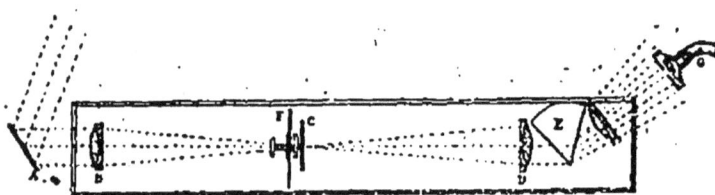

Fig. 55.

La figure 55 montre la manière dont ils ont disposé
leurs expériences. Un faisceau de rayons solaires était
réfléchi par un héliostat A sur une lentille achromatique
B, de manière à former une image en traversant l'ouverture en fente C. Le faisceau lumineux traversait ensuite
une seconde lentille achromatique D pour atteindre un
prisme de sulfure de carbone E qui fournissait, sur un
écran, un spectre d'une assez grande dispersion et d'une
assez grande intensité pour qu'on pût facilement distinguer les principales raies d'absorption. Le disque interrupteur était placé en F, et il était tourné avec une rapidité capable de fournir cinq ou six cents interruptions
lumineuses par seconde. On explorait les différentes
parties du spectre avec le récepteur G, placé de manière

que la surface du noir de fumée ne fût exposée à la
lumière que sur une étendue correspondant exactement
à l'image de l'ouverture, comme on le voit du reste sur
la figure.

Dans ces conditions, on obtint des sons dans toutes les
parties visibles du spectre, sauf dans la dernière moitié
du violet et de l'ultra-rouge, et l'on constata que ces sons
allaient toujours en augmentant quand on faisait mouvoir graduellement le récepteur G du violet à l'ultra-
rouge. Le maximum correspondait à un point du spectre
très éloigné dans l'ultra-rouge, et au delà de ce point,
les sons diminuaient rapidement pour s'arrêter brusquement, ne laissant au récepteur qu'un très petit déplacement à accomplir pour qu'ils passassent du maximum
à une extinction complète.

Quand on retirait du récepteur la gaze de fil enfumée
et qu'on le remplissait avec de la laine rouge, on trouvait, il est vrai, des résultats différents en répétant
l'expérience, et le maximum du son correspondait à la
partie du vert, dans laquelle la laine rouge prenait l'aspect noirâtre. Des deux côtés de ce maximum, les sons
s'affaiblissaient graduellement pour s'éteindre d'un côté
au milieu de l'indigo, de l'autre côté à une petite distance du bord extérieur du rouge.

En substituant de la soie verte à la laine rouge, le
maximum des sons était dans le rouge, et ils s'éteignaient au milieu du bleu, à une petite distance de l'ultra-rouge. Des découpures de caoutchouc durci substi-
tuées à la soie donnèrent, comme limites de perception
des sons, l'extérieur du rouge et la ligne de jonction du
vert et du bleu; la partie jaune du spectre correspondait
à leur maximum. Cependant ces derniers effets ont été
appréciés d'une manière différente par les deux observa-
teurs, car M. Tainter prétendait entendre encore dans
l'ultra-rouge, et regardait le maximum des sons comme
correspondant à la jonction du rouge et de l'orangé.

On répéta ensuite les expériences en soumettant aux différentes radiations divers gaz. On dut pour cela sub-stituer au récepteur G le dispositif combiné pour ces sortes d'expériences et dont la partie principale était un tube rempli du gaz ou de la vapeur qu'on voulait étudier. Avec un tube rempli de vapeur d'éther sulfurique, on ne constata aucun son dans tout son parcours du violet à l'ultra-rouge, mais on trouva dans l'ultra-rouge un point où l'on entendit soudainement un son caractérisé qui disparaissait également brusquement, quand le tube avait dépassé très peu ce point. Avec de la vapeur d'iode, les limites de la perception des sons semblaient être au milieu du rouge et à la jonction du bleu et de l'indigo, et le maximum correspondait au vert. Le peroxyde d'azote déterminait des sons dans toute la partie visible du spectre, mais on n'observa aucun son dans l'ultra-rouge. Le maximum paraissait se produire dans le bleu, mais les sons étaient bien marqués dans toute l'étendue du violet, ce qui fit penser à M. Bell qu'ils pouvaient s'étendre dans l'ultra-violet. Si l'on rapproche ces effets des conditions spectrales du peroxyde d'azote, on reconnaît que le maximum des sons correspond à la partie du spectre où il se trouve le plus grand nombre de raies d'absorption.

Après ces études de l'action directe des rayons lumineux de différentes réfrangibilités sur les différents corps, M. Bell fut conduit à étudier cette action sur le sélénium, et alors les effets étaient constatés avec le téléphone par l'intermédiaire d'un courant électrique. Contrairement à ce qu'avait observé M. Mercadier, l'effet maximum se produisait dans le rouge, et les sons s'entendaient un peu dans l'ultra-rouge d'un côté et s'éteignaient de l'autre côté vers le milieu du violet. M. Bell, toutefois, ne regarde pas ces expériences comme définitives, et nous croyons que, dans ces dernières conditions, les expériences de M. Mercadier sont plus nettes, plus étudiées et plus concluantes. Quoi qu'il en soit, M. Bell croit pouvoir conclure de tout ce qui précède que *l'action des rayons qui produisent des effets sonores dans différentes substances, dépend de la nature de ces substances, et que, dans tous les cas, on doit attribuer les sons à ceux de ces rayons spectraux qui sont absorbés par le corps expérimenté.*

Les expériences que MM. Bell et Tainter durent entreprendre pour ranger, suivant leur faculté sonore par

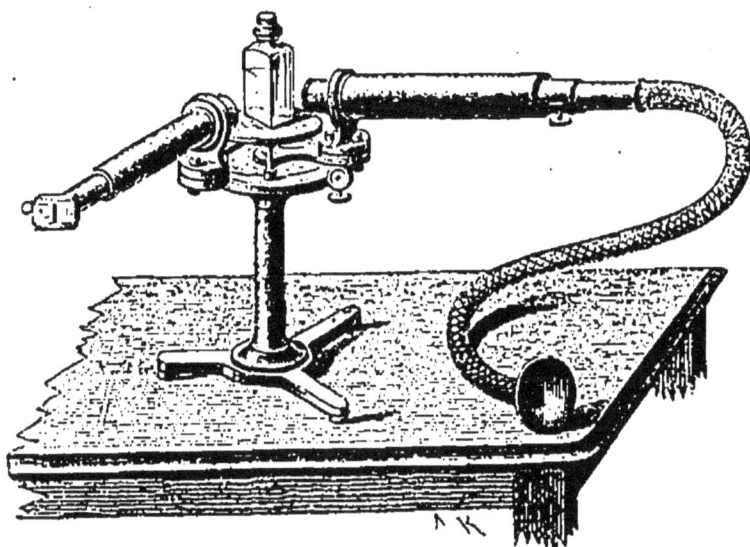

Fig. 51.

rapport au spectre, les différentes substances, les conduisirent à la construction d'un nouvel appareil auquel ils ont donné le nom de *spectrophone*, et qui fut présenté à la Société de physique de Washington, dans sa séance du 16 avril 1881. Dans cet appareil, que nous représentons figure 54, l'oculaire d'un spectroscope ordinaire est remplacé par un dispositif où l'on peut placer, au foyer de l'instrument et derrière un diaphragme percé d'une fente, les substances sensibles que l'on veut étudier. Ce dispositif, dont l'intérieur est enfumé, est ensuite adapté

à un tube acoustique, comme dans le récepteur radiophonique représenté figure 45.

Au moyen de cet appareil, il devient facile non seulement d'étudier les phénomènes que nous avons décrits,
mais encore d'analyser les rayons lumineux absorbés par
les différentes substances exposées à des lumières diverses. On conçoit, en effet, que si l'on fait passer à travers l'instrument les rayons lumineux émanant de ces
corps et soumis à des intermittences, et qu'on fasse passer successivement les différentes couleurs spectrales devant le récepteur, il se produira des alternatives de son
et de silence, qui indiqueront les rayons actifs et les
rayons absorbés. On aura donc ainsi, pour les parties invisibles du spectre, un moyen de constatation des rayons
actifs et absorbés, que ne pourrait fournir la vision directe ; seulement, pour obtenir ce résultat, il faut que la
substance introduite dans le récepteur spectrophonique
soit du noir de fumée. « Les effets produits dans ces conditions sont tellement marqués dans l'ultra-rouge, dit
M. Bell, que notre instrument devient, de cette manière,
un moyen d'analyse calorifique bien préférable à une
pile thermo-électrique. » Voici, du reste, les résultats de
quelques expériences que M. Bell indique dans son mémoire :

« 1° Quand le rayon lumineux interrompu traversait
une solution saturée d'alun, les sons produits dans l'ultra-rouge se trouvaient légèrement affaiblis par suite de
la présence d'une bande étroite de rayons de très basse
réfrangibilité. Dans la partie visible du spectre, ces sons
ne paraissaient pas être affectés.

« 2° Quand le rayon lumineux traversait une lame très
mince de caoutchouc durci, les sons étaient très marqués dans toutes les parties de l'ultra-rouge ; mais ils
n'étaient plus perceptibles dans la partie visible du
spectre, sauf dans la moitié extrême du rouge. Ces deux
expériences expliquent pourquoi j'avais trouvé, dans

mes expériences de l'année 1880, que quand le rayon
lumineux passait à la fois à travers de l'alun et du caoutchouc durci, il pouvait faire produire au sélénium des
sons qui se percevaient difficilement quand on employait
ces substances isolément.

« 5° Quand le rayon lumineux traversait une solution de
sulfate d'ammoniaque et de cuivre, les sons disparaissaient
dans presque toute l'étendue du spectre visible, sauf vers
l'extrémité du bleu et dans le violet. A l'œil, le spectre
ne présentait qu'une bande lumineuse d'un bleu violet.
Toutefois le spectrophone révélait, au-delà du rouge,
deux bandes étroites séparées par un large espace. »

M. Bell arrête là son mémoire, qu'il termine en disant
que tous les résultats qui précèdent ne peuvent être re-
gardés comme complets, que ce sont les premiers pas
faits dans une branche nouvelle de la science, mais qu'ils
n'en sont pas moins pour cela d'un grand intérêt.

Troisième mémoire de M. G. Bell. — Les expériences
faites en Europe, notamment par M. Preece, avaient conduit, comme on le verra plus tard, à penser que les sons
résultant de l'action directe des rayons lumineux sur les
récepteurs radiophoniques provenaient de vibrations résultant de contractions et de dilatations des substances
absorbant les rayons calorifiques de la lumière, et que les
diaphragmes translucides sur lesquels les rayons lumineux étaient projetés n'étaient pas mis en vibration;
M. Bell avait au contraire, dans son second mémoire,
admis cette vibration, et dans un troisième mémoire lu
en juin 1881 à la Philosophical society of Washington,
il cherche à démontrer ce fait expérimentalement. Voici
ce mémoire :

« En août 1880, mon attention fut attirée sur ce fait
que des disques ou diaphragmes minces de différentes
matières produisent des sons lorsqu'on les expose à
l'action d'un rayon de lumière intermittent. J'exprimai

alors ma conviction que ces sons étaient dus à des per-
turbations moléculaires de la substance du diaphragme[1].
Peu de temps après, lord Raleigh entreprit une étude
mathématique sur le même sujet, et arriva à cette conclusion, que les effets sonores étaient produits par une
incurvation des diaphragmes sous l'influence d'un échauffement inégal[2]. M. Preece[3] a récemment mis en doute
cette explication en disant que, s'il est vrai qu'un rayon
lumineux intermittent puisse produire des vibrations
dans les plaques, ces vibrations ne sont pas la cause des
sons perçus. D'après lui, les vibrations de l'air, qui produisent les sons, prennent naissance dans l'air lui-même,
par des dilatations brusques dues à la chaleur que lui
communique le diaphragme, chaque élévation de température produisant dans l'air une nouvelle ondulation.
M. Preece a été conduit à écarter l'explication théorique
de lord Raleigh par la non-réussite d'expériences entreprises pour la contrôler.

« Il a été ainsi forcé, par la soi-disant insuffisance de
l'explication, de chercher dans une autre direction la
cause des phénomènes observés, et c'est alors qu'il a
adopté l'ingénieuse hypothèse relatée plus haut. Mais les
expériences qui n'avaient pas réussi entre les mains de
M. Preece ont été répétées en Amérique dans de meilleures conditions avec un plein succès, de sorte que
cette nouvelle hypothèse n'a plus raison d'être. J'ai
montré récemment, dans un mémoire lu devant la *Na-
tional Academy of Science*[4], que ces sons résultent des
dilatations et contractions de la matière exposée aux
rayons lumineux, et de ce que le diaphragme éprouve réellement un mouvement vibratoire capable de produire des
effets sonores; je crois que si M. Preece n'a pu, à

---

[1] *American Assoc. for Advencement of Science.* Août, 27, 1880.
[2] *Nature*, vol. XXIII, p. 274.
[3] *Roy. Soc.* Mars, 10, 1881.
[4] 21 avril 1881.

l'aide d'un microphone très sensible, découvrir les vibrations sonores qui ont été si faciles à observer dans nos
expériences, cela tient sans doute à ce qu'il avait employé un microphone ordinaire de M. Hughes (fig. 55),
et que la surface vibrante était limitée à la portion centrale du disque. Dans ces circonstances, il peut très bien
arriver que les deux supports A et B du microphone
touchent des points du diaphragme sensiblement sans
vibration. Il m'a donc semblé intéressant de déterminer

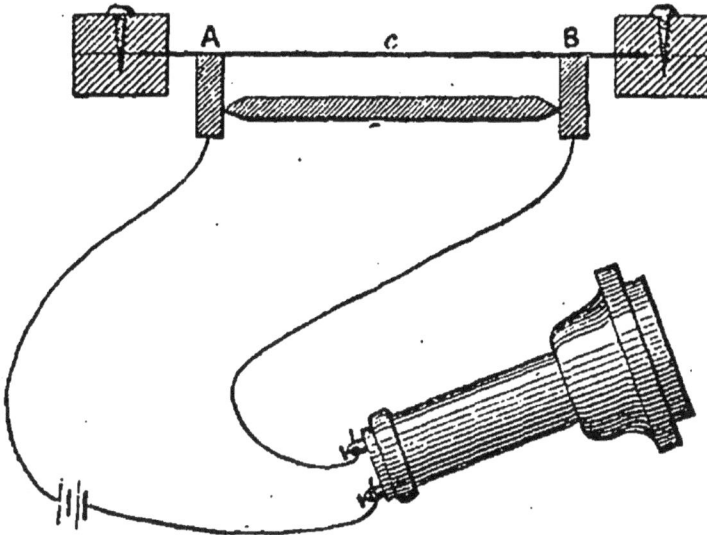

Fig. 55.

si une semblable localisation des vibrations se produit
réellement, et j'ai pu y parvenir au moyen de l'appareil
représenté figure 56.

« Cet appareil est une modification du microphone imaginé en 1827 par feu sir Charles Wheatstone. Il consiste
essentiellement en un fil métallique rigide A, dont une
des extrémités est fixée au centre d'un diaphragme
métallique B. Dans la disposition primitive de Wheatstone, le diaphragme était placé contre l'oreille, et
l'extrémité libre du fil reposait contre le corps rendant

un son, une montre, par exemple. Dans la disposition
actuelle, le diaphragme est monté comme celui d'un
téléphone, et les sons sont transmis à l'oreille par l'intermédiaire d'un tuyau acoustique C. Le fil traverse le

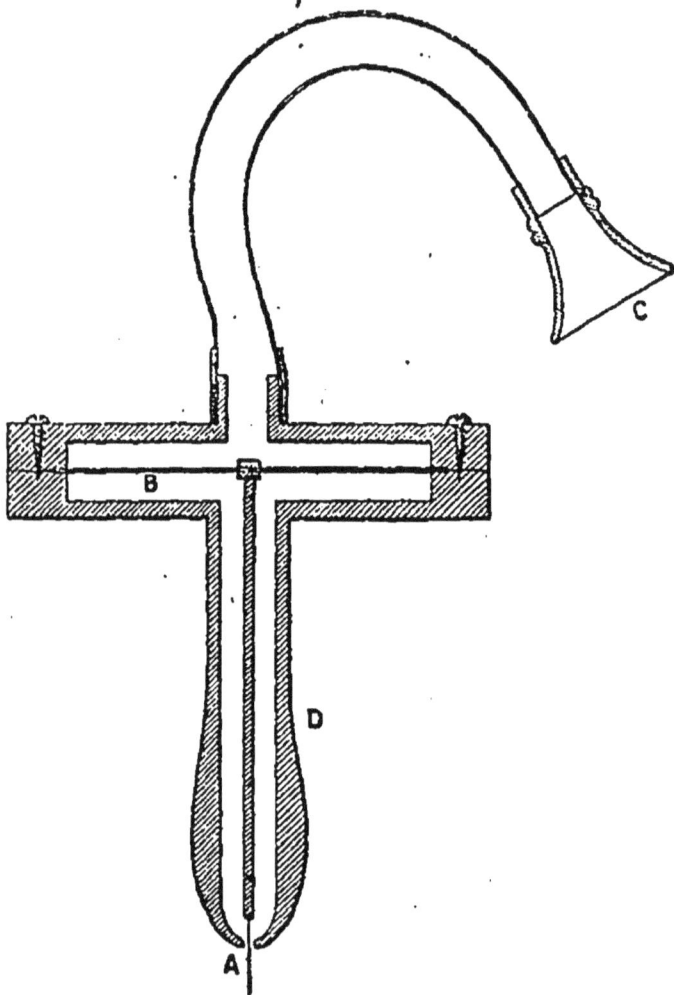

Fig. 56.

manche D et n'est à découvert qu'à son extrémité. Quand
on place la pointe A sur le centre d'un diaphragme sur
lequel tombe un faisceau lumineux intermittent, on
entend un son musical très net en appliquant l'oreille à

l'ouverture du tube C. En explorant ainsi avec la pointe
du microphone la surface du diaphragme, on obtient
des sons en tous les points de la portion éclairée, ainsi
que dans la partie correspondante de l'autre côté du
diaphragme. En dehors de cette portion éclairée, des
deux côtés du diaphragme, les sons s'affaiblissent de
plus en plus et disparaissent complètement à une certaine distance du centre.

« Aux points où se placeraient tout naturellement les
supports d'un microphone de Hughes, on ne perçoit
aucun son. Nous n'avons pas pu non plus percevoir de
son quand le microphone repose sur le support en bois
du diaphragme. Les résultats négatifs obtenus en Europe
par M. Preece ne sont donc pas en désaccord avec les
résultats positifs obtenus en Amérique par M. Tainter et
moi.

« Un exemple encore plus curieux de localisation des
vibrations se présente dans le cas d'une plus grande
masse métallique. Nous avons placé un poids de laiton
de 1 kilogramme au foyer d'un rayon lumineux intermittent, et nous avons alors exploré la surface du poids
avec le microphone de la figure 56. En touchant la surface dans la portion éclairée et à une petite distance, on
entendit un son faible, mais distinct; mais il ne s'en produisit aucun dans les autres régions.

« Dans cette expérience, comme dans les cas des diaphragmes minces, il est nécessaire, pour obtenir des
effets perceptibles, d'avoir un contact absolu entre la
pointe du téléphone et la surface explorée. Maintenant,
je ne veux pas nier qu'il puisse y avoir des ondes sonores
produites comme le conçoit M. Preece, mais nos expériences ont démontré, selon moi, que l'action décrite
par lord Raleigh se produit réellement et suffit à rendre
compte des effets observés. »

ÉTUDES SUR LA RADIOPHONIE

Nous allons maintenant analyser les différents travaux entrepris sur la radiophonie par MM. Mercadier, Preece, Tyndall et Röntgen. On verra par là quelle importance a prise, dans ces derniers temps, cette branche si intéressante de cette science qui est aussi importante au point de vue de l'acoustique qu'à celui de la lumière et de la chaleur. Nous commencerons par les travaux de M. Mercadier, qui ont été les plus nombreux et les plus suivis et qui ont donné lieu à de belles expériences et à d'intéressants appareils.

TRAVAUX DE M. MERCADIER

Les travaux de M. Mercadier peuvent être divisés en deux parties ; l'une, qui se rapporte aux phénomènes résultant de l'action directe des rayons lumineux sur tous les corps, l'autre, aux effets produits par les rayons lumineux sur certains corps dont la conductibilité électrique se trouve impressionnée par l'action de la lumière et qui, par conséquent, pour être appréciés, exigent l'intervention d'un courant électrique et d'un téléphone.

I. Sons produits sous l'influence directe des rayon lumineux — Les sons produits sous l'influence directe des rayons lumineux étant le résultat d'une propriété générale de la matière, nous commencerons par passer en revue les études qui s'y rapportent.

Les premières recherches qu'on a dû faire devaient naturellement se rapporter aux moyens de rendre les effets produits plus intenses en perfectionnant les appareils employés pour les faire naitre.

On a d'abord substitué à la roue métallique percée d'une seule rangée de trous dans le voisinage de sa circonférence, une roue de verre recouverte des deux côtés de sa surface de deux disques de papier noirci, présentant plusieurs rangées concentriques de trous, ce qui, tout en lui donnant plus de légèreté et en empêchant les sons de Sirène qui sont la conséquence de déplacements ra-

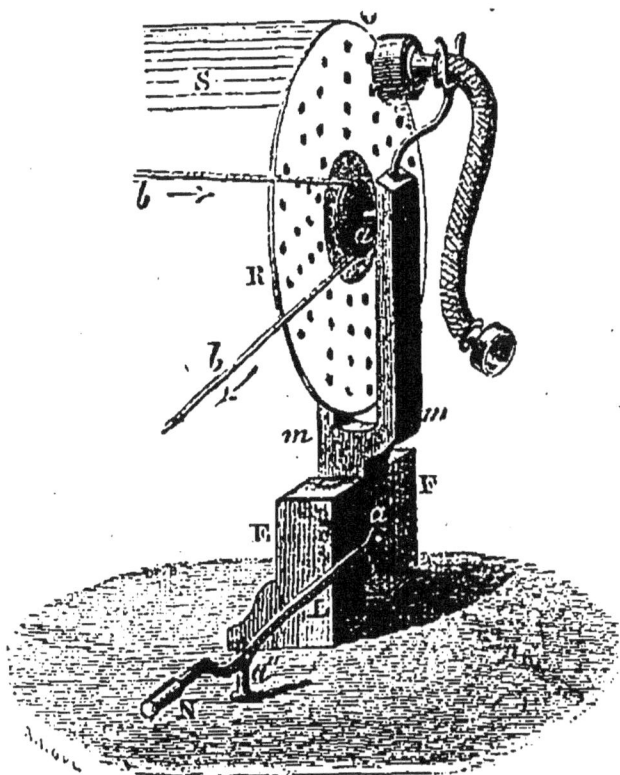

Fig. 57.

pides de surfaces trouées au sein d'un milieu gazeux, permettait d'étudier les effets produits avec des intermittences lumineuses plus ou moins espacées et susceptibles, par des obturations faites convenablement, de fournir des combinaisons de sons plus ou moins complexes. Nous représentons figure 57 le premier dispositif combiné par M. Mercadier.

La roue, comme on le voit, est mobile autour d'un axe horizontal a fixé à un montant vertical m susceptible de glisser entre deux autres montants en bois E, F solidement vissés au support général de l'appareil. Le mouvement de glissement vertical alternatif s'opère à l'aide d'un levier coudé en fonte NL fixé en a' au montant mobile et articulé en a''. En opérant ce mouvement très simple, on peut, sans troubler le mouvement de rotation de la roue, faire passer le faisceau radiant S successivement à travers les quatre séries d'ouvertures représentées sur la figure, de façon à produire les sons successifs d'un accord parfait; car les séries contiennent 40, 50, 60 et 80 ouvertures, nombres qui sont entre eux dans les rapports des nombres de vibrations constituant un accord parfait majeur. Quand on ne touche pas au levier, le faisceau S peut passer, si l'on veut, à travers les quatre séries à la fois et produire l'accord parfait *plaqué*. Dans ces appareils, les ouvertures avaient environ 8 millimètres et étaient au nombre de 80 dans la rangée du haut; la roue elle-même avait un diamètre de 44 centimètres. On la mettait en mouvement à l'aide d'une petite poulie et d'une courroie bb actionnée par un moteur quelconque. Elle pouvait aisément effectuer 20 tours par seconde, mais on pouvait aller plus loin sans inconvénient, et, en tous cas, on pouvait obtenir facilement des sons correspondant à 1 600 interruptions du faisceau lumineux par seconde, c'est-à-dire à 1 600 vibrations doubles par seconde, ce qui donne des sons relativement assez aigus. Dans ces conditions, on pouvait avoir, en donnant à la roue des vitesses graduellement croissantes, une série continue de sons depuis les plus graves que l'oreille puisse percevoir, le long d'une échelle de 4 à 5 octaves au moins, ou bien des accords dont le son fondamental peut être l'un quelconque des sons de cette échelle.

La seconde partie de l'appareil consiste dans ce qu'on

peut appeler le *récepteur*, qui est formé de la lame qui reçoit les radiations intermittentes et de son support. C'est lui qui est représenté en O dans la figure 57 avec le tube de caoutchouc et l'embouchure téléphonique qui le termine, et nous en donnons la coupe figure 58.

La lame en expérience L repose sur une portée ménagée à l'intérieur d'une sorte de cornet acoustique *abcd* sans y être fixée. Le cornet est en bois et formé de deux parties; la seconde, *eif*, entre à frottement à l'intérieur de la première, et vient presser la lame L pour la maintenir relativement fixe; elle se termine par une

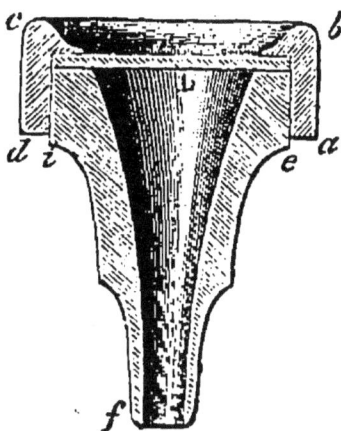

Fig. 58.

embouchure *f* à laquelle on peut adapter le tube de caoutchouc et l'embouchure auriculaire.

Le cornet P, fig. 57, peut être maintenu à la main devant le disque tournant, ou mieux est soutenu par un support en forme de fourche que l'on aperçoit sur la figure, et qui permet de disposer des deux mains pour porter l'embouchure C à l'oreille et pour faire varier la position du disque tournant.

M. Mercadier a remarqué qu'il n'était pas besoin de fixer d'une manière rigide la lame réceptrice et qu'on pouvait la séparer du support avec des rondelles élas-

tiques sans que les phénomènes radiophoniques en
fussent altérés. Cette remarque avait son importance, car
cette disposition devenait indispensable avec des lames
minces et fragiles. Ces lames d'ailleurs pouvaient avoir
des dimensions plus petites que le cornet, et on les
adaptait alors dans des disques de liège, comme on le
fait pour les lames cristallines dans les expériences
d'optique.

Malgré sa simplicité l'appareil précédent laissait beaucoup à désirer, et M. Mercadier a dû combiner, conjointement avec M. J. Duboscq, un nouveau modèle que
nous représentons figure 59 et qui est cette fois un véritable appareil de physique. Dans ce nouveau modèle, la
roue de verre est fixe sur son support, et les trous découpés dans les disques de papier noirci qui la recou-
vrent, échappent aux rayons lumineux projetés, au moyen
d'obturateurs t, t que l'on aperçoit entre les deux montants
et que l'on manœuvre à l'aide d'un commutateur à clavier C.
Le récepteur R est adapté sur un support spécial S en avant
de la roue, et consiste dans un tube de verre à l'intérieur duquel se trouve une lame de mica enfumée, et qui
est monté dans une garniture à laquelle correspond un
tube acoustique T. Ce récepteur peut du reste être remplacé
par un autre à Sélénium que nous représentons figure 60
et que nous décrirons plus tard. Enfin derrière la roue,
se trouve un autre support circulaire O dans lequel on
adapte, soit une lentille bi-convexe, quand on veut concentrer le faisceau à travers les ouvertures d'une seule
rangée, soit une lentille cylindrique U, quand on veut faire
passer simultanément le faisceau à travers les trous des
différentes rangées, suivant une ligne droite verticale.

Les différentes expériences entreprises par M. Mercadier l'ont conduit aux déduction suivantes :

1° En ce qui concerne les divers récepteurs :

« La radiophonie ne paraît pas être un effet produit par
la masse de la lame réceptrice vibrant transversalement

Fig. 59.

dans son ensemble, comme une plaque vibrante ordinaire.

« La nature des molécules du récepteur et leur mode
d'agrégation ne paraissent pas exercer sur la production des sons un rôle prédominant.

« Le phénomène radiophonique semble résulter principalement d'une action exercée à la surface du récepteur,
et il est très amplifié quand cette surface est recou-

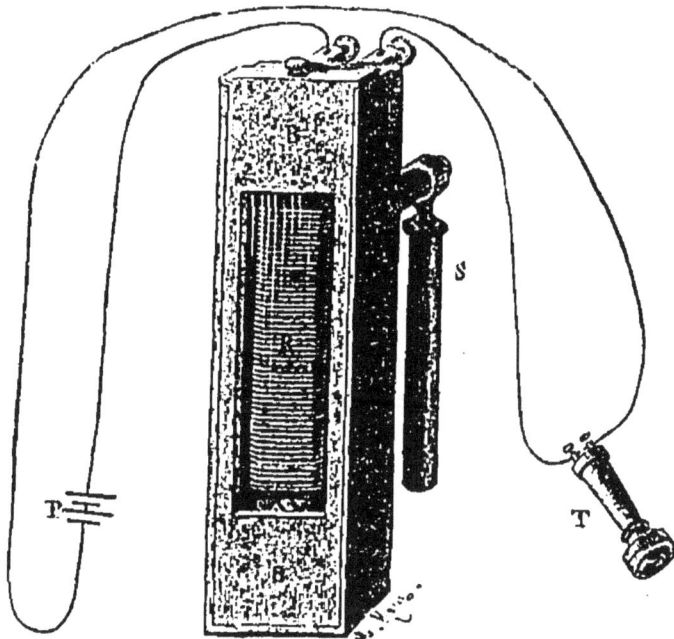

Fig. 60.

verte de substances telles que le noir de fumée, le noir
de platine, etc.

2° En ce qui concerne l'influence de la source radiante :

« Les sons radiophoniques résultent bien de l'action
directe des radiations sur les récepteurs.

« Les sons radiophoniques sont produits principalement
par des radiations de grande longueur d'onde dites calorifiques.

5° En ce qui concerne le siège et le mécanisme. du phénomène :

« Le milieu où se produit la vibration radiophonique est bien la couche d'air en contact avec les parois du récepteur.

« La couche d'air condensée sur les parois des récepteurs, surtout quand ils sont enfumés ou recouverts d'une substance très absorbante pour la chaleur, est alternativement chauffée et refroidie par les radiations intermittentes, et il en résulte des dilatations et contractions périodiques et régulières; d'où un mouvement vibratoire communiqué aux couches gazeuses voisines qui, d'ailleurs, peuvent vibrer directement sous la même influence.

4° En ce qui concerne l'influence du milieu au sein duquel se produisent les vibrations radiophoniques :

« Les sons radiophoniques ne peuvent se produire que quand le milieu qui entoure les surfaces impressionnées est aériforme. En conséquence un milieu liquide et même solide ne peut les produire; mais un milieu gazeux au sein duquel se trouvent des vapeurs, et en particulier les vapeurs d'ammoniaque et d'éther, les développe d'une manière remarquable, et ce sont les vapeurs qui ont le pouvoir thermique le plus absorbant qui donnent les effets les plus considérables. »

M. Mercadier, dans son article du 51 août 1881 de *la Lumière électrique* (page 278), insiste, malgré les assertions de M. Bell, sur l'impossibilité dans laquelle seraient les corps solides de vibrer sous l'influence de la lumière. Leur rôle, suivant lui, ne serait que de condenser les gaz et d'absorber les radiations, principalement les radiations thermiques; plus cette condensation et cette absorption seraient considérables, plus les sons reproduits seraient énergiques, et c'est ce qui expliquerait pourquoi les corps mous, spongieux et de couleur foncée, impressionnés par les rayons lumineux, donneraient les résultats les plus importants.

Nous allons maintenant passer en revue les différentes expériences de M. Mercadier qui l'ont conduit aux déductions que nous venons de formuler.

Démonstration des Lois de la Radiophonie. —
Pour démontrer que les sons produits par un radiophone à action directe ne sont pas le résultat d'un effet produit par la masse de la lame réceptrice vibrant transversalement dans son ensemble, comme une plaque vibrante ordinaire, M. Mercadier montre que cette lame reproduit également bien tous les sons successifs depuis les plus graves jusqu'aux plus aigus; qu'elle reproduit dans les mêmes conditions des accords dans tous les tons possibles en faisant varier d'une manière continue la vitesse de la roue interruptrice; enfin qu'on peut faire varier l'épaisseur et la largeur des lames sans changer la hauteur et le timbre des sons produits. Or tous ces effets sont inconciliables avec l'idée d'une lame vibrant transversalement. D'un autre côté, il montre que l'intensité des sons produits par le radiophone avec des lames opaques varie avec leur épaisseur, et qu'elle est d'autant plus grande que les lames sont plus minces; ce sont des feuilles de clinquant qui donnent les meilleurs résultats. Quand les lames sont transparentes il n'en est plus ainsi, et l'épaisseur ne paraît pas exercer d'influence, du moins entre des limites de 0,5 à 3 centimètres; mais ce qui démontre le plus que les vibrations produites sont indépendantes de celles qui sont propres à la lame, c'est que les lames radiophoniques peuvent être fendues, fêlées, sans que les sons émis par elles en soient altérés sensiblement.

Pour démontrer que la nature des molécules du récepteur radiophonique et leur mode d'agrégation n'exercent pas sur la production des sons produits un rôle prédominant, M. Mercadier fait voir 1° qu'à épaisseurs et surfaces égales, les lames, de quelque nature qu'elles soient, produisent des sons de même hauteur et de même timbre;

2° que l'effet produit par les radiations ordinaires ou polarisées est, toutes choses égales d'ailleurs, à peu près le
même pour des substances transparentes aussi différentes
que le verre, le mica, le spath d'Islande, le gypse, le
quartz taillé parallèlement ou perpendiculairement à l'axe.

La démonstration du principe posé par M. Mercadier,
que les effets radiophoniques résultent principalement
d'une action exercée à la surface des lames, a mis au
jour plusieurs conséquences importantes sur lesquelles
nous devons particulièrement insister. On reconnait
d'abord que l'intensité des sons produits est essentiellement liée à la nature de cette surface, et que toute opération qui a pour effet de diminuer le pouvoir réflecteur
et d'augmenter le pouvoir absorbant, influe sur le phénomène. C'est ainsi que des surfaces rayées, dépolies,
ternes ou oxydées donnent des sons très accentués alors
que quand elles sont brillantes elles restent à peu près
inertes; mais c'est surtout quand on dépose sur ces surfaces des couches minces de certaines substances susceptibles d'absorber plus ou moins les radiations que les
effets sont les plus curieux et les plus caractérisés. Si
ces substances ainsi déposées sont très peu absorbantes,
telles que la céruse, le blanc de zinc, le jaune de
chrome, le rouge de Saturne, les sons ne peuvent être
produits; tandis qu'au contraire ils deviennent très intenses quand ces substances absorbent beaucoup ces
radiations, comme le bitume de Judée, l'encre de Chine,
le noir de platine, et principalement le noir de fumée.
Mais il faut pour cela que ces couches absorbantes
soient exposées devant les rayons lumineux, du moins
quand les lames sont métalliques ou opaques, et que les
lames soient très minces. Quand les lames sont transparentes, la couche absorbante peut être placée devant les
rayons lumineux ou en sens contraire sans que les sons
cessent de se faire entendre; mais quand elle reçoit la
lumière par transparence, l'épaisseur de la lame n'exerce

aucune influence, tandis que quand elle y est directement exposée, il faut que, comme pour les lames opaques, la lame soit très mince, $\frac{1}{10}$ de millimètre. Cette propriété a permis à M. Mercadier d'établir des récepteurs radiophoniques sensibles en enfumant tout simplement des tubes de verre à l'intérieur. Toutefois les meilleurs effets sont produits par des lames minces de mica enfumées du côté opposé à la source lumineuse.

Cette influence de la surface enfumée d'un récepteur sur la production des sons se manifeste de la façon la plus curieuse sur les substances qui, par elles-mêmes, présentent peu de consistance et d'élasticité, telles que le papier mince et le drap. Quand elles sont enfumées, elles fournissent des sons radiophoniques à peu près égaux à ceux produits par des lames rigides.

L'influence de la source radiante sur les sons produits dans le radiophone a été facilement mise en évidence par M. Mercadier, en diminuant graduellement l'intensité du phénomène par le rétrécissement de l'ouverture par laquelle les rayons lumineux étaient introduits, ou en employant de la lumière polarisée et en provoquant physiquement des extinctions de lumière par la rotation du plan de polarisation, la lame radiophonique représentant alors l'analyseur. M. Mercadier a d'ailleurs pu s'assurer que l'on pouvait obtenir les sons radiophoniques avec d'autres lumières que la lumière solaire, en employant des lentilles de concentration, et que la lumière Drummond, celle du platine incandescent et même celle d'un bec de gaz pouvaient donner des résultats satisfaisants qui ne présentaient d'ailleurs aucun caractère propre à l'une ou à l'autre, mais qui exigeaient des dispositifs particuliers dont nous représentons un spécimen figure 61.

Pour déterminer la cause des sons produits dans le radiophone à réaction directe, M. Mercadier a dû d'abord étudier quelles sont celles des radiations lumineuses qui les déterminent, en second lieu quelle est la substance dans laquelle se produit la transformation, et en troisième lieu quel peut être le mécanisme de la transformation.

En projetant le faisceau de rayons lumineux destiné à agir sur le radiophone sur un prisme, et en exposant successivement le radiophone à l'action des différents rayons dispersés, on a pu s'assurer que les effets radiophoniques étaient produits principalement par les radiations rouges et infra-rouges, c'est-à-dire les radiations à grande longueur d'onde ou calorifiques. Nous représentons plus loin le dispositif employé pour cette expérience, qui du reste est un peu analogue à celui employé par M. Bell. On a pu conclure de ces expériences que c'était un effet thermique qui était alors en jeu, et pour mettre ce fait hors de doute on a cherché à obtenir le phénomène en employant des radiations complètement invisibles, telles que celles résultant d'une plaque métallique échauffée par la flamme d'un chalumeau à gaz comme on le voit dans la figure 62. Quand ce disque est échauffé au rouge sombre, on entend parfaitement les sons radiophoniques résultant des interruptions de ces radiations, et ces sons s'entendent encore quand le disque n'est plus rouge du tout.

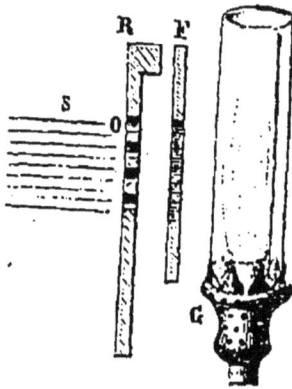

Fig. 61.

Il s'agissait maintenant de reconnaître où était le siège de la vibration produisant les sons; était-ce la surface de la lame du récepteur radiophonique ou la couche d'air en contact avec cette surface?... Pour résoudre cette question M. Mercadier a combiné plusieurs dispositifs que nous représentons figures 64, 65 66. Dans l'un, figure 65, le récepteur radiophonique est constitué par un tube de verre T bouché ou non à sa partie inférieure et communiquant par l'autre extrémité avec un petit cornet acoustique C par l'intermédiaire d'un tube en caoutchouc aussi court que possible. La partie intérieure du haut du tube est enfumée en *a* sur une moitié seulement, ou simplement recouverte de papier enfumé, et on peut échelonner les unes au-dessous des autres plusieurs surfaces enfumées de ce genre *b*, *c*, constituées avec différentes matières. Si l'on projette sur la partie découverte *d* du tube les rayons intermittents, on entend, il est vrai, quelques sons qui sont très faibles; mais si l'on présente à la partie enfumée *b* la radiation de façon qu'elle traverse d'abord la portion transparente du tube, les sons produits deviennent très intenses par suite de l'absorption par cette substance de la chaleur rayonnante, et on reconnaît, en faisant agir successivement les radiations sur les surfaces enfumées *a* et *c*, que les sons varient très peu et sont par conséquent indépendants de la nature des surfaces sur lesquelles est déposé le noir de fumée;

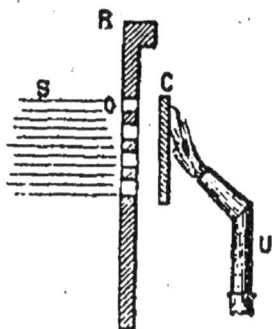

Fig. 62.

toutefois leur intensité est en rapport, jusqu'à une certaine limite, avec l'épaisseur de la couche de noir de fumée. Les effets sont à peu près les mêmes quand les surfaces enfumées sont adaptées extérieurement au tube, et on peut s'en convaincre facilement si l'on introduit le tube précédent sur lequel on aura appliqué, comme dans la figure 66, les surfaces enfumées *a* et *b* intérieurement et extérieurement, et si l'on introduit ce tube dans un autre tube plus grand communiquant lui-même avec un tube acoustique. De cette manière, on a deux tubes acoustiques A, B que l'on peut placer aux deux oreilles, et en projetant successivement les radiations sur *a* et *b*, on reconnaît d'abord que les sons produits en *a* ne sont entendus que dans le tube acoustique de gauche, et que

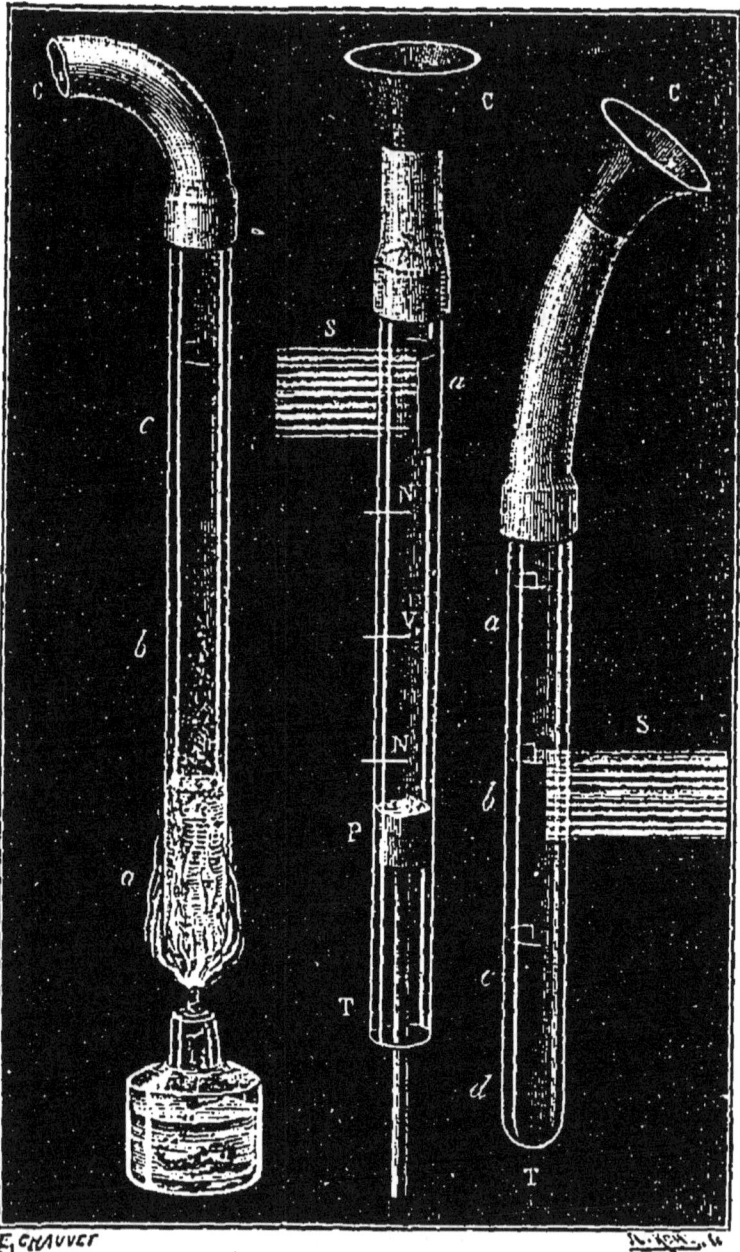

Fig. 63.   Fig. 64.   Fig. 65.

les sons produits en *b* ne sont entendus que dans le tube

de droite; en second lieu on reconnait qu'ils sont à peu près de même intensité.

Il n'est du reste pas besoin de coller sur le verre des surfaces enfumées pour produire des sons intenses, toute substance susceptible de condenser l'air à sa surface et d'absorber la chaleur produit des sons accentués. Ainsi il suffit d'introduire dans les tubes des morceaux de fusain, de bois, de drap, etc., pour les obtenir, et M. Mercadier

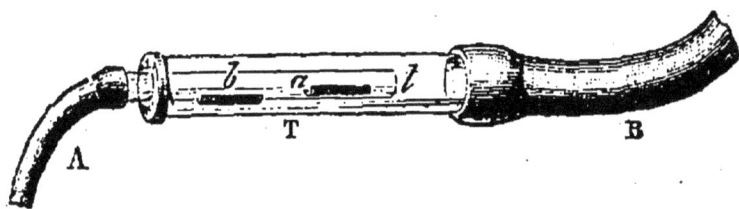

Fig. 66.

conclut de ces diverses expériences que c'est l'air qui est en contact avec ces surfaces absorbantes des radiations thermiques, qui vibre et qui détermine les sons.

Le meilleur récepteur radiophonique qu'a construit M. Mercadier est représenté figure 67; il se compose d'un tube en verre mince de $0^m,006$ environ de diamètre, con-

Fig. 67.

tenant une petite plaque de mica ou de clinquant de cuivre enfumée. La sensibilité de ces appareils est telle, que sous l'influence de la lumière électrique on peut obtenir des sons qui, avec un porte-voix substitué à l'embouchure acoustique, peuvent être entendus à 8 ou 10 mètres dans une salle silencieuse. Avec de la lumière oxhydrique, on peut les entendre à 1 ou 2 mètres. Cet appareil peut même produire des sons sous l'influence seule d'une plaque échauffée à 500° avec l'appareil disposé comme l'indique la figure 62.

D'après ces données, il était facile de conclure que le mécanisme de la transformation des radiations thermiques en ondes sonores réside entièrement dans ce fait que la couche d'air condensée sur les parois des récepteurs, surtout quand ils sont enfumés ou recouverts d'une substance très absorbante pour la chaleur, est, sous l'influence des radiations intermittentes, alternativement échauffée et refroidie, et il en résulte des dilatations et des condensations périodiques constituant un mouvement vibratoire communiqué aux couches d'air voisines qui, d'ailleurs, peuvent vibrer sous la même influence. M. Mercadier le démontre d'ailleurs d'une manière très ingénieuse par l'expérience suivante.

On prend un long tube de verre T, figure 64, dans lequel peut se mouvoir un piston P à l'aide d'une tige. A l'extrémité du tube, on place, à l'intérieur, un morceau de mica enfumé a; on laisse cette extrémité ouverte ou bien on la bouche avec une lame de verre ou de mica en b, et l'on y ajuste, par l'intermédiaire d'un tube en caoutchouc ou en métal, un cornet acoustique C.

On fait tomber en a le faisceau radiant intermittent S, on place le piston en a et on écoute en C. On entend un son comme dans les récepteurs beaucoup plus courts. On maintient constante la vitesse de la roue interruptrice et par suite la hauteur du son produit. En retirant alors graduellement le piston, l'intensité du son éprouve des variations périodiques qui vont jusqu'à l'extinction en des points N, N' avec des maxima en V. On obtient donc ainsi des *nœuds* et des *ventres*, absolument comme dans un tuyau sonore qui serait percé d'une ouverture dans le plan a par laquelle arriverait un courant d'air.

Si l'on change la vitesse de la roue interruptrice, en la maintenant constante quand elle a atteint une nouvelle valeur, on reproduit la même expérience. La distance

seule entre deux nœuds consécutifs N, N' change. « On a
donc bien là, dit M. Mercadier, un tuyau sonore susceptible de rendre tous les sons qu'on peut produire en
changeant la vitesse de la roue interruptrice, c'est-à-dire
la période d'intermittences de la radiation thermique,
cause déterminante des vibrations. »

Après avoir ainsi indiqué le mécanisme en vertu
duquel l'énergie radiante thermique est transformée en
énergie sonore dans des récepteurs à air, M. Mercadier
devait naturellement passer à l'étude des autres gaz,
vapeurs et liquides qui pouvaient faire partie intégrante
d'un récepteur radiophonique, et pour y arriver, il combina le dispositif représenté figure 65. C'est un simple
tube radiophonique bouché, analogue à ceux dont il a
été question précédemment, et dans lequel on introduit
en *a* les liquides que l'on veut étudier ou les vapeurs
de ces liquides, vapeurs que l'on obtient directement en
chauffant le tube au moyen d'une lampe à alcool. On
projette sur ce tube les rayons intermittents, et on écoute
dans le cornet acoustique. En expérimentant alors avec
de l'eau, de l'ammoniaque, de l'éther, etc., on constate
les résultats suivants :

1° Quand les radiations sont projetées sur la couche
liquide, on n'entend aucun son ; mais si ces radiations sont
projetées au-dessus de la colonne liquide, les sons commencent à se faire entendre et ils deviennent très intenses
quand la radiation tombe sur la surface enfumée.

2° Quand on chauffe le liquide, la vapeur sature de plus
en plus l'air qui se trouve renfermé dans le tube, l'intensité des sons augmente successivement.

3° Avec l'éther et l'ammoniaque, les mêmes effets se
manifestent, mais les sons sont encore plus intenses, et ils
sont maxima avec la vapeur d'ammoniaque.

4° Conformément aux expériences de M. Tyndall, les
sons produits sous l'influence d'un milieu occupé par
des vapeurs, sont d'autant plus intenses que les vapeurs

ont un plus grand pouvoir absorbant thermique, et ce sont les vapeurs d'éther sulfurique et acétique, de cyanure d'éthyle et d'acide acétique qui donnent les sons les plus intenses.

5° Les gaz qui déterminent les sons les plus intenses sont ceux qui absorbent le mieux la chaleur rayonnante tels que le protoxyde d'azote, le bicarbure d'hydrogène, l'acide carbonique; l'oxygène et l'hydrogène donnent des sons très faibles.

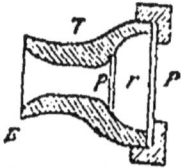

Fig. 68.

Dans toutes les expériences qui précèdent, les sons étaient produits par des rayons lumineux intermittents, et on n'avait pas essayé de reproduire la parole dans les conditions de la radiophonie directe. M. Mercadier, sans avoir eu connaissance des travaux de M. Bell dans cette nouvelle voie, avait cherché à résoudre le problème, et dans plusieurs notes envoyées à l'Académie des sciences

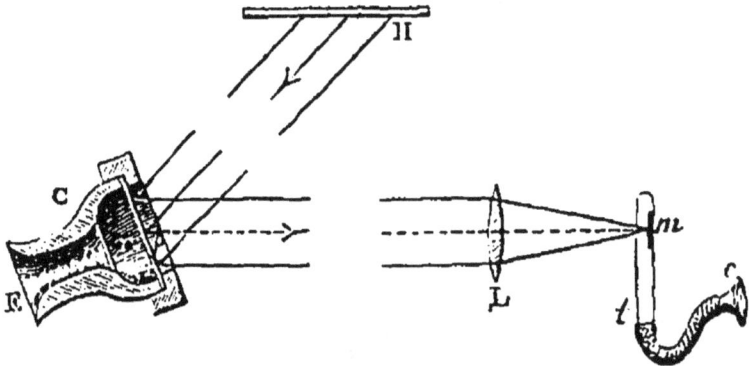

Fig. 69.

depuis le 9 mai 1881, il indique qu'il a obtenu ce résultat en projetant sur son tube radiophonique à lame de mica enfumée un faisceau de rayons lumineux réfléchi par un transmetteur photophonique à lame de verre argentée très mince, analogue à ceux employés par M. Bell pour ses appareils à sélénium. Cet appareil, dont nous indiquons le dispositif figure 68, présentait cependant une disposition particulière en ce sens que, pour protéger la lame de verre très mince P contre l'action directe de la voix, M. Mercadier avait placé en avant

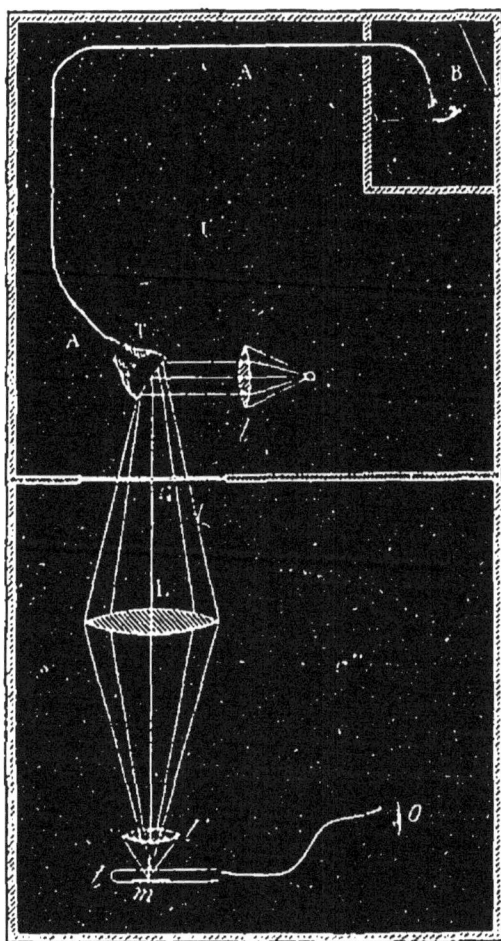

Fig. 70.

et immédiatement contre l'embouchure téléphonique une lame mince de mica p, et la parole y était transmise par l'intermédiaire d'un cornet acoustique T. Les rayons réfléchis par ce transmetteur étaient ensuite concentrés sur la surface noircie du tube radiophonique au moyen

d'une lentille, comme on le voit figure 69. Il put obtenir
ainsi la reproduction de la parole à une distance de 20 mètres et en faisant passer les rayons solaires projetés à travers deux portes vitrées.

M. Mercadier a voulu aussi obtenir le même résultat
avec des lumières moins intenses que la lumière solaire, mais il a dû nécessairement rapprocher les appareils transmetteur et récepteur, et pour que la personne
occupée à entendre ne pût être troublée par la transmission directe de la parole, il faisait réagir la voix sur le
transmetteur par l'intermédiaire d'un très long tube
acoustique, comme l'indique la figure 70 ; il a pu de cette
manière transmettre la parole avec de la lumière oxhydrique ou de la lumière électrique placée en S, le transmetteur étant en T, et le récepteur en *tm*. Il donne du
reste tous les détails du mode d'expérimentation dans deux
articles intéressants publiés dans le journal *la Lumière
électrique* du 20 mai et du 11 juin 1881. Nous verrons
plus tard que M. Mercadier a pu faire une application
pratique de ce mode de transmission téléphonique.

**II. Sons produits sous l'influence de variations
de conductibilité électrique de certaines substances
soumises à l'action de rayons lumineux intermittents.** — Les recherches de M. Mercadier sur cette question ont eu principalement pour but de démontrer que
l'action des rayons lumineux agissant sur le sélénium ou
autres substances sensibles à la lumière, faisant partie
d'un circuit électro-téléphonique, est une action propre
à la lumière et non une action thermique. C'est ce que
M. Bell avait avancé dans son premier mémoire et ce qui
l'avait conduit à donner à son appareil le nom de *photophone*. Mais, bien qu'il ait démontré cette action par
certaines expériences, entre autres celle dans laquelle il
faisait traverser une solution d'alun par un faisceau de
rayons lumineux intermittents sans diminuer l'énergie

des sons produits, beaucoup de savants doutaient encore
de la réalité de cette action, et ce n'est qu'à la suite des
expériences de M. Mercadier que la question s'est trouvée
complètement élucidée.

Pour obtenir des résultats bien concluants, M. Mercadier a dû perfectionner les dispositifs photophoniques
comme il l'avait déjà fait pour les appareils de radiophonie, et il s'est surtout attaché au récepteur de sélénium,
auquel il a donné une disposition tout à fait nouvelle et
p'une construction facile.

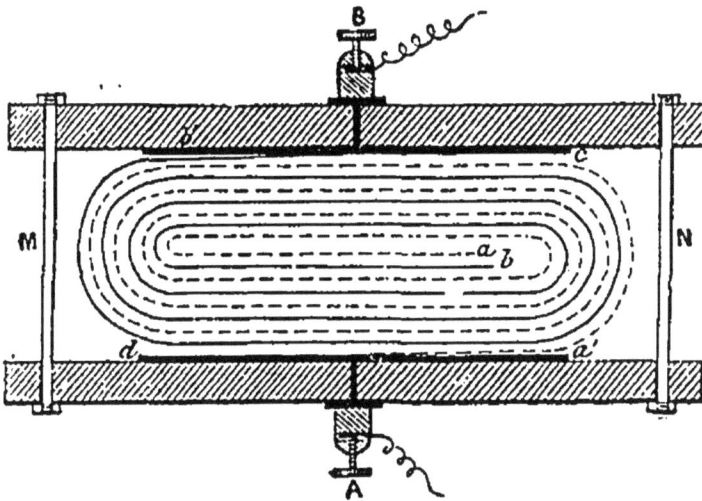

Fig. 71.

« Nous prenons, dit-il, deux rubans de laiton très
minces ($\frac{1}{10}$ de millimètre environ), aa', bb', figures 71 et
72, dont l'un est représenté, sur la figure 71, par un trait
plein, l'autre par un trait pointillé. Nous les séparons par
deux rubans de même largeur d'environ 1^{mm},15 d'épaisseur en papier parchemin qui sert d'isolant et qui peut être
considéré comme représenté sur les figures par l'intervalle
blanc qui existe entre les deux traits. L'ensemble des quatre
rubans est enroulé en spirale aussi serrée que possible, et le
bloc ainsi formé est pris entre deux lames de laiton
c et d, épaisses de 1 millimètre, qui communiquent avec

les deux extrémités *b'* et *a'* des rubans métalliques. Le
tout est serré aussi fortement que possible entre deux

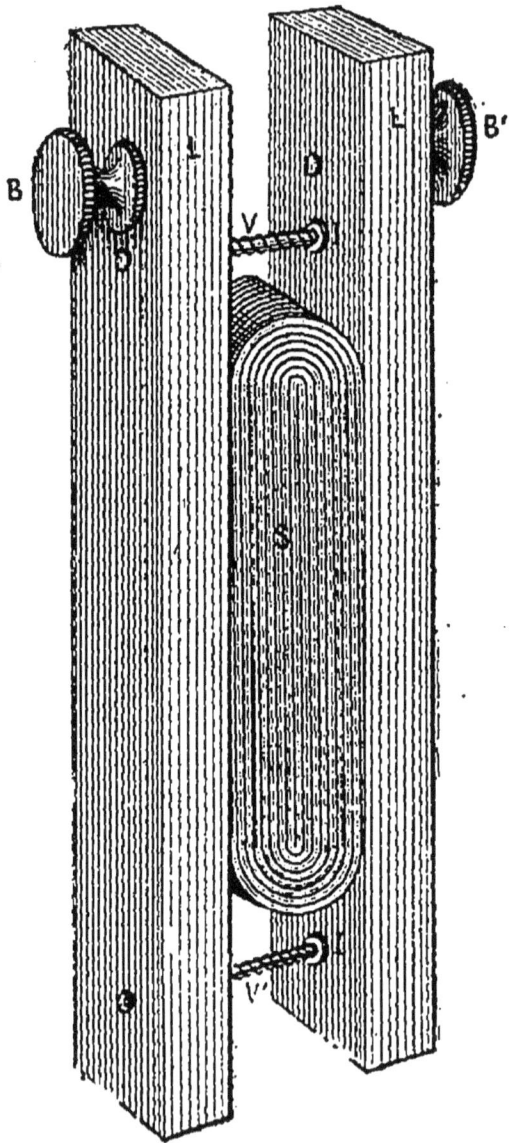

Fig. 72.

morceaux de bois dur ou de laiton reliés l'un à l'autre
par deux longues vis ou deux tiges à écrous M, N isolées.
Deux boutons A et B communiquent avec les lames *c* et *d*,

et par suite avec les bouts des rubans métalliques qui forment, l'un les spires d'ordre pair, et l'autre les spires d'ordre impair. L'appareil est représenté en perspective dans la figure 72, où V, V' désignent les tiges à écrous, et B, B' les bornes d'attache des fils.

« Le bloc ainsi serré peut être, sans aucune difficulté, limé sur ses deux faces, d'abord grossièrement, puis de plus en plus finement, et enfin poli au papier d'émeri, sans crainte qu'il reste des limailles de cuivre établissant la communication métallique entre les spires. En fait, il y a toujours une communication très faible entre les spires par le papier parchemin, qui n'est pas un isolant parfait, mais elle est si faible qu'elle est sans inconvénient et évite l'opération du paraffinage du papier qui compliquerait un peu la construction de ces appareils et qui aurait d'ailleurs, pour l'opération subséquente, des inconvénients particuliers.

« Après avoir ainsi poli le bloc et constaté avec un galvanomètre sensible l'absence de communications métalliques, on recouvre l'une des surfaces ou toutes les deux de sélénium de la manière suivante : On chauffe l'appareil dans un bain de sable ou en le posant à plat sur une plaque épaisse de cuivre chauffée par la flamme d'un bec de Bunsen, jusqu'au moment précis où un crayon de sélénium appuyé dessus commence à fondre. On promène alors le crayon le long de la surface, de façon à la recouvrir d'une couche aussi mince que possible. En ne laissant pas la température s'élever au-dessus de ce point, le sélénium prend la teinte ardoisée qui caractérise l'état où il est le plus sensible à la lumière, et en laissant refroidir lentement l'appareil, il est inutile de le recuire, et il est prêt à fonctionner.

« Pour préserver les surfaces séléniées, on peut ensuite sans inconvénient les recouvrir, soit d'une lame mince de mica, soit même d'une couche de vernis à la gomme laque déposée à chaud.

« On peut faire ainsi des récepteurs excellents ayant leur petite largeur variant de 5 à 6 millimètres à 20 millimètres au plus, et on peut leur donner des résistances très variables, en ne séléniant qu'une portion de la surface ou en la recouvrant d'abord tout entière et enlevant ensuite le sélénium par fragments. On peut avoir de cette manière des appareils dont la résistance varie de 1200 à 200 000 ohms, qui fonctionnent plus ou moins bien suivant les conditions du circuit où ils se trouvent, mais qui produisent tous des sons très nets.

« Il en résulte les conséquences suivantes. D'abord, on peut, avec des appareils qui peuvent être aussi résistants, sans diminuer sensiblement le courant de la pile et les effets produits, placer dans le même circuit plusieurs téléphones en série ou en quantité et faire entendre les sons produits à un certain nombre de personnes à la fois. Ensuite, on peut réunir dans un même appareil, entre deux morceaux de bois, plusieurs récepteurs étroits de façon à pouvoir constituer des sortes de batteries radiophoniques dont l'élément est un récepteur à sélénium, et disposer ces éléments en série ou en quantité, ce qui permet de faire varier la résistance de la batterie réceptrice et de l'adapter le mieux possible à des conditions données de circuit extérieur, de téléphone et de pile. Je ferai remarquer en outre que si un appareil de ce genre vient à être détérioré, il suffit de limer de nouveau la surface et de la sélénier.

« On peut d'ailleurs construire des récepteurs avec d'autres métaux que le laiton pour supporter la couche de sélénium. Le cuivre rouge et le platine sont très bons; le fer, l'argent et l'aluminium présentent des inconvénients. »

Dernièrement M. Mercadier, avec le concours de M. Humblot, a rendu encore plus simple la construction de ces récepteurs, en constituant les électrodes avec des fils métalliques maintenus séparés l'un de l'autre comme dans les chaînes voltaïques de M. Pulver-Macher, et enroulés sur une lame d'ébonite. (Voir la figure 60.)

En recouvrant cette espèce d'embobinement R d'un enduit isolant et en le dénudant ensuite à la lime, comme dans le système précédent, on obtenait ainsi, d'une manière plus simple, le dispositif d'électrodes multiples appelé à transmettre le courant, et il ne s'agissait plus que de le recouvrir de sélénium par le procédé indiqué plus haut, pour en faire un très bon récepteur radiophonique, qu'on renfermait dans une boîte à coulisse BB.

Pour faire agir le faisceau lumineux intermittent sur le récepteur photophonique que nous venons de décrire, il suffit, quand on ne veut faire que de simples expériences phonétiques, de le placer, à l'aide du support S, devant le disque perforé que nous avons décrit page 150, de manière que les rayons traversant les ouvertures suivant la verticale, puissent frapper la surface séléniée dans sa longueur, comme on le voit figure 60.

Suivant M. Mercadier, on peut obtenir avec les dispositifs photophoniques que nous venons de décrire, des sons, quelle que soit la lumière employée, même la lumière diffuse, mais ils sont plus faibles, toutes choses égales d'ailleurs, qu'avec les récepteurs à action directe, et il faut, quand la source lumineuse est faible, rapprocher autant que possible la roue interruptrice de la source, et limiter le faisceau lumineux au moyen d'une fente pour éviter les effets d'interférences sur le récepteur. L'emploi de ce dispositif simple augmente notablement l'intensité des sons produits.

Le premier point qui était à éclaircir était de reconnaître définitivement si c'étaient les rayons thermiques ou lumineux qui agissaient sur la conductibilité du sélénium. M. Mercadier a fait, pour s'en assurer, agir successivement sur le récepteur de sélénium les différents rayons du spectre, en disposant l'expérience comme le montre la figure 73.

S est une source de radiations intenses telle qu'une
lampe électrique animée par 40 ou 50 éléments Bunsen.
Le système de lentilles L rend le faisceau radiant parallèle, et ce faisceau est reçu sur une fente F de 3 à 4 millimètres de largeur. Une lentille L' reçoit les radiations
de manière à donner une image nette de la fente sur un
écran placé à la distance où se trouvera la roue interruptrice. En sortant de la lentille, les rayons sont dispersés
par un prisme P, disposé de manière à avoir le minimum
de déviation, et l'on obtient un spectre de 35 à 40 millimètres de largeur (dans la partie visible), sur un dia-

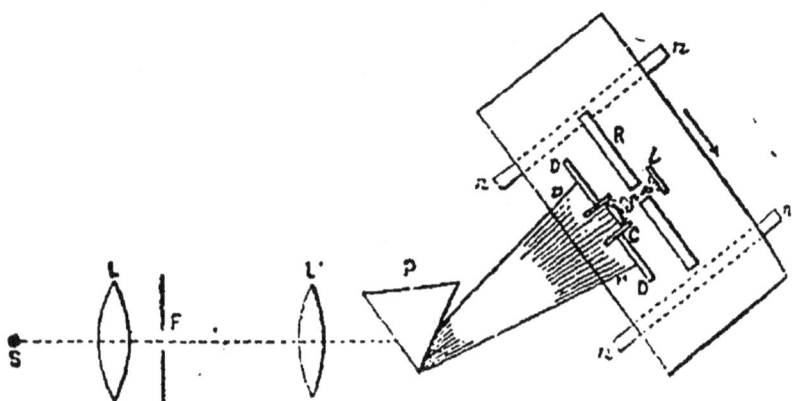

Fig. 75.

phragme DD percé à son centre d'une ouverture portant
un cylindre dans lequel on peut faire glisser une lentille
cylindrique C. Le diaphragme est fixé au support de la
roue interruptrice R placée derrière, et ce support est
mobile sur deux rouleaux *n*, *n*. Un second diaphragme *t*,
percé d'une fente de 2 millimètres de largeur, est
placé en avant de la lentille cylindrique, et limite ainsi la
portion de spectre qui peut traverser cette lentille et les
ouvertures de la roue.

En faisant mouvoir le support de cette roue perpendiculairement à la direction des rayons dispersés et dans
la direction indiquée par la flèche, on voit que la lentille

cylindrique C recevra successivement les rayons diverse-
ment colorés du spectre sur une largeur de 2 millimètres,
et produira, dans chaque position sur le bord de la roue,
une bande étroite résultant de la concentration des rayons
qu'elle recueille, et on peut ainsi étudier l'effet des diverses positions du spectre de deux en deux millimètres
sur le récepteur à sélénium *l* fixé derrière la roue sur le
support.

En se plaçant dans l'obscurité pour éviter les effets de
la lumière diffuse, bien qu'ils soient très faibles, M. Mercadier est arrivé à constater les résultats suivants :

1° *Dans la partie ultra-violette, violette et indigo du
spectre, le récepteur ne manifeste aucun effet sensible.*

2° *On commence à entendre vers la limite de l'indigo-
bleu des sons dont l'intensité augmente dans le bleu, le vert
et le jaune, puis décroît dans l'orangé et le rouge.*

3° *Les sons cessent généralement à la limite du rouge
visible, et le récepteur reste insensible au delà de l'infra-
rouge.*

4° *Le maximum d'effet se produit en tous cas dans la
partie jaune du spectre.*

« Il en résulte nettement, dit M. Mercadier, que l'effet
radiophonique du sélénium est dû à des radiations qui
produisent sur l'œil des effets lumineux, et qu'il est maximum dans la partie la plus lumineuse du spectre.
Cette conclusion est confirmée par ce fait qu'en exposant
un récepteur à sélénium à des radiations obscures produites par une plaque de cuivre chauffée au-dessous du
rouge sombre, on n'a pu obtenir aucuns sons. »

En substituant au sélénium, dans les expériences précédentes, un récepteur radiophonique à action directe,
l'effet maximum, au contraire, se produit dans l'infra-
rouge, et les rayons agissants s'étendent de l'orangé au
delà du rouge jusqu'à une limite qui peut arriver au
tiers ou au quart de la longueur du spectre visible. Les
autres radiations, depuis le jaune jusqu'à l'ultra-violet, ne

produisent pas d'effet perceptible. Ce sont donc bien, dans ce cas, les rayons thermiques seuls qui sont actifs.

Après avoir ainsi étudié les effets du sélénium, M. Mercadier a voulu étudier ceux résultant du noir de fumée employé comme conducteur d'un courant électro-téléphonique, et il a fait construire un récepteur analogue à celui employé par M. Bell et que nous avons représenté figure 48 ; mais il a eu plus d'avantages à employer le dispositif à bandes métalliques enroulées qu'il avait combiné pour ses récepteurs à sélénium et qu'on enfume au lieu de les recouvrir d'une couche de sélénium. Le meilleur moyen pour y arriver est de faire agir la flamme fuligineuse destinée à produire le dépôt carboné à travers une toile métallique. En conservant à l'une des faces du récepteur sa couverture de sélénium et en enfumant l'autre, on peut comparer facilement l'intensité des effets produits par les deux systèmes.

M. Mercadier commence par faire observer que dans ces conditions, les différences d'effets que l'on constate ne sont pas dues à des différences de conductibilité du noir de fumée et du sélénium, mais bien à ce que le courant, se dérivant plus facilement à travers la couche de noir de fumée qu'à travers celle de sélénium dont les conductibilités sont dans le rapport de $\frac{6000}{141}$, doit donner des effets plus intenses.

L'action des différentes radiations spectrales sur la surface enfumée de l'appareil ne paraît pas être la même que sur la surface séléniée. Ainsi, là où un récepteur sélénié donne des sons aisément perceptibles, le récepteur enfumé n'en donne souvent pas. Le récepteur enfumé n'en donne pas encore dans la partie rouge et infra-rouge du spectre, alors qu'un tube thermophonique également à noir de fumée en donne d'assez intenses. Mais ce que M. Mercadier a pu conclure, c'est que l'origine des sons dans les récepteurs dont nous parlons actuellement n'est pas *thermique*, mais bien *photophonique* ou *actinopho-*

nique, et qu'on peut la considérer comme étant la même que dans les récepteurs à sélénium. En effet, un récepteur à noir de fumée étant exposé aux radiations d'une plaque graduellement chauffée (avec un chalumeau oxhydrique) dans l'obscurité, ne produit des sons qu'au moment où la plaque arrive au rouge sombre, et ces sons augmentent successivement en intensité à mesure que l'incandescence se développe.

M. Mercadier fait d'ailleurs remarquer que la grandeur de l'espace éclairé de ces sortes de récepteurs, pas plus que dans les photophones et les thermophones, ne semble influer sensiblement sur l'intensité des sons produits; d'un autre côté, tandis que le noir de fumée ou l'éponge de platine peuvent constituer à la fois des radiophones directs du genre thermique et des radiophones indirects du genre photophonique, il n'en est pas de même de certains autres corps qui, appartenant à la première catégorie, comme le bitume de Judée, ne fournissent pas les effets propres à ceux de la seconde catégorie, ce qui pourrait tenir à leur très grande résistance électrique.

Pour bien apprécier la nature des effets produits dans les radiophones à sélénium ou à noir de fumée, il était indispensable d'être définitivement fixé sur l'influence exercée par la température extérieure sur les substances sensibles de ces appareils, et M. Mercadier a fait à cet égard des expériences qui paraissent être d'une grande exactitude. Il a d'abord constaté qu'à des températures ordinaires peu élevées, entre 10 et 20 degrés, il y a avec les récepteurs à sélénium une proportionnalité assez exacte entre les variations de la température et la résistance électrique des récepteurs, mais que cette résistance varie d'un jour à l'autre et va pendant longtemps en augmentant jusqu'à un certain degré où elle reste à peu près stationnaire. La loi qui relie dans ces conditions la variation de résistance à celle de la température est celle que l'on retrouve dans beaucoup de corps de conductibilité secondaire, notam-

ment dans les minéraux et les liquides ; c'est-à-dire que
la résistance varie en raison inverse de la température,
ou, ce qui revient au même, que *la conductibilité du récepteur varie dans le même sens que la température.* Ces
variations de résistance sont assez considérables, et
M. Mercadier en a constaté qui atteignaient de 1550 à
2000 ohms pour une variation de température de 1 degré.

Quand les températures présentent de grands écarts
de 0 à 40 ou 50 degrés par exemple, les expériences
sont plus délicates et exigent un dispositif particulier.
Celui qui a servi à M. Mercadier est une sorte d'étuve
constituée par une cuve de zinc MNOP (fig. 74) traversée

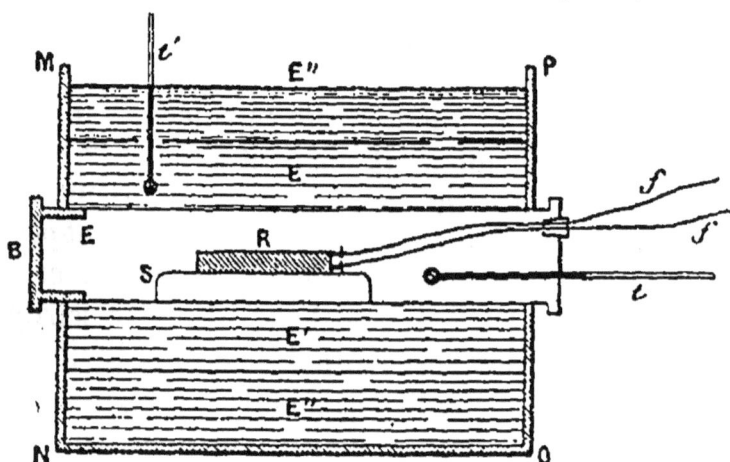

Fig. 74.

à son centre par un tube de cuivre fermé B, dans lequel
on place le récepteur de sélénium R et un thermomètre *t*
pour indiquer la température, et la caisse est remplie
d'eau EE'E'' que l'on peut amener à telle température que
l'on désire, et dans laquelle plonge un second thermomètre *t'* pour indiquer cette température.

En remplissant d'abord de glace la cuve en question,
puis la chauffant graduellement jusqu'à une température
de 46°, M. Mercadier a constaté, comme précédemment,
qu'avec des récepteurs arrivés à l'état stable dont nous
venons de parler, les variations de résistance étaient

approximativement proportionnelles aux variations de température, du moins entre 5° et 55°. Effectivement, en laissant refroidir graduellement jusqu'à 10° le récepteur élevé à la température de 56°, la résistance a varié de 11 000 à 41 000 unités.

A des températures élevées les effets sont plus compliqués, mais pour les constater il a fallu employer des récepteurs à lames de platine et les introduire dans une étuve à sable dont la température était mesurée avec un thermomètre dont le réservoir touchait le récepteur. En maintenant pendant trois heures un récepteur de ce genre à une température comprise entre 208° et 212°, et abaissant ensuite régulièrement et lentement cette température jusqu'à 16°, on a observé que la résistance du récepteur, qui au début était de 575 ohms, a d'abord augmenté, atteignant vers 165° un maximum de 490 ohms, puis elle a diminué et a présenté vers 125° un minimum d'environ 455 ohms. A partir de ce moment, elle a augmenté jusqu'à 15°, où elle a atteint 5370 ohms. A partir de 55 à 56°, la variation pouvait être regardée comme régulière et conforme à ce qui se passe à de basses températures.

Ces effets particuliers, qui avaient du reste été déjà observés par M. Siemens, tiennent probablement à une modification allotropique du sélénium.

L'influence des variations de la température sur les récepteurs téléphoniques à noir de fumée est à peu près la même, à des températures peu élevées, que sur les récepteurs à sélénium. La diminution de résistance est en moyenne environ un dixième d'ohm par degré centigrade, et le coefficient moyen de la variation par degré centigrade est de 0,00250. Il est vrai que la résistance de ces récepteurs est beaucoup moindre que celle des récepteurs à sélénium, et elle varie entre 40 et 1650 ohms.

Des expériences faites par M. Shelford Bidwell, en Angleterre, ont conduit à des déductions un peu différentes. « La température de la pièce où j'expérimentais, dit-il, étant de 14 degrés centigrades, j'ai immergé un élément de sélénium dans un bain d'essence de térébenthine maintenu à 8°, et j'ai observé qu'un grand abaissement se produisait dans sa résistance. En augmentant successivement la température du bain et la faisant passer de 8° à 24°, cette résistance augmentait graduellement, mais après 24° elle diminuait rapidement, et j'ai pu en conclure que pour l'élément de sélénium expérimenté, la plus grande résistance correspondait à 24°. J'expérimentai ensuite cinq autres éléments, et leur résistance la plus grande correspondait aux températures de 25°, 14°, 30°, 25°, 22°.

Le détail des expériences n'étant pas indiqué, il est difficile de savoir si toutes les précautions ont été prises pour obtenir des résultats exacts. Mais le sélénium est une substance si peu homogène, si instable, qu'il est bien difficile d'avoir des résultats concordants avec les différents échantillons que l'on trouve dans le commerce.

RECHERCHES DE M. PREECE

M. Preece, reprenant les expériences de M. Bell, se demande d'abord comment il se fait qu'un corps opaque comme l'ébonite, qui intercepte les rayons lumineux, laisse cependant subsister l'action vibratoire sur le sélénium, et il cherche à savoir si ce corps, opaque pour la lumière, ne serait pas transparent pour la chaleur, c'est-à-dire diathermane. Il est amené ainsi à étudier divers corps à ce point de vue, expériences pour lesquelles il emploie le radiomètre de M. Crookes, dont la vitesse lui sert de mesure pour les radiations transmises. Ces expériences ont montré que l'ébonite était variable à ce point de vue, mais laissait souvent passer la chaleur en grande proportion, et, cela étant, il s'est trouvé conduit à penser que les phénomènes sonores dus à l'action de la lumière devaient être attribués à des radiations calorifiques; mais il y avait lieu de se demander si elles agissaient à la façon ordinaire, c'est-à-dire par des changements de volume, résultant de dilatations ou de rétractions successives. Cela paraissait improbable à cause de la lenteur de ces sortes d'effets, mais M. Preece a tenu à vérifier le fait.

Pour cela il a attaché par un bout un fil AB (fig. 75) (de la matière mise en essai) à l'axe d'un levier réglé par une vis C de façon à déterminer exactement la tension, et par l'autre bout à un levier M formant interrupteur à un circuit de pile locale dans lequel était interposé un téléphone T. Les radiations intermittentes d'une source de chaleur soit lumineuse, soit obscure, étaient ensuite

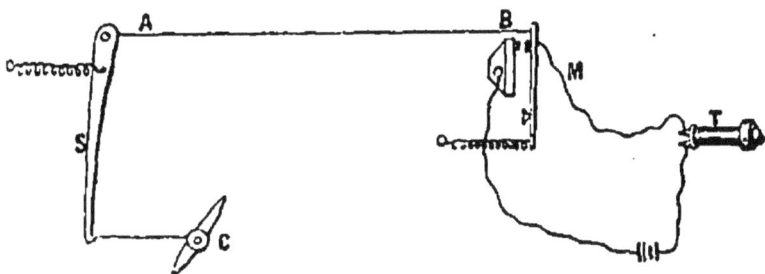

Fig. 75.

projetées sur le fil, et par conséquent si ces radiations donnaient lieu à des changements successifs de longueur dans le fil, il devait y avoir des disjonctions successives du circuit local à l'interrupteur M, et par conséquent il devait se produire des sons dans le téléphone T. Or rien de semblable ne s'est produit, malgré l'extrême sensibilité de l'appareil, et M. Preece s'est donc trouvé conduit à admettre que les effets de dilatation ne pouvant expliquer le phénomène, il fallait le rapporter à des mouvements spéciaux tels que ceux qui ont été désignés par plusieurs savants sous le nom de *mouvements moléculaires*.

Après ces premières recherches, M. Preece cherche à analyser les effets produits dans différentes conditions, et

emploie pour cela des récepteurs assez semblables à ceux
de M. Bell. Ce sont, comme on le voit figure 76, des boîtes
de bois, auxquelles se trouvent fixés des tubes acoustiques
et qui portent une ouverture circulaire que l'on bouche
avec les disques minces que l'on veut étudier. Mais, pour
apprécier exactement l'intensité des sons, il met à contribution le sonomètre de M. Hughes que nous avons décrit pages 71 et 72. Ce dispositif nécessite, par conséquent,
l'intervention d'un courant électrique.

On chercha d'abord à savoir si le disque recevait des
actions analogues à celles qu'on sup-
pose exister dans le radiomètre, c'est-
à-dire des impulsions successives, et à
cet effet, un contact électrique très
précis fut disposé auprès de sa surface. Les résultats que l'on obtint
étaient assez contradictoires, mais le
plus généralement nuls, et pour préciser ce fait, on fixa sur le disque un
microphone très sensible : il ne fournit presque aucun effet, quoique les
sons radiophoniques fussent très marqués.

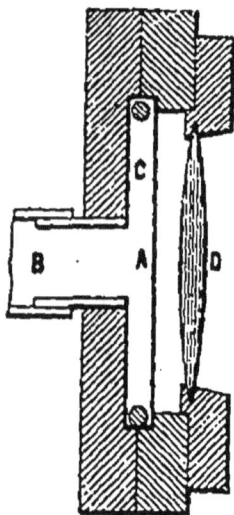

Fig. 76.

On dut conclure de là que le disque
ne vibrait pas transversalement, et
l'on pensa même qu'il ne jouait pas le principal rôle dans
le phénomène; mais on fut conduit à penser que l'effet
était plutôt dû à la vibration de l'air enfermé dans la
chambre de l'appareil, derrière le disque en A. On plaça
d'abord devant le disque une lentille D, qui augmentait
les sons, puis on supprima le disque, et on reconnut que
les sons se produisaient sans disque, même avec plus de
force, à la condition que les parois de la chambre à air
fussent recouvertes d'une matière noire absorbante. On
confirma cette expérience par divers moyens, et on put
établir que les sons disparaissaient si la boîte était fermée

par devant à l'aide d'un disque athermane, c'est-à-dire arrêtant la chaleur. Il est impossible d'entrer ici, dans le détail de toutes les expériences qui furent alors entreprises dans cet ordre d'idées; on les trouvera, du reste, dans l'*Electrician* du 19 mars 1881.

Les conclusions de ces recherches furent donc, comme celles de M. Mercadier, que les effets sonores dans le radiophone sont produits par les radiations calorifiques absorbées soit par le disque, soit surtout par les parois de la chambre, soit même par l'air ou les vapeurs confinés.

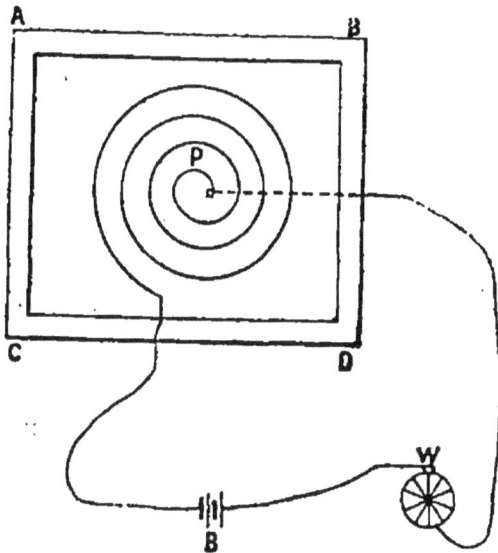

Fig. 77.

Parmi les expériences entreprises par M. Preece, à l'appui de ses idées théoriques, il en est une sur laquelle je crois utile d'insister, car les résultats produits ont été importants. Dans une boîte A B C D, figure 77, noircie à l'intérieur, il place une spirale de platine P, et la met en communication avec une pile B. Dans le circuit, il interpose un interrupteur tournant W, et il obtient des sons très énergiques. Au lieu de l'interrupteur, si l'on met un bon transmetteur microphonique, la boîte peut parler, et M. Preece attribue cet effet à la chaleur produite dans

ce fil par le courant, chaleur qui est rayonnée dans la
boîte et transformée en ondes sonores. C'est une exten-
sion des expériences qu'il avait faites avec son thermophone, appareil que nous avons décrit dans notre ouvrage
sur le téléphone, page 278.

Relativement au siège des vibrations sonores, M. Preece,
après avoir démontré que malgré les assertions de M. Bell,
on ne pouvait le considérer comme étant dans les disques
sur lesquels la lumière était projetée, a recherché si l'on
ne pourrait pas le trouver au sein de la couche gazeuse
enveloppant ces disques, et dans quelles conditions le
phénomène devait se produire. Dans cette hypothèse, on
pouvait se demander, en effet, si les vibrations de cette
couche étaient le résultat d'impulsions des molécules
gazeuses sous l'influence d'échauffements alternatifs des
surfaces exposées aux radiations thermiques, comme cela
a lieu dans le radiomètre de M. Crookes, ou de simples
effets de dilatation ou de contraction de ces mêmes couches gazeuses. Dans ce dernier cas, les disques en
verre fermant la boîte radiophonique, dans ces expériences, devaient se déformer sous l'influence de la dilatation gazeuse s'ils étaient très minces, et l'expérience a
montré qu'ils ne l'étaient pas. On entendait d'ailleurs
les sons tout aussi bien avec des disques représentés par
de fortes lentilles. En revanche, les sons étaient éteints
quand le disque était agité devant le récepteur ou quand
on étranglait le tuyau acoustique mis en communication
avec l'oreille. M. Preece avait donc conclu de ces expériences qu'il fallait, pour obtenir des effets radiophoniques,
que l'espace placé derrière le diaphragme fût confiné
hermétiquement, et que la masse gazeuse fût continue
entre le récepteur radiophonique et l'oreille. Or, l'hypothèse de la dilatation de l'air dans toute sa masse ne pouvant être admise, il ne restait plus que celle qui assimi-
lait les mouvements gazeux vibratoires à ceux produits
dans le radiomètre de M. Crookes. C'est ainsi que M. Preece

s'est trouvé conduit à admettre qu'au contact des surfaces exposées aux radiations lumineuses, les molécules gazeuses se trouvent recevoir une impulsion qui se communique de proche en proche jusqu'à l'oreille et qui est d'autant plus grande que ces surfaces sont plus chaudes ou ont absorbé le plus de rayons calorifiques. D'une action intermittente des radiations thermiques doit donc résulter une succession de ces impulsions capables de reproduire des sons.

Dans une récente communication faite à la Société des ingénieurs télégraphistes de Londres, le 12 mai 1881, M. Preece, revenant sur toutes ses expériences et les conclusions qu'il en a tirées, combat la théorie donnée par M. Bell, qui attribue les vibrations radiophoniques au gonflement et au dégonflement, par suite de dilatations et de contractions calorifiques, des corps impressionnés par les rayons solaires. Il est certain que cette hypothèse n'est guère admissible et que les physiciens ne pourront pas suivre dans cette voie le célèbre inventeur du téléphone et du radiophone.

TRAVAUX DIVERS

Photophones sans pile. — D'après les expériences de MM. Blyth et Kabischer, il paraîtrait que l'on pourrait obtenir des actions photophoniques sans pile, par suite d'une action chimique exercée par les rayons lumineux, soit sur des lames de phosphore amorphe, soit sur certains échantillons de sélénium, laquelle action déterminerait un courant plus ou moins intense suivant l'énergie des rayons lumineux, et capable de réagir sur un téléphone. Il est probable que toutes les substances sensibles à l'action de la lumière, et en particulier le chlorure d'argent, sont dans le même cas, car depuis longtemps M. Ed. Becquerel avait constaté la production de courants électriques dans ces conditions sous l'influence de la lumière. Voici, du reste, les expériences faites par les deux savants dont nous venons de parler, telles qu'elles ont été décrites dans le journal *la Lumière électrique*, tome III, page 237, et tome IV, page 415 :

« M. Blyth a trouvé que le sélénium pouvait être avantageusement remplacé dans le photophone par du phosphore amorphe, mais dans d'autres conditions. Il donne pour cela aux peignes métalliques, servant d'électrodes, une forme rayonnante, et il coule sur cette sorte de gril une couche de phosphore. Dans ces conditions, cette substance, au lieu d'avoir une résistance variable avec l'intensité de la lumière, peut constituer elle-même un générateur électrique, dont la force électro-motrice est proportionnelle à l'intensité lumineuse, et peut actionner un téléphone et reproduire la parole. De plus, ayant reconnu que la pression exercée sur cette substance était susceptible de modifier l'intensité du courant produit par elle, M. Blyth fut conduit à prendre cette substance, pour constituer avec elle non seulement un générateur électro-photophonique, mais encore un transmetteur téléphonique à la manière des microphones, et susceptible de reproduire la parole dans un téléphone interposé dans un circuit complété par cette substance.

« Ce transmetteur consistait dans une sorte de boîte dont le fond était garni d'un disque de cuivre sur lequel était appliquée la couche de phosphore amorphe, et qui se trouvait recouverte d'une autre feuille de cuivre très mince. Ces deux lames constituaient les deux électrodes de l'appareil, et une embouchure était disposée au-dessus du disque supérieur pour concentrer sur ce disque les vibrations de la voix. Avec ce dispositif, on a pu très bien reproduire la parole sans aucune pile ; mais en employant un générateur composé de deux éléments à bichromate de potasse, les sons devenaient forts.

« M. Kabischer a produit électriquement les sons à l'aide d'un appareil à sélénium et d'un téléphone, mais sans pile dans le circuit. L'interruption des radiations était faite, comme d'ordinaire, à l'aide d'un disque percé de trous. La hauteur du son s'est accrue avec la vitesse de rotation du disque. En faisant tomber directement la lumière solaire sur un appareil à sélénium en relation avec un galvanomètre, on obtint une déviation de l'aiguille. La lumière Drummond n'est pas assez intense pour produire cette action, et l'interposition sur le trajet des rayons solaires d'une solution d'acide dans du sulfure de carbone empêche cette action de se produire. Il en est de même des verres colorés, à l'exception des verres jaunes et brun clair, mais une plaque d'alun n'agit pas dans ce sens.

« Dans ces expériences, il n'y avait que certaines portions de la surface du sélénium qui fussent sensibles aux radiations, ce qui indique des défauts d'homogénéité dans le sélénium employé. Ces défauts devaient naturellement avoir une influence sur la force électro-motrice développée. »

Il est probable qu'en essayant beaucoup de composés chimiques au point de vue des sons radiophoniques, on trouvera bien des effets du genre de ceux dont nous venons de parler. Il y a peu de temps encore, M. Bœrnstein nous annonçait qu'une couche mince d'argent déposée sur une lame de verre avait sa résistance augmentée sous l'influence des radiations lumineuses et d'autant plus que leur action était plus prolongée; ces radiations provenaient de la flamme d'une lampe à alcool colorée par une perle de soude, et traversaient préalablement un prisme au minimum de déviation.

NOUVEAUX SYSTÈMES DE TRANSMETTEURS RADIOPHONIQUES

Pour obtenir les effets lumineux ondulatoires propres à reproduire la parole dans le photophone, M. E. Berliner, au lieu de faire réagir comme M. Bell la lame vibrante d'une embouchure téléphonique sur un rayon lumineux projeté sur elle et réfléchi par elle sur la substance sensible, ne met à contribution qu'un simple brûleur de Bunsen dont la flamme vient lécher l'extrémité d'une petite tige de platine soudée au centre du diaphragme téléphonique. Suivant l'auteur, les vibrations du diaphragme, sous l'influence de la voix, auraient pour effet de faire plonger plus ou moins la tige de platine dans la flamme et de produire ainsi des variations dans l'intensité lumineuse, variations qui, étant fonction de l'amplitude des vibrations du diaphragme, détermineraient les effets lumineux voulus pour la reproduction du son par la lumière projetée dans l'appareil photophonique.

D'un autre côté, M. Jamiéson, ayant constaté que les flammes chantantes pouvaient reproduire les sons émis par elles au moyen du photophone, a pensé qu'on pourrait transmettre la parole d'une manière analogue en parlant devant une membrane tendue derrière un bec de gaz alimenté par un brûleur. Il a pu de cette manière transmettre la parole à une distance de 200 pieds.

Pour augmenter la sensibilité du sélénium à l'action de la lumière, on a cherché diverses combinaisons, et l'une des plus importantes, paraît-il, est celle à laquelle M. Herbert Tomlinson a été conduit en recouvrant d'une couche de noir de fumée la couche de sélénium d'un photophone ordinaire. Voici comment il a été conduit à cette combinaison.

Ayant pris un bâton de sélénium recuit de 2 centimètres sur 5 millimètres de diamètre dont il avait préalablement ramolli les extrémités pour y insérer les fils de platine servant d'électrodes au circuit électrique, il trouva que cette substance présentait une grande résistance, mais qu'elle était néanmoins assez sensible pour être impressionnable à la lumière diffuse. Le sélénium était placé dans une boîte de verre et réuni directement

à une pile de deux éléments Leclanché et à un galvanomètre Thomson de 6000 ohms de résistance. La déviation produite fut de 300 divisions de l'échelle; mais,
après avoir intercepté la lumière sur la boîte, on ra-
mena à zéro cette déviation, au moyen de l'aimant direc-
teur, et quand on découvrit la boîte, on obtint une déviation de 100 divisions dans le même sens que la première.
La boîte était placée devant une fenêtre un peu de côté,
et le soleil éclairait la maison par derrière. En recouvrant alors le sélénium de laque noire et après l'avoir
laissé sécher pendant deux heures, on reprit les expériences et on obtint cette fois une déviation de 220 divisions, c'est-à-dire de plus du double de la première fois.
L'effet de la chaleur s'est trouvé le même que celui de
la lumière, et M. Tomlinson croit que ces effets doivent
se retrouver avec toutes espèces de vernis renfermant du
noir de fumée. »

APPLICATIONS DE LA RADIOPHONIE

L'une des principales applications des effets radiophoniques que nous venons d'étudier est celle que
M. Mercadier vient d'en faire à la télégraphie pour des
transmissions multiples et simultanées. Il a donné à ce
système le nom de *Téléradiophone électrique multiple
autoréversible*, et nous en reproduisons ci-dessous la
description qu'il en a donnée dans le journal *la Lumière
électrique* du 5 octobre 1881.

« J'appelle *téléradiophone multiple* un système de télégraphie électrique, où les signaux sont produits par des
effets radiophoniques. En outre, le système permet de
transmettre sur un conducteur quelconque plusieurs signaux *simultanés*, à volonté dans un sens ou en sens inverse, d'où la qualification abréviative de multiple autoréversible. Le mot *autoréversible* indique d'ailleurs que la

réversibilité est automatique; elle ne nécessite pas d'appareils accessoires, tels que lignes artificielles, relais différentiels, etc.

« Le système est fondé :

« 1° Sur la loi de la coexistence des petits mouvements de Bernouilli, applicable aux petites ondulations électriques qu'on peut produire sur un conducteur tel qu'une ligne télégraphique aérienne, souterraine, ou sous-marine.

« 2° Sur l'emploi d'un courant électrique *continu* toujours de *même sens*, constitué, par suite, *en régime permanent*, ou bien d'un état électrostatique permanent d'un circuit, obtenu soit à l'aide d'une pile, soit à l'aide d'une machine quelconque. Si, en des points de ce circuit ouvert ou fermé sur lui-même, ou par l'intermédiaire de la terre, l'on produit de simples *variations d'intensité* rapides et périodiques, ou, comme on le dit, *ondulatoires*, ces ondulations se propagent en se croisant le long du circuit sans altération sensible : on peut les recevoir *simultanément* et indépendamment, *sans confusion*, dans des postes extrêmes et intermédiaires, à l'aide d'appareils récepteurs appropriés, tels que des téléphones, des condensateurs, ou des appareils électro-magnétiques vibrants.

« 3° Sur l'emploi de récepteurs radiophoniques intercalés dans le circuit, sur lesquels tombent des radiations quelconques, thermiques, lumineuses ou actiniques provenant d'une ou de plusieurs sources.

« Ces radiations sont rendues périodiques d'une manière quelconque, soit par leur passage à travers des ouvertures pratiquées sur une roue tournante, soit par des électro-diapasons, soit par leur réflexion sur un miroir dont la surface vibre sous l'action de la voix, soit par des extinctions périodiques dues à la polarisation ou à tout autre moyen. Cette action produit ainsi les variations ondulatoires d'intensité dans le circuit dont il vient d'être question, et il en résulte la reproduction à distance de sons musicaux, d'accords, du chant ou de la parole articulée. On peut admettre que ces variations résultent de variations correspondantes de la résistance électrique du récepteur radiophonique.

« 4° Sur l'emploi de *manipulateurs* permettant, dans le cas où la voix elle-même n'est pas reproduite, de produire des signaux avec des sons ou des accords, suivant un alphabet conventionnel quelconque. Ces appareils peuvent beaucoup varier : ils peuvent produire ou éteindre un son unique, suivant un rythme déterminé, conformément à l'alphabet Morse, par exemple, ou bien produire des sons de différentes hauteurs combinés d'après une certaine loi pour former un code de signaux, etc....

« Ces principes, dont l'application simultanée constitue la nouveauté du système, peuvent être mis en œuvre de bien des manières, mais ces formes diverses ne différeront que par des détails d'installation d'importance secondaire. Nous allons, pour préciser, donner un exemple particulier d'une installation de ce genre.

« La figure 77 représente 2 stations extrêmes A et A′ séparées par une longue ligne télégraphique quelconque F, et dans lesquelles sont figurés seulement deux appareils de transmission et de réception susceptibles de fonctionner *dans n'importe quel sens et tout à fait indépendamment les uns des autres.*

« On n'en a représenté que deux pour simplifier le dessin ; mais il est facile de voir qu'on en pourrait disposer un nombre plus considérable. On suppose qu'on veut produire des signaux Morse ordinaires, en employant un courant continu pour fixer les idées.

« Le courant continu provenant de la pile P traverse successivement, dans la station A, des récepteurs radiophoniques et des téléphones R_1, T_1, R_2, T_2....... puis la ligne F ; puis, dans la station A′, les radiophones et les téléphones R'_1, T'_1, R'_2, T'_2....... correspondant à ceux de A.

« En face de chaque récepteur tel que R_1, se trouvent les ouvertures d'une roue I_1 en verre ou en mica, ou en toute autre substance, tournant continuellement et aussi régu-

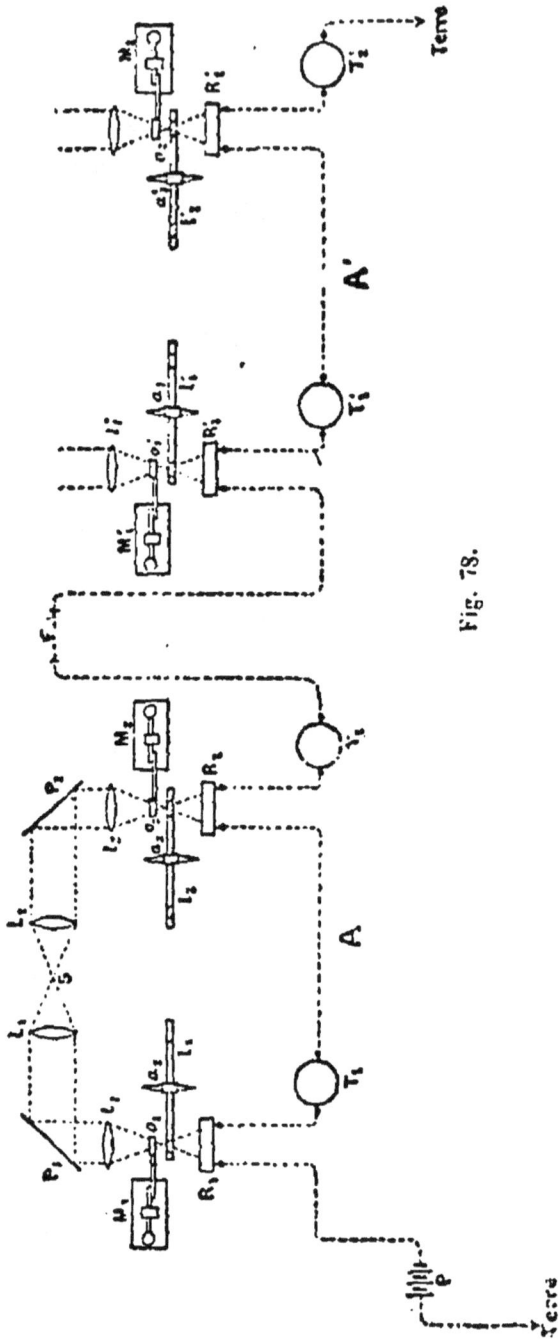

Fig. 78.

lièrement que possible autour d'un axe a_1, sous l'action

d'un moteur quelconque. Un diaphragme o_1 de la grandeur des ouvertures, fixé à une tige rigide, formant le prolongement du levier d'un manipulateur Morse M_1, et qui à l'état de repos ferme les ouvertures, empêche le passage des radiations émises par une source quelconque S.

« On voit qu'il suffit d'abaisser le levier de M_1 pour que les radiations traversant la roue et agissant sur le radiophone R_1 produisent des variations correspondantes dans la résistance de ce récepteur et, par suite, dans l'intensité du courant continu qui le traverse : d'où la production dans tous les téléphones T_1, T_2... T'_1, T'_2... échelonnés le long du circuit, d'un son *musical* dont le nombre de vibrations par seconde est égal au nombre des ouvertures de la roue I_1 qui passent en une seconde en face du récepteur.

« Supposons que ce soit un *Ut*, pour fixer les idées.

« En abaissant et relevant M_1 suivant le rythme des signaux Morse, on entend dans les téléphones le son *Ut*, pendant un temps plus ou moins long, et l'on a reproduit ainsi *acoustiquement* les signaux Morse, *à une hauteur déterminée.*

« Rien n'est plus facile que de recueillir et de traduire rapidement une pareille transmission.

« L'expérience prouve, d'ailleurs, qu'on peut opérer la manipulation au moins avec la même vitesse que dans le cas de la télégraphie électrique ordinaire.

« Pendant qu'un opérateur manipule et envoie des signaux en M_1, un autre peut en recevoir, en mettant l'oreille au téléphone T_1, ainsi qu'on va le voir.

« Le second appareil de la section A est constitué de la même manière avec des organes de transmission et de réception identiques. La seule différence est que la roue I_2 produit un son différent; ce qu'on obtient : soit en la rendant complètement solidaire de I_1, en la faisant tourner avec la même vitesse, et lui donnant un nombre d'ouvertures diffèrent; soit en lui donnant le même nombre d'ouvertures et la faisant tourner avec une vitesse différente, ce qui peut s'obtenir de plusieurs manières, même en employant un seul moteur pour toutes les roues, par exemple à l'aide de cordons et de poulies de diamètres différents fixées aux axes $a_1 \, a_2 \ldots$

« Supposons que I_2 produise le son *Mi*.

« On voit que si l'on fait mouvoir indépendamment l'un de l'autre les deux manipulateurs M_1 et M_2, on pourra entendre simultanément, mais *sans confusion*, dans tous les téléphones, des signaux Morse effectués les uns à la hauteur de l'*Ut*, les autres à la hauteur du *Mi* : il ne sera pas possible de les confondre.

« Les deux appareils représentés dans la station A′ sont établis de la même façon; seulement les choses sont disposées de manière que les roues I'_1, $I'_2 \ldots$ produisent des sons différents, par exemple *Sol, Si* ....

« Enfin on fait correspondre ensemble les appareils affectés des mêmes indices 1, 2.... Cela étant, supposons le cas le plus complexe où les quatre appareils fonctionnent à la fois indépendamment les uns des autres. Il n'y aura aucune confusion des 4 systèmes de signaux qui seront simultanément reçus dans tous les téléphones. Chacune des personnes qui les entendront devra seulement écouter : celle qui est au téléphone T_1, les signaux faits à la hauteur du *Sol* et provenant de M'_1; celle qui est en T_2 les signaux à la hauteur du *Si* et provenant de M'_2; celle qui est en T'_1 les signaux à la hauteur de l'*Ut* et provenant de M_1; celle qui est en T'_2 les signaux à la hauteur du *Mi* et provenant de M_2, etc.

« L'expérience prouve qu'au bout de peu de temps il est facile de suivre ainsi une transmission de cette nature, abstraction faite des autres. Mais, en tout cas, on peut, soit faire des téléphones ne reproduisant bien qu'un son de hauteur déterminée, soit adapter à des téléphones ordinaires des résonnateurs ne renforçant qu'un seul des sons transmis, soit faire entendre à l'une des oreilles de l'observateur, très faiblement, mais d'une manière continue, le son sur lequel il doit porter son attention pendant qu'il écoute les signaux avec l'autre oreille : nous indiquerons, plus tard, des moyens très simples d'obtenir ce résultat.

« Le dessin représente, en A, une source radiante S, éclairant deux roues par l'emploi des lentilles L_1, L_2, l_1, l_2, et des miroirs plans P_1 et P_2; mais on peut, soit adapter une source à chaque roue, soit faire servir la source à 3, 4.... roues, en les disposant convenablement.

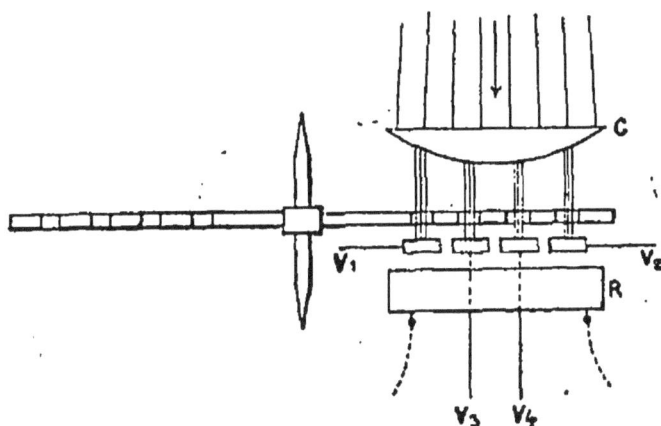

Fig. 79.

« On peut encore employer une source et un récepteur uniques pour 3 ou 4 transmissions. Il suffit (fig. 79) de prendre une roue percée de 3 ou 4 séries d'ouvertures de nombre variable, de placer en face un récepteur R assez long, de concentrer le faisceau sur les ouvertures avec une lentille cylindrique C et de faire arriver les diaphragmes des manipulateurs en face de chaque série à l'aide de leviers articulés V_1, V_2, V_3, V_4, si c'est nécessaire. Comme il suffit d'éclairer *un point* d'un récepteur radiophonique pour qu'il produise son effet, ce récepteur pourra recevoir simultanément les 4 faisceaux lumineux et produire dans le circuit, simultanément ou séparément, les 4 effets distincts sans confusion : il est clair, d'ailleurs, qu'on n'est pas forcé de se limiter à quatre.

« La figure 80 représente un fragment d'une branche D d'électro-diapason susceptible de remplacer l'une des roues l_1, I_2. L'instrument entretenu électriquement d'une manière continue vibre dans le sens de la flèche : un appendice P percé d'une ouverture laisse alors passer ou intercepte périodiquement le faisceau lumineux dirigé sur le récepteur R, en produisant un son de même hauteur que celui du diapason, qui sert alors comme de repère à l'opérateur, lequel doit écouter dans le téléphone le *même son* intermittent qui constitue les signaux.

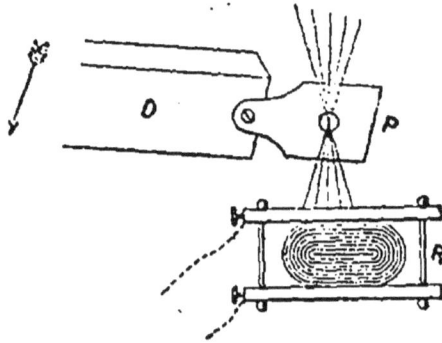

Fig. 80.

« La figure 80 représente sommairement l'un des récepteurs à sélénium précédemment décrits.

« La source à employer est une source quelconque suffisamment intense : on peut se servir de lumière électrique ou oxyhydrique, de lampes à pétrole alimentées ou non avec de l'oxygène, d'un bec de gaz, etc.

« La figure 81 représente le dispositif qu'on pourrait adopter pour avoir huit transmissions, les roues des postes A et A′ ayant huit ouvertures et huit réceptions dans les huit téléphones indiqués sur la figure.

« On a représenté, de plus, deux postes intermédiaires I et I′, pouvant recevoir et transmettre des deux côtés; leurs correspondants sont représentés en B et B′ : il va

sans dire que les sons produits par les roues en 1, 1', B, B'.
doivent être différents de ceux qui sont émis par les
roues A et A'.

« Les résultats pratiques de ce système sont faciles à
évaluer. Supposons, ainsi que l'indique la figure 78, qu'il
s'agisse de transmettre des signaux Morse. Il suffira,
pour avoir le rendement, de multiplier celui d'un télégraphe Morse ordinaire par le nombre des appareils
employés dans les deux stations, et dont le nombre peut

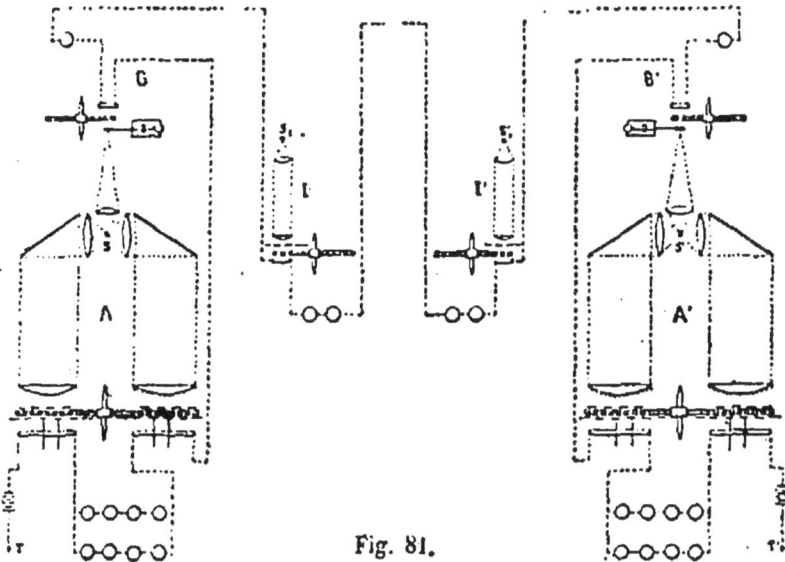

Fig. 81.

être considérable. En le réduisant à 10, ce qui n'est pas
exagéré, et en admettant un rendement de 20 dépêches
de 50 mots à l'heure pour chaque appareil, on obtient
un rendement total de 200 dépêches ou d'environ
6000 mots par heure, 100 mots par minute, plus d'un
mot par seconde, transmis, il faut bien le remarquer,
dans n'importe quel sens.

« Ce rendement n'est pas susceptible d'être diminué par
les causes perturbatrices qui retardent ordinairement
les transmissions télégraphiques, à savoir les effets d'induction, de charge et de décharge.

« En effet, sur le fil desservi par le téléradiophone, les effets ordinaires des extra-courants sont infiniment petits, parce que le courant continu peut être très faible, et que des variations d'intensité très faibles de ce courant produisent les signaux.

« Les effets de charge et de décharge sont amoindris par les mêmes raisons.

« Quant aux effets d'induction, provenant des fils voisins, si ces derniers sont desservis radiophoniquement, ces effets sont nécessairement infiniment petits à la distance où l'on place ordinairement les fils. Si les fils sont desservis par des appareils actuellement employés, il en résulte, il est vrai, dans les téléphones, le bruissement particulier bien connu dans la pratique téléphonique; mais ce *bruit* est si différent des *sons musicaux* très purs et très clairs qui se produisent. dans les transmissions radiophoniques, qu'il n'empêche en rien ces transmissions.

« Le seul cas où ces bruits sont très gênants est celui où l'on prend la terre d'un grand bureau télégraphique, comme le poste central de Paris, par exemple; mais il est toujours facile, au besoin, d'aller à l'aide d'un fil auxiliaire prendre la terre autre part.

« Outre ces avantages, il est à remarquer que le système décrit s'applique parfaitement aux lignes de grande longueur; car on peut se servir, par exemple, de récepteurs radiophoniques à sélénium de grande résistance (de 50 à 100 mille unités) qui fonctionnent très bien avec un très petit nombre. d'éléments de pile (de 2 à 10 éléments Leclanché, par exemple).

« Dès lors la résistance des lignes de la plus grande longueur usitée est très petite, ainsi que celle des téléphones, par rapport à celle du récepteur ou des récepteurs (qu'on peut d'ailleurs disposer en série ou en surface).

« De plus, il est évident que rien ne s'oppose dans ce

système à l'emploi de tous les moyens abréviatifs ou automatiques, permettant de transmettre rapidement des signaux rythmés, tels que bandes perforées ou autres moyens de ce genre, et à l'emploi de procédés permettant d'enregistrer les signaux à la réception.

« Ce mode de transmission est d'ailleurs applicable sur des lignes souterraines et sur les câbles télégraphiques sous-marins, tant à cause de la *continuité* du courant qui charge une fois pour toutes le conducteur, que de la faible intensité des ondes électriques qui produisent les transmissions. Il faut remarquer à ce sujet que ces ondes proviennent d'effets *périodiques réguliers* produisant des sons *musicaux très purs;* elles doivent avoir nécessairement, par suite, une *forme* simple et régulière telle par exemple, qu'une forme *sinusoïdale*, et il ne paraît pas douteux que des ondes électriques de cette nature ne se propagent beaucoup plus aisément, dans un câble télégraphique, que les ondes de forme très complexe résultant des modes de production des signaux intermittents ordinaires ou même des signaux téléphoniques.

« Il va sans dire que toutes les considérations précédentes où l'on a supposé l'emploi d'un courant continu, s'appliquent intégralement aux cas où le conducteur serait maintenu dans un état électrostatique permanent sans communication directe avec la terre, et renfermerait ou non des condensateurs dans son circuit.

« Le système qui vient d'être décrit a été déjà soumis à des essais qui ont donné de bons résultats. »

LE TÉLÉPHOTE

Il y a déjà trois ou quatre ans (en 1878), les journaux avaient annoncé une découverte qui, au premier abord, pouvait paraître invraisemblable, mais qui, ayant eu quelque retentissement, a attiré l'attention des savants et a donné lieu à quelques recherches intéressantes que nous croyons devoir résumer dans ce chapitre, bien qu'à vrai dire aucun résultat sérieux n'ait été encore obtenu. Il s'agissait *de voir par le télégraphe*, comme le disaient les journaux Américains. Ainsi on aurait pu, suivant eux, non seulement converser d'Amérique en Europe au moyen du téléphone, mais encore voir la figure, les traits et les mouvements de la personne à laquelle on aurait parlé; en un mot, on aurait pu se voir et s'entendre à distance comme si l'on tenait son interlocuteur au bout d'une lunette d'approche d'un grossissement énorme. On peut comprendre que, présentée de cette manière, la découverte ne pouvait rencontrer que des incrédules; mais au fond, la question pouvait présenter quelque intérêt, et plusieurs savants distingués s'en sont sérieusement occupés. On cherche en ce moment à réaliser ce problème que quelques expériences ont montré ne devoir pas être aussi insoluble qu'on pourrait le penser à première vue. Il est certain que les découvertes du téléphone et du phonographe, auxquelles on se refusait de croire dans l'ori-

gine, ont désarçonné un peu les sceptiques, et je crois
qu'en ce moment, il serait imprudent d'être trop affirma-
tif dans le sens de la négation sur les découvertes un peu
extraordinaires. Nous allons voir du reste que la reproduction des images à distance n'a rien en elle-même
de surprenant, car on sait depuis longtemps que des
dessins, des photographies mêmes peuvent être transmises télégraphiquement à toutes distances. Les télégraphes
autographiques sont là pour le démontrer, et l'on peut
bien admettre que, si au lieu d'un dessin tracé à l'encre
ou photographiquement à la station de transmission, on
projette une image lumineuse de chambre noire sur une
plaque de sélénium adaptée dans des conditions convenables sur l'appareil transmetteur, il puisse devenir possible, par un mécanisme analogue à celui des appareils
autographiques, d'effectuer une série de fermetures de
courant d'intensités proportionnelles aux différentes teintes
de l'image projetée, et capables de fournir à l'autre station des traces colorées exactement en rapport avec ces
courants différemment intenses. Dès lors ces courants deviennent capables d'imprimer l'image. Rien donc d'inad-
missible dans cette solution, puisqu'il n'y aurait alors, par
le fait, qu'une substitution d'une image lumineuse à une
image dessinée au poste transmetteur. Mais il est évident
que, dans ces conditions, on ne peut pas dire que l'on *voie
par le télégraphe*; on ne voit tout au plus qu'un fac si-
mile grossier, et encore, à la condition que l'image reste
immobile pendant un certain temps. Donc les mouvements de cette image ne pourraient être perçus. Nous
reviendrons du reste plus loin sur ce point de la question, mais il est évident que, posé de cette manière, le
problème n'est pas résolu dans le sens indiqué par les
journaux. Il le serait davantage si l'on parvenait à déterminer une action physique, dans laquelle les effets électriques pourraient se substituer à la lumière et récipro-
quement. Évidemment, rien ne nous autorise à admettre

aujourd'hui cette substitution, mais peut-on dire qu'on n'y arrivera pas?... Ce serait peut-être un peu hardi. Il existe, en effet, quelques expériences qui montrent que des images très nettes peuvent être obtenues sans intervention de la lumière. Sans parler des images de Moser, il nous suffira de rappeler qu'avec l'effluve électrique entre deux lames de verre que j'ai découverte en 1854, on peut parvenir à impressionner assez l'une des lames de verre pour qu'un dessin tracé sur une feuille de papier interposée entre les deux lames de verre s'y trouve imprimé moléculairement. Quand on disjoint les deux lames, on ne le voit pas encore, mais il suffit de souffler sur la lame de verre ou de l'exposer à la vapeur d'acide fluorhydrique pour qu'il apparaisse à la vue. Qu'on admette une action de ce genre effectuée par l'intermédiaire d'un fil électrique interposé entre l'image et une plaque sensible à ces actions électro-moléculaires, et l'on aura à la station de réception la reproduction Électrographique de l'image projetée à la station de transmission. Sans doute, nous sommes encore loin de pouvoir transmettre simultanément par un fil toutes ces influences moléculaires émanées des différents points d'une surface occupée par une image, mais quand on pense que l'on est parvenu à transmettre électriquement et simultanément des vibrations sonores de différentes natures à travers un même fil, sans qu'elles se confondent, on peut croire que le problème posé précédemment ne peut être déclaré de prime abord insoluble. Quoi qu'il en soit, la question, même au point où elle en est actuellement, est curieuse à étudier, et nous allons indiquer les différentes recherches qui ont été entreprises à ce sujet.

La première idée de cette application a été revendiquée par MM. Senlecq, notaire à Ardres (Pas-de-Calais) et par M. de Païva, professeur de physique à l'école polytechnique d'Oporto. Ce dernier prétend que, dans un long article inséré dans l'*Instituto* de Coïmbre du 20 février 1878 et reproduit dans le *Commercio Portuguez* de Porto du 27 avril 1878, il aurait non seulement indiqué la possibilité de reproduire les images par le télégraphe, mais encore les moyens d'obtenir cette reproduction à l'aide du sélénium. Il a publié du reste, en 1880, sous le titre de *La Télescopie électrique*, une brochure intéressante dans laquelle il fait l'historique de cette découverte et analyse les différents travaux entrepris jusque-là sur ce sujet. M. Senlecq, de son côté, assure qu'il a eu l'idée de cette application dès le commencement de 1877 et qu'elle lui a été suggérée par la lecture des articles Américains concernant l'invention du téléphone Bell et les recherches de M. Siemens sur le sélénium. Malheureusement pour lui, ses idées à cet égard, qu'il avait communiquées à plusieurs personnes de son pays, n'avaient pas été publiées à cette époque, et ce n'est que vers le mois de novembre 1878 qu'il se décida à envoyer au journal *l'Électricité* une note sur ce sujet qui ne fut insérée que le 16 janvier 1878, dans *les Mondes*, sous le titre de *Télectroscope*. Cette note fut ensuite analysée ou reproduite par divers journaux Français ou étrangers, et en 1881, l'auteur publia une brochure intéressante sur le *télectroscope* dans laquelle, imitant en cela M. de Païva, il faisait l'historique de cette invention. Les idées émises dans ces deux brochures sont à peu près les mêmes, et si les résultats obtenus avaient été assez importants pour nous permettre de nous étendre sur le sujet, il aurait été intéressant de rapporter textuellement ces premiers travaux; mais comme on n'en est encore qu'à de simples expériences qui pourront peut-être n'aboutir à rien d'important, nous croyons devoir abréger cette partie historique, et nous nous contenterons de dire que plusieurs savants distingués et inventeurs se sont occupés de cette question. Parmi eux, nous citerons : M. Carlo Mario Pérosino, professeur de physique au Lycée de Mondovï qui, sous le nom de *Téléphotographe*, a publié dans les *Atti della academia delle scienze di Torino*, de mars 1879, un long mémoire sur ce système de transmission des images; puis MM. Ayrton et Perry, G. R. Carey, Sargent, Mac-Tighe, Sawyer, Brown, Sehlford-Bidwell, Hicks, etc., dont nous allons maintenant résumer les travaux.

Le premier système de M. Senlecq était basé sur une action analogue à celle qui est produite dans les systèmes télégraphiques autographiques, et que nous avons analysée précédemment, seulement l'organe sensible à la lumière, le sélénium, constituait lui-même le style traceur du transmetteur, et c'était un crayon adapté à une armature d'électro-aimant qui, en appuyant plus ou moins fort, suivant l'intensité du courant transmis, reproduisait au poste de réception par des ombres plus ou moins fortes, les différentes parties de l'image, successivement frottées par le crayon de sélénium sur l'appareil transmetteur. Il indiquait également le système d'action chimique appliqué dans les télégraphes autographiques. Depuis, M. Senlecq a étudié davantage ce système et a proposé deux solutions, dont l'une a été publiée dans le *Scientific American* et l'*Électrician* de Londres.

Dans l'article de M. de Païva publié le 20 février 1878, aucun dispositif d'appareils n'est indiqué, de sorte qu'il est impossible, d'après cet article, de savoir comment il comptait résoudre le problème; il signale seulement le sélénium comme organe sensible, et quant au système, voici tout ce qu'il en dit :

« Aussitôt que les considérations sur la téléphonie ont ouvert la voie dans notre esprit, nous avons senti tout de suite qu'une nouvelle découverte scientifique était sur le point d'éclore; ce serait l'application de l'électricité à la télescopie ou à la création *de la télescopie électrique*. La réalisation ne nous en semblerait pas impossible. Une chambre noire placée au point observé représenterait la chambre oculaire. Sur une plaque située au fond de cette chambre irait se peindre l'image

des objets extérieurs avec leurs couleurs respectives et les accidents particuliers de leur illumination, affectant ainsi les
différentes régions de la plaque. Il ne faut donc plus que
découvrir le moyen d'opérer la transformation (qu'on ne saurait considérer comme impossible), de cette énergie absorbée
par la plaque en des courants électriques qui ensuite recom-
poseraient l'image . . . .

    . . . .

« Nous nous trouvâmes conduit à songer au moyen pratique
de résoudre ce problème, et nous étions parvenu à combiner
des expériences sous ce rapport, quand il nous est tombé
entre les mains une publication récente (*l'Année scientifique
de M. Figuier* (1877) où nous avons eu le plaisir de trouver
pour la première fois quelque chose concernant l'instrument
que nous avions dénommé : *Télescope électrique*, et qui y était
désigné sous le nom de *Télectroscope*. Alors nous avons reconnu
que ce dont ne disaient rien les articles que nous avions jusque
là consultés, et qui étaient écrits par des physiciens d'ailleurs
très distingués, n'avait pourtant pas échappé au professeur
G. Bell, à qui l'humanité sera redevable encore de cette mer-
veille.

« Le télectroscope, lit-on dans le livre auquel nous faisons
allusion, est un appareil fondé comme le téléphone sur la transmission électrique. Il se compose de deux chambres placées
l'une au point de départ, l'autre au point d'arrivée. Ces chambres
sont reliées entre elles par des fils métalliques convenablement combinés. La paroi antérieure et interne de la chambre
de départ est hérissée de fils imperceptibles dont l'extrémité
apparente forme par leur réunion une surface plane. Si l'on
place devant cette surface un objet quelconque, et si les vibrations lumineuses répondant aux détails des formes et des couleurs de cet objet sont saisies par chacun des fils conducteurs
et transmises à un courant électrique, elles se reproduisent
identiquement à l'extrémité de ces fils. Les journaux de Boston affirment que les expériences faites dans cette ville ont
parfaitement réussi : mais il faut attendre des descriptions
exactes de l'appareil pour croire à cette annonce. . . . .

    . . . .

« Les expériences que nous avions voulu réaliser, continue
M. de Païva, et que nous chercherons encore à poursuivre

usqu'au bout, consistaient à employer comme plaque sensible de la chambre noire du télectroscope, du sélénium . . . . . . »

M. Senlecq s'est étonné que M. Bell eût employé le nom de *télectroscope* pour désigner un appareil qu'il avait ainsi nommé et qui, d'après la description précédente, devait ressembler beaucoup à celui qu'il avait imaginé, mais, comme on le voit, rien dans ces exposés n'indique le dispositif combiné par M. de Païva ni par l'inventeur de Boston, et jusqu'à preuve contraire, c'est encore M. Senlecq qui a le premier posé le problème d'une manière nette et précise.

Quoi qu'il en soit, les journaux Américains, Anglais et Espagnols, à partir de 1879, ont parlé souvent des tentatives faites dans le but de transmettre électriquement les images, et dans son numéro du 5 juin 1880, le *Scientific American* décrit de cette manière les expériences de M. Carey :

« L'art de transmettre les images au moyen d'un courant électrique est aujourd'hui arrivé au degré où se trouvait en 1876 le téléphone parlant: reste à savoir s'il se développera aussi rapidement et avec le même succès. Ce que le professeur Bell a dit devant l'Institut de Franklin de la découverte sur le moyen *de voir par le télégraphe* nous remet en mémoire une invention faite dans le même but et qui nous avait été soumise, il y a quelques mois, par M. G. R. Carey, surveillant du City-Hall à Boston.

« Dans ce système on projette l'image dans une chambre noire de photographe, et la plaque sur laquelle cette image se dessine est constituée par un disque de sélénium, substance qui, comme on le sait, varie de conductibilité sous l'influence de la lumière. Toutefois ce disque n'est pas homogène : il est constitué par une pièce isolante percée d'une infinité de petits trous, et c'est dans ces trous que se trouve introduit le sélénium ainsi que des fils métalliques qui, de cette manière, peuvent établir une relation électrique entre les différents points du disque et les points homologues d'un autre disque du même genre qui pourra constituer l'appareil récepteur.

« Ce dernier disque se trouve à cet effet recouvert d'une feuille de papier entraînée par un mouvement d'horlogerie et préparée de manière à être influencée par le courant. Le cyanoferrure de potassium, l'iodure de potassium, etc., peuvent produire, comme on le sait, cet effet. Or on comprend facilement qu'au milieu de toutes les impressions qui se trouveront ainsi effectuées sous l'influence du passage du courant traversant successivement les différents fils, les teintes seront en rapport avec l'intensité électrique qui agira, et comme cette intensité elle-même dépend de l'intensité lumineuse qui a impressionné les différents points occupés par le sélénium, on pourra avoir de cette manière une reproduction quadrillée de l'image projetée qui la représentera comme une tapisserie à points carrés.

« L'inventeur avait eu surtout en vue la reproduction des dépêches secrètes écrites, et dans cet ordre d'idées il avait combiné plusieurs dispositifs de récepteurs dont l'un permettait d'obtenir des lettres lumineuses. »

Nous croyons que le journal Américain a fait confusion relativement à M. Bell, et que M. Figuier, de son côté, a fait confusion en attribuant à M. Bell ce qui appartenait à M. Carey. En définitive, le fameux pli cacheté de M. Bell, dont il est question dans ces articles, ne renfermait que la description du *photophone* dont nous avons parlé précédemment, et pour lequel il voulait continuer des études sérieuses sans perdre ses droits de priorité.

Le système de M. Sawyer est publié dans le *Scientific American* du 12 juin 1880 de la manière suivante :

« Au commencement de l'année 1877, dit M. Sawyer, le principe de la vision à distance par le télégraphe et même les appareils nécessaires pour atteindre ce but avec un seul fil télégraphique, furent expliqués n° 21 Cortland street, dans la cité, chez M. James G. Smith esq., qui a été le surintendant de *l'Atlantic and Pacific Company*. On en donna également connaissance à MM. Shaw et Baldwin, constructeurs. Les nouvelles de ces découvertes, qui nous arrivent de trois côtés différents, montrent une fois de plus qu'à certains moments une même idée peut naître simultanément dans l'esprit de plusieurs personnes, sans qu'elles se soient inspirées l'une de l'autre. Toutefois nous croyons qu'aucune de ces idées n'a pu encore être résolue pratiquement, car des difficultés se présentent pour la réalisation de ce problème.

« 1º L'action de la lumière sur le sélénium ne modifie sa conductibilité que lentement, mais il est possible qu'on puisse remédier à cette difficulté[1].

« 2º Pour transmettre avec exactitude une image même assez petite pour être projetée sur une surface d'un pouce carré (je parle de l'appareil de M. Carey), il faudrait que cette surface fût fractionnée en 10 000 parties isolées les unes des autres et renfermant du sélénium, et il faudrait dans ce système autant de fils isolés pour réunir le transmetteur au récepteur.

« 3º Les appareils les plus délicats n'indiqueraient aucun changement de résistance par la projection de la lumière sur un simple point occupé par du sélénium.

« 4º Il faudrait agir aux deux stations avec des appareils à mouvements synchroniques, et aucun système de synchronisation ne pourrait être assez parfait pour obtenir un résultat satisfaisant[2].

« Voici le moyen que je proposerai pour résoudre le problème; il est basé sur les mouvements synchroniques des deux appareils en correspondance.

« Dans ce système le transmetteur serait constitué par une spirale plate de fil fin de sélénium, placée dans une chambre obscure d'environ 3 pouces de diamètre, et sur laquelle l'image lumineuse serait successivement projetée par l'intermédiaire d'un tube de petit diamètre qui serait animé d'un mouvement de rotation rapide en spirale, de la périphérie au centre de la spirale de sélénium. Dans ces conditions, la lumière émanée de l'image, soit directement, soit par réflexion, impressionnerait le sélénium aux différents points de la spirale, dans une proportion qui serait en rapport avec le degré

---

[1] La découverte du photophone a démontré que cette objection n'est pas sérieuse.

[2] Dans le système de M. Carey il n'est pas besoin de mouvements synchroniques puisque le disque de sélénium peut être maintenu au repos.

d'intensité des différents points lumineux de l'image, et cela sur toute la surface successivement couverte par les projections lumineuses traversant le tube mobile. La vitesse du mouvement de ce tube devrait être naturellement telle, que toutes les impressions lumineuses, successivement laissées sur la spirale, pussent se succéder assez rapidement pour persister sur la rétine pendant tout le parcours du tube de la péphérie au centre de la spirale.

« Le récepteur serait composé comme le transmetteur d'un tube noirci de 3 pouces de diamètre à l'intérieur duquel pourrait se mouvoir, de la même manière et avec une vitesse semblable à celle du tube de projection du premier appareil, un index noirci muni de deux pointes fines de platine, placées très près l'une de l'autre et mises en communication avec le fil secondaire d'une bobine d'induction dont le fil primaire serait traversé par le courant conduit par le fil de ligne. Les deux organes mobiles dans le transmetteur et le récepteur ayant une grande vitesse et des mouvements parfaitement synchrones, s'effectuant de la périphérie au centre de l'appareil, on peut concevoir que les impressions lumineuses déterminées par les étincelles de l'index du récepteur pourront affecter l'œil successivement; et étant en rapport avec les intensités lumineuses qui impressionneraient la spirale au transmetteur, elles pourraient fournir par leur superposition sur la rétine l'image qui a été projetée sur le transmetteur.

« Mais ce qui est difficile à obtenir dans ce système, comme sans doute dans les autres, c'est de rendre le sélénium suffisamment sensible pour produire des différences de résistance instantanées et suffisantes, et aussi de réaliser des mouvements parfaitement synchroniques. »

En relevant dans le *Scientific American* les descriptions qui précèdent, je faisais suivre l'article que j'ai publié à ce sujet, dans *la Lumière électrique* du 1er juillet 1880, des réflexions suivantes :

« Il n'est du reste pas nécessaire d'employer le sélénium pour obtenir des effets du genre de ceux dont nous venons de parler. En disposant une plaque isolante munie en deux points différents de sa surface d'une infinité de fils de platine disposés comme dans le système de M. Carey, et en recouvrant cette plaque d'une préparation photographique daguerrienne sur laquelle on projetterait l'image, il pourrait se produire aux différents points de la plaque une infinité de courants locaux dont l'intensité serait proportionnelle à celle de la lumière, comme l'a démontré M. Becquerel, et qui pourraient être transmis au récepteur par les fils de platine de la plaque et les fils de ligne en rapport avec lui. »

Le système de M. Carlo Mario Perosino ne diffère que très peu des systèmes précédents : c'est toujours l'idée de MM. Senlecq et de Païva, c'est-à-dire la reproduction, par le système des appareils autographiques, d'une image projetée sur une lame de sélénium. Tous ces systèmes ne diffèrent du reste guère entre eux que par l'organe traçant du transmetteur. Dans le système de M. Senlecq, c'est un crayon de sélénium qui, en se promenant à travers le champ lumineux de l'image projetée, subit des variations de conductibilité en rapport avec l'intensité des radiations qu'il rencontre. Dans celui de M. Perosino, l'image lumineuse est projetée sur une lame de sélénium, et c'est un style métallique qui, comme dans les systèmes autographiques, vient frotter successivement sur les différents points de la surface du sélénium occupée par l'image, et qui, en complétant le circuit sur le sélénium même, modifie la résistance de ce circuit pendant le temps qu'il appuie sur la partie éclairée. C'est, en un mot, exactement le dispositif des systèmes autographiques, sauf qu'au lieu d'un dessin fixé sur le transmetteur, c'est une image lumineuse qui en tient lieu ; aussi M. Perosino n'a pas eu de peine à indiquer plusieurs solutions du problème, car il n'avait qu'à énumérer les différents dispositifs qui ont été donnés aux divers télégraphes autographiques que l'on connaît. Le mémoire du savant Italien n'en est pas moins intéressant à lire, bien qu'il eût pu le raccourcir considérablement.

Nous arrivons maintenant aux systèmes qui ont reçu

un commencement d'exécution et qui ont donné lieu à des expériences véritablement intéressantes, je veux parler des systèmes de M. Shelford Bidwell et de MM. Ayrton et Perry.

En principe, le système de M. Shelford Bidwell ne présente rien de bien nouveau, mais on y voit la réalisation matérielle des dispositifs déjà indiqués, et cela dans des conditions suffisantes pour démontrer que nous avions raison quand, malgré les assertions de certains sceptiques, nous soutenions que le problème n'était pas insoluble. Nous n'en sommes toutefois qu'au début, et rien ne prouve encore que les délicatesses photographiques des images puissent être reproduites, mais la vérité du principe a été démontrée, et c'est déjà quelque chose.

Comme dans les systèmes proposés antérieurement, la reproduction des images est effectuée, dans le système de M. Shelford Bidwell, par des organes traçants manœuvrant comme dans les systèmes des télégraphes autographiques, et la seule différence que l'on peut faire ressortir, c'est que les interruptions du courant effectuées au poste de transmission, au lieu de résulter de traces encrées fixées sur un papier conducteur, sont déterminées par la différence de conductibilité des différents points d'une plaque de sélénium sur laquelle une image lumineuse a été projetée. Si par exemple on projette sur cette plaque l'image lumineuse d'une fente en losange, comme on le voit figures 84 et 85, les différents points de la surface de sélénium présenteront une résistance variable, et le courant qui traversera cette substance aura une intensité très différente dans les parties correspondantes à l'image lumineuse et dans celles où cette image n'existe pas; or si l'action lumineuse s'effectue successivement sur les différents points de la surface du sélénium occupés par l'image, il pourra se faire que les traces produites par la pointe traçante de l'appareil de réception

ne soient pas de même teinte dans les parties correspondantes aux points du transmetteur impressionnés par
l'image lumineuse que dans les autres parties; de sorte
que l'ensemble de ces traces, pour ainsi dire interrom-
pues sur une étendue plus ou moins longue, pourra être
une reproduction de l'image lumineuse elle-même qui
sera, dans l'exemple dont nous avons parlé, un losange.

Dans le système de M. Bidwell, dont nous représentons
la disposition dans la figure 82 ci-dessous, l'appareil transmetteur consiste dans une boîte cylindrique de cuivre II,
montée sur un pivot composé de deux parties métalliques séparées par un disque de buis, et dont l'une est

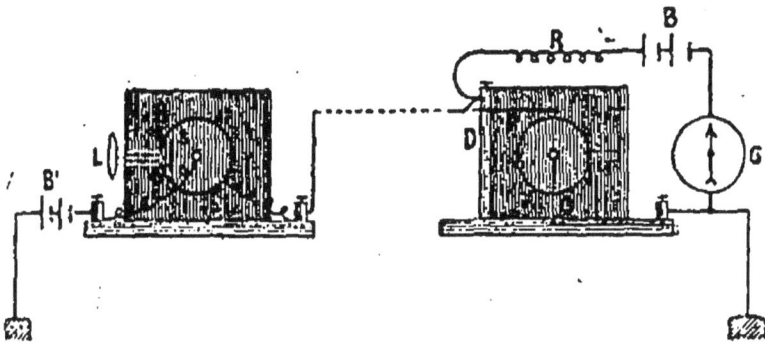

Fig. 82.

munie d'un pas de vis pour faire avancer longitudinalement le système à mesure qu'il tourne sur lui-même;
c'est la disposition du système autographique de M. d'Arlincourt. En un point de la surface cylindrique de la boite,
est percée une ouverture O d'un quart de pouce de diamètre, et derrière ce trou, en dedans du cylindre, se
trouve fixée une plaque de sélénium s enfermée dans un
cadre de cuivre portant des boutons d'attache pour établir une liaison métallique entre les deux bords opposés
de la plaque de sélénium et les deux parties de l'axe de
rotation de la boîte cylindrique (voir la figure 83). Les
supports sur lesquels tourne l'axe du cylindre, se trouvent
mis, de cette manière, en communication métallique avec

le sélénium, et par leur intermédiaire, la plaque de sélénium, malgré son mouvement rapide, se trouve mise en
relation avec le circuit correspondant au récepteur et avec
la batterie électrique destinée à agir sur celui-ci.

Le récepteur D est disposé à peu près de la même manière que le transmetteur, sauf la partie qui se rapporte
à la plaque de sélénium, et tourne synchroniquement avec
lui. Seulement sur la surface cylindrique de la boîte est
tendue une feuille de papier préparée avec de l'iodure de
potassium ou autre substance capable de fournir des
traces colorées sous l'influence du courant électrique, et
un style de platine P appuie sur elle comme dans l'appa-

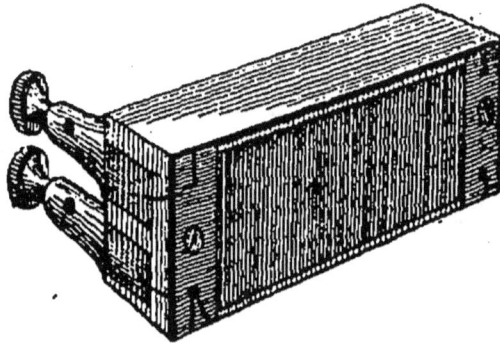

Fig. 85.

reil d'Arlincourt. Quand les deux appareils sont mis en
marche simultanément, l'ouverture du cylindre parcourt
dans l'espace le même chemin que le point correspondant de la feuille de papier électro-chimique, et si, après
avoir projeté au moyen d'une lentille L, sur le cylindre
transmetteur, une image lumineuse de grandeur convenable pour ne pas dépasser la grandeur de l'ouverture
qui y est pratiquée, on obstrue cette ouverture par un
diaphragme percé d'un petit trou, il est clair que le
cylindre en tournant présentera successivement à la plaque de sélénium les différents rayons lumineux projetés
par la lentille, et le courant traversant le sélénium pourra
de cette manière se trouver impressionné, à chaque ré-

volution du cylindre, de façon à fournir un effet chimique
très différent sur le récepteur pendant le temps que le trou
du diaphragme est traversé par les rayons projetés, c'est-
à-dire suivant l'étendue de l'image lumineuse en cet endroit, et comme dans ces révolutions successives l'appareil déplace latéralement la position du trou, il arrive
qu'après un certain nombre de tours, on a concentré sur
la plaque de sélénium les diverses parties lumineuses de
l'image, lesquelles ont provoqué successivement des
variations de courant en rapport avec elles. Or, toutes
ces variations ont été enregistrées, au moment où
elles se sont produites, sur le récepteur, et il en est résulté, au milieu d'un fond de hachures brunes déterminées par le style traceur, une figure blanche représentant
l'image lumineuse projetée.

D'après ce que nous venons de dire, on pourrait croire
que l'action de la lumière sur le sélénium serait d'en diminuer la conductibilité. Or on sait qu'au contraire, la
lumière l'augmente, au point que, dans de bonnes conditions, on peut diminuer sa résistance de 500 à 150 ohms.
Comment se fait-il que l'on obtienne des effets équivalents
à une interruption du courant?... C'est ce que nous allons
examiner. Pour ceux qui connaissent les télégraphes autographiques, l'explication est facile, car la même difficulté, mais en sens inverse, s'était présentée pour obtenir des traces colorées sur un fond blanc; mais M. Caselli
l'a détournée en employant une pile locale et en adaptant
au circuit, près du récepteur, une dérivation équilibrée avec
des bobines de résistance; M. Bidwell a employé un moyen
analogue. C'est pourquoi nous voyons dans la figure 82
un circuit local RBG, dans lequel sont intercalés une
résistance R, une pile locale B et un galvanomètre,
le tout disposé en dérivation ou en shunt. Si le courant
de la pile B est combiné par rapport à la résistance
de la ligne et à la résistance R, de manière à avoir sur le
courant de la pile B', à travers le récepteur, une supé-

riorité d'intensité suffisante pour fournir les traces colorées du papier chimique, il est facile de comprendre qu'une
diminution de résistance du transmetteur rendra l'action
de la pile B′ plus forte au récepteur et suffisante, dans des
conditions de circuit convenables, pour neutraliser l'action
de la pile B et, par conséquent, interrompre les traces
sur le papier chimique.

Dans les expériences qui ont été faites, les images
n'étaient que des dessins géométriques découpés dans
des feuilles d'étain et projetés par une lanterne magique,
et, pour simplifier le mécanisme des appareils, les boîtes

 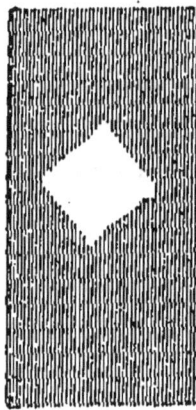

Fig. 84. Fig. 85.

cylindriques du transmetteur et du récepteur étaient
montées sur le même axe, ce qui évitait les complica-
tions des systèmes à mouvements synchroniques; mais
on comprend facilement que le problème pourrait être
résolu dans les conditions des télégraphes autographiques
ordinaires. Les figures 84 et 85 montrent l'une de ces images
projetées et sa reproduction. La figure 85 représente la
plaque de sélénium dans son encadrement.

Nous ferons remarquer qu'en somme le dispositif que
nous avons décrit précédemment réalise celui qu'avait
indiqué M. Sawyer, quand, pour obtenir par un système
mouvements synchroniques la reproduction des images,

il faisait promener un rayon lumineux, conduit par un
tube, tout autour d'une spirale de sélénium, course que
répétait le style traceur de l'appareil récepteur. Certainement, l'idée était plus compliquée puisque c'était le
rayon lumineux qui se déplaçait, mais le principe était
le même.

Toutefois, les expériences de M. Bidwell ont eu l'avantage
de montrer la possibilité des reproductions d'images lumineuses par l'intermédiaire de l'électricité. Sans doute,
nous ne pouvons nous dissimuler qu'entre la reproduction d'images lumineuses à contours arrêtés et celle des
images de la nature, il y a toute une montagne de difficultés à aplanir, mais c'est une question de temps, et
cette partie du problème pourra
être résolue aussi facilement que
celle de la reproduction des images photographiques par le télégraphe autographique, résultat
aujourd'hui obtenu par M. Lenoir.

Dans le système de MM. Ayrton
et Perry, la plaque sensible à l'action de la lumière et sur laquelle
l'image lumineuse doit être projetée, est composée de plusieurs

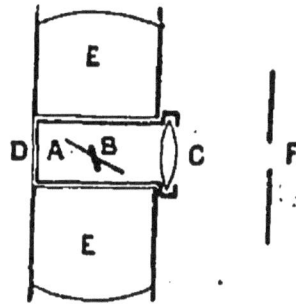

Fig. 86.

petites plaques de sélénium assemblées les unes à côté
des autres, comme les carrés d'un damier, et qui en
constituent ce que les auteurs appellent les *éléments*.
Chacun de ces petits éléments est réuni par un fil à un
appareil révélateur de l'image appelé *illuminator*, et cet
appareil est disposé comme l'indique la figure 86. F est
un écran percé d'un petit trou carré, et dont la surface
est éclairée par la lumière d'une lampe placée à droite de
la figure. Au moyen d'une lentille C, l'image du trou F
est projetée sur un autre écran placé à gauche de la
figure, mais qu'on ne voit pas. Le tube à travers lequel
passe le faisceau de rayons lumineux et qui sert de

monture à la lentille C, est enveloppé d'une hélice magnétisante EE comme un multiplicateur galvanométrique,
et cette hélice est mise en rapport avec un des fils dont
nous avons parlé et qui correspond à l'organe sensible
du transmetteur. Un courant traverse naturellement ce
circuit et l'élément de sélénium correspondant, de sorte
que les variations de l'intensité lumineuse, impression-
nant le sélénium, se manifestent sur l'appareil récepteur
par des actions magnétisantes plus ou moins énergiques.
Si l'on suppose maintenant qu'à l'intérieur du tube de
la lentille se trouve un obturateur A en aluminium noirci,
adapté à un petit barreau aimanté B, formant avec lui
un angle de 67° 1/2, et que ces deux pièces soient suspendues avec un fil de cocon d'à peu près 1/2 pouce de
longueur, on peut comprendre que, quand aucun rayon
lumineux ne tombera sur le sélénium au poste transmetteur, l'obturateur A pourra, avec une position convenable de l'appareil, être disposé de manière à former avec
le tube un angle de 45°, et, par conséquent, intercepter
en grande partie le faisceau des rayons projetés. Quand au
contraire un rayon lumineux sera projeté sur le sélénium
au poste transmetteur, l'obturateur A déviera et laissera
passer le faisceau lumineux qui ira peindre sur l'écran
récepteur l'image du trou carré F. Si le rayon lumineux
projeté sur le sélénium est moins intense, l'obturateur
déviera moins, et l'image lumineuse projetée sur l'écran
du récepteur sera plus terne; de sorte que l'image lumineuse projetée sur cet écran sera en rapport de teinte
avec l'intensité lumineuse des rayons projetés sur le sélénium ou sur l'appareil transmetteur. Or, comme cet
effet peut être produit par chaque élément de sélénium,
il arriverait que si l'on avait au poste de réception autant
de systèmes optiques qu'il y a d'éléments de sélénium, on
obtiendrait à ce poste, sur l'écran, une réunion d'images
lumineuses disposées comme une mosaïque, et dont
l'ensemble représenterait l'image projetée sur le sélé-

nium, sinon avec ses couleurs, du moins avec ses différentes ombres, comme dans un dessin de tapisserie à une
seule nuance. Naturellement, pour obtenir ces effets, il
faudrait que les déviations de l'obturateur fussent combinées de manière à ce que la quantité de lumière qu'il
laisserait passer fût proportionnelle à l'action produite
sur le courant traversant le sélénium par la lumière projetée sur cette substance. MM. Ayrton et Perry préten-
dent y être parvenus.

Tel que nous venons de le décrire, cet appareil serait
presque impossible à réaliser; mais les auteurs ont
trouvé le moyen de le simplifier beaucoup, en mettant à
contribution les effets de persistance de l'impression
lumineuse sur l'œil, persistance qui correspond à environ 1/8 de seconde.

Dans ce nouveau dispositif, l'élément de sélénium, au lieu
d'être fixe au poste de réception, est mobile et parcourt
successivement les différents points de la surface occupée
par l'image projetée, et si le système de projection lumineuse de l'appareil récepteur accomplit les mêmes mouvements, on comprend aisément que les images lumineuses sur l'écran puissent se succéder avec des intensités
différentes en rapport avec les diverses impressions
qu'aura subies le sélénium, et que, pour une vitesse convenable, l'œil puisse conserver l'impression de l'image
entière qui aura impressionné successivement le sélénium. MM. Ayrton et Perry ont démontré la possibilité
de cette reproduction des images au moyen de l'appareil représenté figure 87.

G F est un écran sur lequel est projetée, par la lanterne
magique J, l'image d'une bande composée de parties alternativement blanches et noires. L'élément de sélénium
est en D et est adapté à un dispositif qui permet, au
moyen d'une ficelle et de poulies, de lui faire parcourir
rapidement, dans le sens horizontal, toute la longueur de
l'image. La même ficelle est reliée à un support articulé

C H, qui porte en B un miroir sur lequel est projeté un
faisceau de rayons lumineux provenant de l'appareil représenté figure 86, et qui a été appelé *illuminator;* ce
miroir est combiné de manière à renvoyer le faisceau sur
l'écran circulaire K, dont le rayon de courbure correspond à C H. Il est facile de comprendre maintenant que,
si l'élément de sélénium est relié à l'*illuminator*, comme
il a été dit pour le premier appareil, le faisceau de
rayons lumineux projetés sur K aura une intensité différente quand l'élément de sélénium passera sur les parties
sombres et claires de l'image projetée en G F, et il en

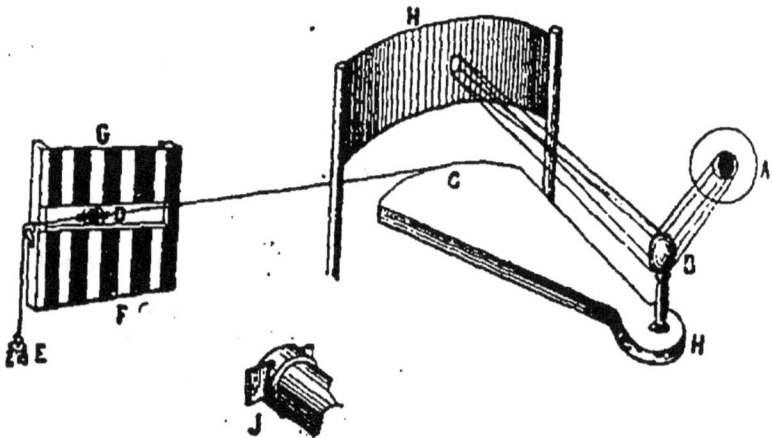

Fig. 87.

résultera sur l'écran K une série d'images alternativement sombres et lumineuses, qui représenteront les
bandes de l'image G F. Naturellement, s'il s'agissait de
transmissions de ce genre à longue distance, on ne pourrait employer de corde pour la synchronisation des mouvements des deux appareils, transmetteur et récepteur,
mais on ferait alors usage des systèmes à mouvements
synchroniques employés en télégraphie. MM. Ayrton
et Perry font remarquer que leur système, dans lequel
l'élément de sélénium est mobile, est préférable aux
systèmes dans lesquels cet organe sensible est fixe, en

raison des différences anormales que présente le sélénium, et ils rappellent que leur système a été publié longtemps avant le photophone qui, d'ailleurs, a été combiné dans un tout autre but.

M. Perry est, du reste, en train de combiner un nouvel *illuminator* basé sur les variations produites sur les images projetées par des miroirs métalliques, dont la surface postérieure est soumise à de légères dépressions, comme cela a lieu dans les miroirs magiques japonais.

LE PHONOGRAPHE

Le phonographe de M. Edison, qui a tant préoccupé les esprits il y a quatre ans, est un appareil qui, non seulement enregistre les diverses vibrations déterminées par la parole sur une lame vibrante, mais qui reproduit encore la parole d'après les traces enregistrées. La première fonction de cet appareil n'est pas le résultat d'une découverte nouvelle. Depuis bien longtemps les physiciens avaient cherché à résoudre le problème de l'enregistration de la parole, et, en 1856, M. Léon Scott avait combiné un instrument bien connu des physiciens sous le nom de *phonautographe*, qui résolvait parfaitement la question; cet appareil est décrit dans tous les traités de physique un peu complets. Mais la seconde fonction de l'appareil d'Edison n'avait pas été réalisée ni même posée par M. L. Scott, et nous nous étonnons que cet intelligent inventeur ait vu dans l'invention de M. Edison un acte de spoliation commis à son préjudice. Nous regrettons surtout pour lui, à qui, quoi qu'il en dise, tout le monde a rendu justice, qu'il ait à cette occasion publié, en termes amers, une sorte de pamphlet qui ne prouve absolument rien, et qui n'apprend que ce que tous les physiciens savent déjà. Si quelqu'un pouvait élever des prétentions à l'égard de l'invention du phonographe, du moins dans ce qu'il a de plus curieux, c'est-à-dire la reproduction

de la parole, ce serait bien certainement M. Ch. Cros;
car dans un pli cacheté déposé à l'Académie des sciences,
le 50 avril 1877, il indiquait en principe un instrument
au moyen duquel on pouvait obtenir la reproduction de
la parole d'après les traces fournies par un enregistreur
du genre du phonautographe [1]. Le brevet de M. Edison,
dans lequel le principe du phonographe est indiqué pour
la première fois, ne date en effet que du 51 juillet 1877,
et encore ne s'appliquait-il qu'à la répétition des signaux
Morse. Dans ce brevet, M. Edison ne fait que décrire un
moyen d'enregistrer ces signaux par des dentelures effectuées par un style traceur sur une feuille de papier
enveloppant un cylindre, et ce cylindre était creusé sur
sa surface d'une rainure en spirale. Les dentelures ou
gaufrages ainsi produits devaient être utilisés, d'après le
brevet, pour transmettre automatiquement la même dépêche, en repassant sous un style capable de réagir sur
un interrupteur de courant. Il n'est donc dans ce brevet

---

[1] Voici le texte du pli cacheté de M. Cros, ouvert sur sa demande à
l'Académie des sciences, le 3 décembre 1877. Voir *Comptes rendus*,
t. LXXXV, p. 1082.) « En général, mon procédé consiste à obtenir le
tracé de va-et-vient d'une membrane vibrante et à se servir de ce
tracé pour reproduire le même va-et-vient, avec ses relations intrin-
sèques de durées et d'intensités, sur la même membrane ou sur une
autre appropriée à rendre les sons et bruits qui résultent de cette
série de mouvements.

« Il s'agit donc de transformer un tracé extrêmement délicat, tel
que celui qu'on obtient avec des index légers frôlant des surfaces
noircies à la flamme, de transformer, dis-je, ces tracés en relief ou
creux résistants capables de conduire un mobile qui transmettra ses
mouvements à la membrane sonore.

« Un index léger est solidaire du centre de figure d'une membrane
vibrante; il se termine par une pointe (fil métallique, barbe de
plume, etc.), qui repose sur une surface noircie à la flamme. Cette
surface fait corps avec un disque animé d'un double mouvement de
rotation et de progression rectiligne. Si la membrane est en repos,
la pointe tracera une spirale simple; si la membrane vibre, la spirale tracée sera ondulée, et ses ondulations présenteront exactement
tous les va-et-vient de la membrane en leur temps et leur intensité.

« On traduit, au moyen de procédés photographiques actuellement
bien connus, cette spirale ondulée et tracée en transparence, par

nullement question de l'enregistration de la parole ni
de sa reproduction; mais comme le fait observer le *Telegraphic Journal* du 1er mai 1878, l'invention précédente
lui donnait les moyens de résoudre ce double problème
aussitôt que l'idée lui en serait venue. S'il faut en croire
les journaux Américains, cette idée ne tarda pas à se faire
jour, et elle aurait été le résultat d'un accident. Pendant
des expériences qu'il faisait un jour avec le téléphone,
un style attaché au diaphragme lui piqua le doigt au moment où le diaphragme entrait en vibration sous l'influence de la voix, et cette piqûre avait été assez forte
pour que le sang en jaillit; il pensa alors que, puisque les
vibrations de ce diaphragme étaient assez fortes pour
percer la peau, elles pourraient bien produire sur une
surface flexible des gaufrages assez caractérisés pour représenter toutes les inflexions des ondes sonores provoquées par la parole, et il put croire que ces gaufrages
pourraient même reproduire mécaniquement les vibrations qui les avaient provoquées, en réagissant sur une

une ligne de semblables dimensions tracée en creux ou en relief dans
une matière résistante (acier trempé, par exemple).

« Cela fait, on met cette surface résistante dans un appareil moteur qui la fait tourner et progresser d'une vitesse et d'un mouvement pareils à ceux dont avait été animée la surface d'enregistrement. Une pointe métallique, si le tracé est en creux, ou un doigt à
encoche, s'il est en relief, est tenu par un ressort sur ce tracé, et,
d'autre part, l'index qui supporte cette pointe est solidaire du centre
de figure de la membrane propre à produire des sons. Dans ces conditions, cette membrane sera animée, non plus par l'air vibrant,
mais par le tracé commandant l'index à pointe, d'impulsions exactement pareilles en durée et en intensité, à celles que la membrane
d'enregistrement avait subies.

« Le tracé spiral représente des temps successifs égaux par des
ongueurs croissantes ou décroissantes. Cela n'a pas d'inconvénients
si l'on n'utilise que la portion périphérique du cercle tournant, les
tours de spires étant très rapprochés; mais alors on perd la surface
centrale.

« Dans tous les cas, le tracé de l'hélice sur un cylindre est très
préférable, et je m'occupe actuellement d'en trouver la réalisation
pratique. »

lame capable de vibrer à la manière de celle qu'il avait
déjà employée pour la reproduction des signaux Morse. Dès
lors le phonographe était découvert, car de cette idée à sa
réalisation, il n'y avait qu'un pas, et, en moins de deux
jours, l'appareil était exécuté et expérimenté.

Cette petite histoire est assez ingénieuse et fait bien
dans le tableau, mais nous aimons à croire que cette
découverte a été faite un peu plus sérieusement. En
effet, un inventeur comme M. Edison, qui avait découvert
l'*électromotographe*, et qui l'avait appliqué au téléphone,
se trouvait par cette application même sur la voie du
phonographe, et nous estimons trop M. Edison pour ajouter
foi au petit roman Américain. D'ailleurs le phonautographe de M. L. Scott était parfaitement connu de
M. Edison.

Ce n'est qu'au mois de janvier 1878 que le phonographe de M. Edison a été breveté. Par conséquent, au
point de vue du principe de l'invention, M. Ch. Cros paraît avoir une priorité incontestable; mais son système,
tel qu'il est décrit dans son pli cacheté et tel qu'il a été
publié dans la *Semaine du Clergé* du 10 octobre 1877,
aurait-il été susceptible de reproduire la parole?... Nous
en doutons fort. Quand il s'agit de vibrations aussi acci-
dentées, aussi complexes que celles qui sont exigées pour
la reproduction des mots articulés, il faut que leur cli-
chage soit en quelque sorte moulé par elles-mêmes, et
leur reproduction artificielle doit forcément laisser
échapper les nuances qui distinguent les fines liaisons
du langage; d'ailleurs, les mouvements déterminés par
une pointe engagée dans une rainure suivant une *courbe
sinusoïde* ne peuvent s'effectuer avec toute la liberté
nécessaire au développement des sons, et les frottements
exercés sur les deux bords opposés de la rainure seraient
d'ailleurs souvent de nature à les étouffer. Un membre
distingué de la Société de physique disait avec raison
quand j'ai présenté le phonographe à cette Société, que

toute l'invention de M. Edison résidait dans la feuille métallique mince sur laquelle les vibrations se trouvent inscrites, et effectivement, c'est grâce à cette feuille qui a permis de clicher directement les vibrations d'une lame vibrante, que le problème a pu être résolu; mais il fallait penser à ce moyen, et c'est M. Edison qui l'a trouvé; c'est donc lui qui est bien l'inventeur du phonographe.

Après M. Ch. Cros, et encore avant M. Edison, MM. Napoli et Marcel Deprez avaient cherché à construire un phonographe, mais leurs essais avaient été si infructueux qu'ils avaient cru un moment le problème insoluble, et quand on annonça à la Société de physique l'invention de M. Edison, ils la mirent en doute. Depuis, ils ont repris leurs travaux et nous font espérer qu'un jour ils pourront nous présenter un phonographe encore plus perfectionné que celui de M. Edison; c'est ce que la suite nous dira.

En définitive, c'est M. Edison qui le premier a reproduit mécaniquement la parole, et a réalisé par ce fait une des plus curieuses découvertes de notre époque; car elle a pu nous montrer que cette reproduction est beaucoup moins compliquée qu'on pouvait le supposer. Cependant il ne faut pas s'exagérer les conséquences théoriques de cette découverte qui n'a pas du tout démontré, suivant moi, que nos théories sur la voix fussent inexactes. Il faut, en effet, établir une grande différence entre la reproduction d'un son émis et la manière de déterminer ce son. La reproduction pourra être effectuée d'une manière très simple, comme le disait M. Bourseul, du moment où l'on aura trouvé un moyen de transmettre les vibrations de l'air, quelque compliquées qu'elles puissent être; mais pour produire par la voix les vibrations compliquées de la parole, il faudra la mise en action de plusieurs organes particuliers, d'abord des cordes du larynx, en second lieu, de la langue, des

lèvres, du nez, des dents mêmes, et c'est pourquoi une machine réellement parlante est forcément très compliquée.

On s'est étonné que la machine parlante qui nous est
venue, il y a quelques années d'Amérique, et qui a été
exhibée au Grand-Hôtel, fût d'une extrême complication,
alors que le phonographe résolvait le problème d'une
manière si simple : c'est que l'une de ces machines ne
faisait que reproduire la parole, tandis que l'autre l'émet-
tait, et l'inventeur de cette dernière machine avait dû, dans
son mécanisme, mettre à contribution tous les organes
qui, dans notre organisme, concourent à la production de
la parole. Le problème était infiniment plus complexe,
et l'on n'a pas accordé à cette invention tout l'intérêt
qu'elle méritait. Nous la décrirons du reste plus loin.

Il est temps de décrire le phonographe et les diverses
applications qu'on en a faites et qu'on pourra en faire
dans l'avenir.

**Description du phonographe. — Manière de s'en
servir. —** Le premier modèle de cet appareil, celui qui
est le plus connu et que nous représentons figure 88, se
compose simplement d'un cylindre enregistreur R, mis
en mouvement au moyen d'une manivelle M tournée à
la main, et devant lequel est fixée une lame vibrante
munie antérieurement d'une embouchure de téléphone E
et, sur sa face postérieure, d'une pointe traçante ; cette
pointe traçante que l'on voit en s dans la figure 90, qui
représente la coupe de l'appareil, n'est pas fixée directement sur la lame ; elle est portée par un ressort r, et
entre elle et la lame vibrante est adapté un tampon de
caoutchouc c, constitué par un bout de tube, lequel a
pour mission de transmettre à la pointe s les vibrations
de la lame sans les étouffer. Un autre tampon r, placé
entre la lame LL et le support rigide de la pointe, tend
à atténuer un peu ces vibrations qui seraient presque
toujours trop fortes sans cette précaution.

Le cylindre, dont l'axe AA, figure 88, est muni d'un pas de vis pour lui faire accomplir un mouvement de translation horizontal à mesure que s'effectue son mouvement de rotation sur lui-même, présente à sa surface une petite rainure héliçoïdale dont le pas est exactement celui de la vis qui le fait avancer, et la pointe traçante s'y trouvant une fois engagée, peut la parcourir sur une plus ou moins grande partie de sa longueur, suivant le

Fig. 88.

temps plus ou moins long qu'on tourne le cylindre. Une feuille de papier d'étain ou de cuivre très mince P est appliquée exactement sur cette surface cylindrique, et doit y être un peu déprimée afin d'y marquer légèrement la trace de la rainure et de placer convenablement la pointe de la lame vibrante. Celle-ci, d'ailleurs, appuie sur cette feuille sous une pression qui doit être réglée, et, c'est à cet effet, aussi bien que pour dégager le cylindre quand on doit placer ou retirer la feuille d'étain, qu'a été adopté le système articulé SN qui soutient le

support S de la lame vibrante. Ce système, comme on le
voit, se compose d'un levier articulé qui porte une rainure dans laquelle s'engage la vis R. Un manche N qui
termine ce levier, permet, quand la vis R est desserrée,
de faire pivoter le système traçant. Conséquemment, pour
régler la pression de la pointe traçante sur la feuille de
papier d'étain, il suffit d'engager plus ou moins la vis
R dans la rainure, et de la serrer fortement quand le
degré convenable de pression es tobtenu.

Telle est la planche sur laquelle la parole viendra tout

Fig. 89.

à l'heure se graver en caractères durables, et voici
comment fonctionne ce système si peu compliqué.

On parle dans l'embouchure E de l'appareil, comme on
le fait dans un téléphone ou dans un tube acoustique,
mais avec une voix forte et accentuée et les lèvres ap-
puyées contre les parois de l'embouchure, comme on
le voit figure 89 ; on tourne en même temps le cylindre qui,
pour avoir un mouvement régulier, est muni d'un lourd
volant V (fig. 88). Sous l'influence de la voix, la lame LL
(fig. 90) entre en vibration et fait manœuvrer la pointe

traçante, qui, à chaque vibration, déprime la feuille
d'étain et détermine un gaufrage plus ou moins creux,
plus ou moins accidenté, suivant l'amplitude de la vibration et ses inflexions. Le cylindre qui marche pendant
ce temps, présente successivement à la pointe traçante
les différents points de la rainure dont il a été question

Fig. 90.

plus haut, de sorte que, quand on est arrivé au bout de
la phrase prononcée, le dessin pointillé, composé de
creux et de reliefs successifs que l'on a obtenus, représente l'enregistration de la phrase elle-même. En ce qui
concerne l'enregistrement, l'opération est donc terminée,
et en détachant la feuille de l'appareil, la parole pourrait être mise en portefeuille. Voyons maintenant com-

ment l'appareil arrive à répéter ce qu'il a si facilement
inscrit.

Pour cela, il s'agit de recommencer tout simplement
la même manœuvre, et le même effet se reproduit identiquement en sens inverse. On replace le style traçant à
l'extrémité de la rainure qu'il a déjà parcourue, et l'on
remet le cylindre en marche; les traces gaufrées en
repassant sous la pointe tendent à la soulever et à lui
communiquer un mouvement qui ne peut être que la
répétition de celui qui les avait primitivement provoquées, et la lame vibrante, obéissant à ce mouvement,
entre en vibration, reproduisant ainsi les mêmes sons, et,
par suite, les mêmes paroles; toutefois, comme il y a nécessairement perte de force dans cette double transformation des effets mécaniques, on est obligé, pour obtenir des
ons plus forts, d'adapter à l'embouchure E, (figure 88),
le cornet C qui est une sorte de porte-voix. Dans ces conditions, la parole reproduite par l'appareil peut être entendue de tous les points d'une salle, et rien n'est plus
saisissant que d'entendre cette voix, un peu grêle, il est
vrai, qui semble venir d'outre-tombe pour formuler ses
sentences. Si cette invention eût été faite au moyen âge,
on en aurait bien certainement fait l'accompagnement des
fantômes, et elle aurait donné beau jeu aux faiseurs de mi-
racles.

Comme la hauteur des sons dans l'échelle musicale
dépend du nombre des vibrations effectuées par un corps
vibrant dans un temps donné, la parole peut être reproduite par le phonographe sur un ton plus ou moins élevé
suivant la vitesse de rotation que l'on donne au cylindre
qui porte la feuille impressionnée. Si cette vitesse est la
même que celle qui a servi à l'enregistration, le ton des
paroles reproduites est le même que celui des paroles
prononcées. Si elle est plus grande, le ton est plus élevé,
et si elle est moins grande, le ton est plus bas: mais on
reconnaît toujours l'accent de celui qui a parlé. Cette

particularité fait qu'avec les appareils tournés à la main, la reproduction des chants est le plus souvent défectueuse, et l'appareil chante faux. Il n'en est plus de même quand l'appareil se meut sous l'influence d'un mouvement d'horlogerie parfaitement régularisé, et l'on a pu obtenir de cette manière des reproductions satisfaisantes de duos chantés.

La parole enregistrée sur une feuille d'étain peut se reproduire plusieurs fois, mais à chaque fois les sons deviennent plus faibles et moins distincts, parce que les reliefs s'affaissent de plus en plus. Avec une lame de cuivre, ces reproductions sont meilleures, mais, pour les obtenir indéfiniment, il faut faire clicher ces lames, et, dans ce cas, la disposition de l'appareil doit être différente.

On a essayé de faire parler le phonographe en prenant les enregistrations à rebours de leur véritable sens; on a obtenu naturellement des sons n'ayant aucune ressemblance avec les mots émis; cependant MM. Fleeming Jenkin et Ewing ont remarqué que non seulement les voyelles ne sont pas altérées par cette action inverse, mais encore que les consonnes, les syllabes et des mots tout entiers peuvent être reproduits avec l'accentuation que leur donnerait leur lecture si elle était faite à rebours.

Les sons produits par le phonographe, quoique plus faibles que ceux de la voix qui a déterminé les traces enregistrées, sont néanmoins assez forts pour réagir sur des téléphones à ficelle et même sur des téléphones Bell, et comme dans ce cas les sons sont éteints sur l'appareil et qu'il n'y a que l'auditeur qui est en rapport avec le téléphone qui les perçoit, on peut être assuré qu'aucune supercherie n'a pu être employée pour les produire.

Quand je présentai le 11 mars 1878 le phonographe à l'Académie des sciences de la part de M. Edison, et que M. Puskas, son représentant, eût fait parler ce merveilleux instrument, un murmure d'admiration se fit entendre

de tous les points de la salle, et ce murmure se changea
bientôt en applaudissements répétés. « Jamais, écrivait à
un journal une des personnes présentes à la séance, on
n'avait vu la docte Académie, ordinairement si froide,
se livrer à un épanchement si enthousiaste. Pourtant
quelques membres incrédules par nature, au lieu d'examiner le fait physique, voulurent le déduire de considérations morales et d'analogies, et bientôt on entendit
dans la salle une rumeur qui semblait accuser l'Académie de s'être laissée mystifier par un habile *ventriloque*.
Décidément l'esprit gaulois se retrouve toujours chez les
Français et même chez les académiciens. Les sons émis
par l'instrument sont exactement ceux des ventriloques,
disait l'un. Avez-vous remarqué les mouvements des
lèvres et de la figure de M. Puskas quand il tourne l'appareil ?... disait l'autre: ne sont-ce pas les grimaces des
ventriloques? Il peut se faire que l'appareil émette des
sons, disait encore un autre, mais l'appareil est considérablement aidé par celui qui le manœuvre! Bref, le
bureau de l'Académie demanda à M. du Moncel de faire
lui-même l'expérience, et comme il n'avait pas l'habitude
de parler dans cet appareil, l'expérience fut négative, à
la grande joie des incrédules. Toutefois quelques académiciens, désirant fixer leurs idées sur ce qu'il y avait
de vrai dans ces effets, prièrent M. Puskas de répéter
devant eux les expériences dans le cabinet du secrétaire
perpétuel et dans les conditions qu'ils lui indiqueraient.
M. Puskas se prêta à ce désir, et ils revinrent de là parfaitement convaincus. Néanmoins les incrédules ne se
tinrent pas pour battus, et il fallut qu'ils fissent eux-
mêmes les expériences pour accepter définitivement ce
fait que la parole pouvait être reproduite dans des conditions excessivement simples. »

Cette petite anecdote que je viens de raconter ne peut
certes pas être interprétée en défaveur de l'Académie des
sciences; car son rôle est avant tout de conserver intacts

les vrais principes de la science et de n'accueillir les faits qui peuvent provoquer l'étonnement qu'après un examen scrupuleux. C'est grâce à cette attitude qu'elle a pu donner un crédit absolu à tout ce qui émane d'elle, et nous ne saurions trop l'approuver de se maintenir ainsi sur la réserve et en dehors d'un premier moment d'enthousiasme et d'engouement.

Le peu de réussite de l'expérience que j'avais tentée à l'Académie provenait uniquement de ce que je n'avais pas parlé assez près de la lame vibrante, et que mes lèvres ne touchaient pas les parois de l'embouchure. Quelques jours après, sur l'invitation de plusieurs de mes confrères, je fis des expériences répétées avec l'appareil, et je parvins bientôt à le faire parler aussi bien que celui qu'on accusait de ventriloquie; mais je reconnus en même temps qu'il fallait une certaine habitude pour être sûr des résultats produits. Il y a aussi des mots qui sont reproduits beaucoup mieux que d'autres. Ceux qui renferment beaucoup de voyelles et beaucoup d'R viennent bien mieux que ceux où les consonnes dominent et surtout que ceux où il y a beaucoup d'S. On ne doit donc pas s'étonner, comme l'on fait plusieurs personnes, que même avec la grande habitude que possède le représensentant de M. Edison, certaines phrases prononcées par lui s'entendaient mieux que d'autres.

Un des résultats les plus étonnants que le phonographe a produits, a été la répétition simultanée de plusieurs phrases en langues différentes dont l'enregistration avait été superposée. On a pu obtenir jusqu'à trois de ces phrases; mais pour pouvoir les distinguer au milieu du bruit confus résultant de leur superposition, il fallait que des personnes différentes, en faisant une attention spéciale à chacune des phrases inscrites, pussent les séparer et en comprendre le sens. On a pu même superposer des airs chantés aux phrases prononcées, et la séparation devenait dans ce cas plus facile.

Il y a plusieurs modèles de phonographes. Celui que nous avons représenté figure 88 est le modèle qui a servi pour les expériences publiques; mais il est un modèle plus petit que l'on vend principalement aux amateurs, et dans lequel le cylindre, beaucoup moins long, sert à la fois d'enregistreur et de volant. Cet appareil que nous représentons figure 91, donne de très bons résultats, mais il ne peut enregistrer que des phrases courtes. Dans ce modèle, comme du reste dans l'autre, on peut rendre l'enregistration de la parole beaucoup plus facile en adap-

Fig. 91.

tant dans l'embouchure un petit cornet en forme de porte-voix allongé; les vibrations de l'air sont alors plus concentrées sur la lame vibrante et agissent plus vigoureusement. Il paraît aussi que l'appareil gagne à avoir une lame vibrante peu épaisse, et l'on a reconnu qu'on pouvait adapter directement la pointe traçante sur la lame.

Je ne parlerai pas d'une manière spéciale du phonographe à mouvement d'horlogerie. C'est un appareil exactement semblable à celui de la figure 88, seulement il est monté sur une table spéciale un peu haute de pieds, pour donner au poids du mouvement d'horlogerie une course suffisante ; le mécanisme est adapté directement sur l'axe du cylindre au lieu et place de la manivelle, et il est régularisé par un volant à ailettes. Celui qu'on a adopté est un volant d'un système anglais ; mais nous croyons que le régulateur à ailettes de M. Villarceau serait préférable.

Comme le raccordement des feuilles d'étain sur un cylindre est toujours délicat à effectuer, M. Edison a cherché à obtenir les traces de la feuille d'étain sur une surface plane, et il a obtenu ce résultat de la même manière que M. Cros, au moyen de la disposition que nous représentons figure 92. Dans ce nouveau modèle, la plaque sur laquelle doit être appliquée la feuille d'étain ou de cuivre est creusée d'une rainure hélicoïdale, en limaçon, dont un bout correspond au centre de la plaque et l'autre bout aux côtés extérieurs, et cette plaque est mise en mouvement par un fort mécanisme d'horlogerie dont la vitesse est régularisée proportionnellement à l'allongement des spires de l'hélice. Au-dessus de cette plaque est placée la lame vibrante, qui est d'ailleurs disposée comme dans le premier appareil, et dont la pointe traçante peut, par suite d'un mouvement de translation communiqué au système, suivre la rainure en limaçon depuis le centre de la plaque jusqu'à sa circonférence. Enfin quatre points de repère permettent de placer toujours et sans tâtonnements la feuille d'étain dans la véritable position qu'elle doit avoir. La figure 93 montre comment cette feuille peut être retirée de l'appareil.

Dans ces derniers temps, plusieurs savants et constructeurs se sont occupés d'établir des phonographes sur ce dernier principe, et ils y sont, à ce qu'il paraît, parvenus. De ce nombre sont MM. Saint-Loup et G. Gamard. Dans le phonographe de M. Saint-Loup, les tracés sont en spirale d'Archimède, allant du centre à la circonférence du plateau, et il a été combiné de telle sorte que

pendant le mouvement de rotation uniforme de l'arbre
moteur, la vitesse linéaire relative du style inscripteur
reste constante. Dans toutes les positions du style, les
chemins parcourus par le style sur le plateau dans des
temps égaux restent équidistants. Il est construit chez
M. Ducretet au prix de 500 francs.

Le phonographe de M. G. Gamard, qui est également
à plateau, est à mouvement rectiligne et à feuilles de
cuivre. Il se compose d'un plateau horizontal sur lequel
peuvent se placer, les unes à la suite des autres, une série
de règles mobiles auxquelles on donne le mouvement

Fig. 92.

au moyen d'une crémaillère fixée sur leur face inférieure,
et s'adaptant instantanément à une roue dentée munie
d'une manivelle. Au centre de chacune de ces règles, se
place à volonté une petite tringle en cuivre creusée d'une
rainure sur laquelle on fixe d'une manière permanente
(si on le désire) la légère feuille de cuivre ou d'argent
destinée à recevoir les enregistrations, et c'est au-dessus
de ce système, que repose la plaque vibrante munie de son
style enregistreur. Les choses étant ainsi disposées, si
l'on vient à parler dans le phonographe en mettant la
première règle en marche, le son se grave profondément

sur la feuille de métal, et il suffit de faire succéder les unes aux autres un nombre de règles suffisant, pour prolonger l'expérience aussi longtemps qu'on le désire, comme dans les pianos mécaniques de Debain.

Pour obtenir à diverses reprises la répétition sonore des sons enregistrés, il suffit, chaque fois qu'on ne veut pas les entendre, de retirer des règles mobiles les tringles

Fig. 93.

volantes sur lesquelles se trouvent fixées les feuilles métalliques, et de les y replacer quand on veut de nouveau faire résonner les feuilles métalliques portant les enregistrations.

La feuille de cuivre ou même d'argent est bien suffisante pour conserver longtemps la trace des gaufrages qui y ont été tracés, et, ce qui est le plus remarquable, les gaufrages, dans ces conditions, donnent aux sons émis une beaucoup plus grande sonorité. On remarquera que la rigidité de ces feuilles n'en permet pas facilement l'emploi dans l'appareil Américain, mais il n'en est plus de même dans le nouvel appareil où elles s'appliquent de la manière la plus facile.

Il ne faudrait pas croire que toutes les feuilles d'étain employées pour les enregistrations phonographiques soient également bonnes, il faut que ces feuilles contiennent une certaine quantité de plomb et présentent une certaine épaisseur. Les feuilles d'étain qui enveloppent le chocolat, et même toutes celles que l'on trouve en France, sont trop riches en étain et trop minces pour donner de bons résultats, et M. Puskas a été obligé d'en faire venir d'Amérique pour continuer à Paris ses expériences. Jusqu'ici les proportions de plomb et d'étain n'ont pas encore été bien définies, et c'est l'expérience qui permet de décider le choix des feuilles; mais quand le phonographe sera plus répandu, il faudra évidemment que ce travail soit effectué, et cela sera facile en analysant la composition des feuilles qui auront fourni les meilleurs résultats.

La disposition de la pointe traçante est aussi une question très importante pour le bon fonctionnement d'un phonographe. Elle doit être très ténue et très courte (un millimètre de longueur tout au plus), afin qu'elle puisse enregistrer nettement les vibrations les plus minimes de la lame vibrante sans se courber et vibrer dans un autre sens que le sens normal au cylindre, ce qui pourrait arriver si elle était longue, en raison des frottements inégaux exercés sur la feuille d'étain. Il a fallu aussi la construire avec un métal ne pouvant facilement provoquer des déchirures sur la feuille métallique. Le fer a paru réunir le mieux les conditions voulues.

Le phonographe n'est du reste qu'à son début, et il est possible que d'ici à peu de temps, il puisse être dans des conditions convenables pour enregistrer la

parole sans qu'on ait besoin de parler dans une embouchure. S'il faut en croire les journaux, M. Edison aurait
déjà trouvé le moyen de recueillir, sans le secours d'un
tuyau acoustique, les sons émis à une distance de 3
à 4 pieds de l'appareil et de les imprimer sur une feuille
métallique. De là à inscrire sur l'appareil un discours
prononcé dans une grande salle, à une distance quelconque du phonographe, il n'y a qu'un pas, et si ce pas
était fait, la phonographie pourrait avantageusement
remplacer la sténographie. Mais nous ne voyons pas
jusqu'ici que ces annonces des journaux se soient con-
firmées.

Nous publions dans la note ci-dessous les instructions
que le constructeur de ces machines, donne aux ac-
quéreurs pour les initier à la manœuvre de l'appareil[1].

[1] Ne jamais établir le contact entre le stylet et le cylindre avant
que celui-ci soit recouvert de la feuille d'étain.

Ne commencer à tourner le cylindre qu'après s'être assuré que
tout est en place. Avoir toujours soin, en faisant revenir le stylet, au
point de départ, de ramener l'embouchure en avant.

Laisser toujours une marge de 5 à 10 millimètres à la gauche et
au commencement de la feuille d'étain, car si le stylet décrivait la
courbe sur le bord extrême du cylindre, il pourrait déchirer le papier
ou sortir de la rainure.

Avoir soin de ne pas détacher le ressort du coussin en caoutchouc.

Pour placer la feuille d'étain sur le cylindre, enduire l'extrémité de
la feuille avec du vernis au moyen d'un pinceau, prendre cette extrémité entre le pouce et l'index de la main gauche, le côté gommé vers
le cylindre, la relever avec la main droite et la tendre fortement en
l'appliquant contre le cylindre de façon à bien lisser le papier; appliquer alors le bout gommé sur l'autre extrémité et les réunir fortement.

Pour ajuster le stylet et le placer au centre de la rainure, ramener
le cylindre vers la droite afin de mettre le stylet en face de l'extrémité
gauche de la feuille de métal, faire avancer doucement et peu à peu
le cylindre jusqu'à ce que le stylet touche la feuille d'étain avec assez
de force pour y laisser une trace.

Observer si cette trace est bien au centre de la rainure (pour cela
avec l'ongle rayer en travers le cylindre), sinon, ajuster le stylet à
gauche ou à droite au moyen de la petite vis placée au haut de l'embouchure.

La meilleure profondeur à donner à la trace du stylet est de 1/3 de

Considérations théoriques. — Bien que les explications que nous avons données précédemment soient suffisantes pour faire comprendre les effets du phonographe,
il est une question curieuse qui ne laisse pas que
d'étonner beaucoup les physiciens, c'est celle-ci : Comment se fait-il que des gaufrages effectués sur une surface aussi peu résistante que l'étain, puissent, en repassant
sous la pointe traçante qui présente une rigidité relativement grande, déterminer de sa part un mouvement
vibratoire sans se trouver complètement écrasés? A cela
nous répondrons qu'en raison de l'extrême rapidité du
passage de ces traces devant la pointe, il se développe
des effets de force vive qui n'agissent que localement, et
que, dans ces conditions, les corps mous peuvent exercer
des effets mécaniques aussi énergiques que les corps
durs. Qui ne se rappelle cette curieuse expérience relatée
tant de fois dans les traités de physique, d'une planche
percée par une chandelle servant de balle à un fusil? Qui
ne se rappelle les accidents produits à diverses reprises

millimètre, c'est-à-dire juste assez pour que le stylet, quelle que
soit l'ampleur des vibrations de la plaque, laisse toujours une légère
trace sur la feuille.

Pour reproduire les mots, faire en sorte de tourner la manivelle
avec la même vitesse que lors de l'inscription; la vitesse moyenne
doit être de 80 tours par minute.

Pour parler dans l'appareil, appuyer la bouche contre l'embouchure,
les sons gutturaux ou la voix de poitrine se gravent mieux que la
voix de fausset.

Pour reproduire les sons, desserrer la vis de pression et ramener
en avant l'embouchure; faire revenir le cylindre au point de départ,
rétablir le contact entre la pointe du stylet et la feuille, faire tourner
de nouveau le cylindre dans le même sens que lorsque la phrase a été
prononcée.

Pour augmenter le volume du son restitué, appliquer sur l'embouchure un cornet en carton, en bois ou en corne, de forme conique,
dont l'extrémité inférieure sera un peu plus large que l'ouverture
placée devant la plaque vibrante.

Le stylet est fait d'une aiguille n° 9 un peu aplatie sur les deux
côtés par frottement sur une pierre huilée. Il est facile de construire

par des bourres de papier projetées par les armes à feu?
Dans ces conditions, le mouvement communiqué aux
molécules qui reçoivent le choc n'ayant pas le temps
d'être transmis à toute la masse du corps auquel elles
appartiennent, ces molécules sont obligées de s'en séparer
ou tout au moins de déterminer, quand le corps est
susceptible de vibrer, un centre de vibration qui, propageant ensuite des ondes sur toute sa surface, détermine des sons.

Plusieurs savants, entre autres MM. Preece et Mayer,
ont cherché à étudier avec soin la forme des gaufrages
laissés par la voix sur la lame d'étain du phonographe,
et ont reconnu que ces formes ressemblaient beaucoup
à celles des flammes chantantes si bien dessinées avec

un stylet; d'ailleurs la maison en a de rechange à la disposition de
ses clients.

Le coussin de caoutchouc qui réunit la plaque au ressort sert à
atténuer les vibrations de la plaque.

Dans le cas où ce coussin viendrait à se détacher, chauffer la tête
d'un petit clou, l'appuyer sur la cire qui colle le coussin à la plaque
ou au ressort jusqu'à ce que cette cire soit amollie, et alors, après
avoir retiré le clou, presser légèrement le caoutchouc sur la partie
décollée jusqu'à ce que, étant refroidie, la cire fasse adhérer le coussin à la plaque ou au ressort.

Avoir soin de renouveler de temps à autre ces coussins qui, par
l'usage, perdent de leur élasticité.

En les remplaçant, faire attention à ne pas abîmer la plaque vibrante, soit par une pression trop forte, soit par une éraflure avec
l'instrument qui servira à maintenir le coussin.

Commencer les expériences par des mots isolés ou par des phrases
très courtes, et les augmenter au fur et à mesure que l'oreille s'habitue
au timbre particulier de l'appareil.

Varier les intonations et faire reproduire les phrases ou les airs sur
des tons différents en accélérant ou en ralentissant le mouvement de
rotation du cylindre.

Imiter les cris d'animaux (coq, poule, chien, chat, etc.).

Faire jouer dans l'embouchure devant laquelle on aura au préalable
placé un cornet en carton, des instruments en cuivre.

Autant que possible jouer des airs sur mesure rapide, leur reproduction parfaite, sans mouvement d'horlogerie, étant plus facile à
obtenir que celle des airs lents.

les appareils de M. Kœnig. Voici ce que dit à cet égard M. Mayer dans le *Popular Science Monthly* d'avril 1878 :

« Par la méthode suivante, j'ai pu parvenir à reproduire sur du verre enfumé de magnifiques traces montrant le profil des vibrations sonores enregistrées sur la feuille d'étain avec leurs différentes sinuosités. J'adapte pour cela au ressort supportant la pointe traçante du phonographe, une tige longue et légère terminée par une pointe qui appuie de côté sur la lame de verre enfumé, et qui peut, par suite de la position verticale de celle-ci et d'un mouvement qui lui est communiqué, déterminer des traces sinusoïdes. Par cette disposition, on obtient

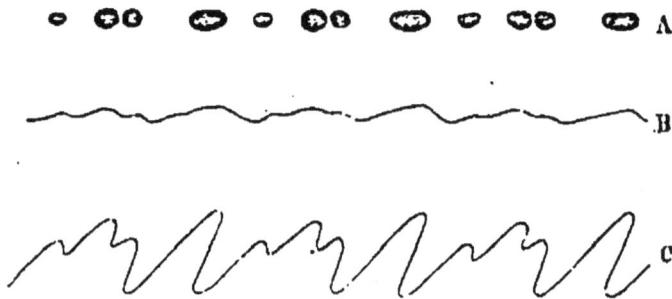

Fig. 94.

donc simultanément, quand le phonographe est mis en action, deux systèmes de traces dont les unes sont le profil des autres.

« L'instrument a été en ma possession pendant si peu de temps que je n'ai pu faire autant d'expériences que je l'aurais voulu ; mais j'ai néanmoins pu étudier quelques-unes de ces courbes, et il m'a semblé que les contours enregistrés avaient, pour un même son, une grande ressemblance avec ceux des flammes chantantes de Kœnig.

« La figure 94 représente les traces correspondantes au son de la lettre A prononcé *bat* dans les trois systèmes d'enregistration. Celles qui correspondent à la ligne A sont la reproduction agrandie des traces laissées sur la feuille d'étain ; celles qui correspondent à la ligne B, en

représentent les profils sur la feuille de verre noirci.
Enfin celles qui correspondent à la ligne C montrent les
contours des flammes chantantes de Kœnig, quand le
même son est produit *très près* de la membrane de l'enregistreur. Je dis *très près* avec intention, car la forme
des traces produites par une pointe attachée à une membrane vibrante sous l'influence de sons composés, dépend
de la distance séparant la membrane de la source du son,
et l'on peut obtenir une infinité de traces de forme différente en variant cette distance. Il arrive, en effet, qu'en
augmentant cette distance, les ondes sonores résultant de
sons composés réagissent sur la membrane à différentes
époques de leur émission. Par exemple, si le son composé est formé de six harmoniques, le déplacement de la
source des vibrations de $1/_4$ de longueur d'onde de la
première harmonique, éloignera la seconde, la troisième,
la quatrième, la cinquième et la sixième harmonique
de $1/_2$, $3/_4$, 1, $1 1/_4$, $1 1/_2$ de longueur d'onde, et par conséquent les contours résultant de la combinaison de ces
ondes ne pourront plus être les mêmes qu'avant le déplacement de la source sonore, quoique la sensation des
sons reste la même dans les deux cas. Ce principe a été
parfaitement démontré au moyen de l'appareil de Kœnig,
en allongeant et en raccourcissant un tube extensible interposé entre le résonateur et la membrane vibrante placée près de la flamme, et il explique le désaccord qui
s'est produit entre différents physiciens sur la composition des sons vocaux, quand ils les ont analysés au
moyen des flammes chantantes.

« Ces faits nous démontrent, d'un autre côté, qu'il n'y
a pas lieu d'espérer que l'on puisse *lire* les impressions
et les traces du phonographe, car ces traces varient non
seulement avec la nature des voix, mais encore avec les
moments différents d'émission des harmoniques de ces
voix et avec les différences relatives des intensités de ces
harmoniques. »

Nous reproduisons néanmoins, figure 95, des traces extrêmement curieuses que nous a communiquées M. Blake, et qui représentent les vibrations déterminées par les mots : *Brown university; how do you do.* Elles ont été photographiées sous l'influence d'un index adapté à une lame vibrante et illuminé par un pinceau de lumière. Le mot *how* est surtout remarquable par les formes combinées des inflexions des vibrations.

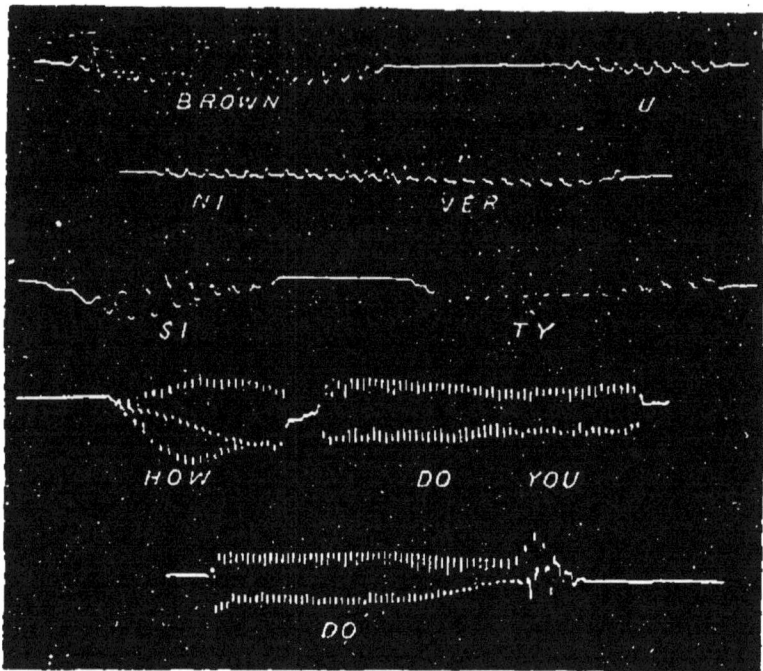

Fig. 95.

Depuis l'invention du phonographe les recherches sur l'articulation des sons se sont multipliées, et aujourd'hui les travaux d'Helmholtz sont outre-passés. Nous citerons d'abord un magnifique ouvrage intitulé *Evolution of sound, a part of the problem of human life,* par M. Wilford de New-York, qui ne contient pas moins de 277 pages in-4° sur 2 colonnes et dans lequel sont résumés les travaux de MM. Tyndall, Helmholtz et

Mayer; en second lieu une brochure extrêmement intéressante de M. Graham Bell, sur la théorie des voyelles,
publiée dans *The American Journal of Otology* de juillet 1879; enfin des recherches curieuses de M. Boudet
de Pàris, sur l'inscription électrique de la parole. Ces
sujets sont trop spéciaux pour que nous puissions en
parler ici davantage, mais ceux qui liront les ouvrages
précédents pourront reconnaître, comme nous, que la
question est très complexe et que la science de l'acoustique est encore loin d'être élucidée complètement.

Des expériences récentes semblent montrer que plus
la membrane vibrante d'un phonographe se rapproche,
comme construction, de celle de l'oreille humaine, et
mieux elle répète et enregistre les vibrations sonores;
elle devrait en quelque sorte être tendue à la manière
de la membrane tympanique par l'os du marteau, et surtout en avoir la forme, car les vibrations aériennes
s'effectueraient alors beaucoup mieux.

Suivant M. Édison, la grandeur du trou de l'embouchure influe beaucoup sur la netteté de l'articulation de
la parole. Quand les mots sont prononcés devant toute la
surface du diaphragme, le sifflement de certains sons est
perdu. Au contraire, il est renforcé quand les sons n'arrivent à ce diaphragme qu'à travers un orifice étroit et
dont les bords sont aigus. Si ce trou est pourvu de dentelures sur ses bords aplatis, les consonnes sifflantes sont
rendues plus clairement. La meilleure reproduction de
la parole est obtenue quand l'embouchure est recouverte
avec des enveloppes plus ou moins épaisses disposées de
manière à éteindre les sons provenant de la friction de
la pointe traçante sur l'étain.

M. Hardy a, du reste, rendu l'enregistration des traces
du phonographe plus facile, en adaptant dans le trou de
l'embouchure de l'appareil un petit cornet d'ébonite formant comme une embouchure d'instrument à vent.

Une remarque assez importante que j'ai faite sur le

fonctionnement du phonographe, c'est que si l'on a en-
registré la parole sur cet instrument dans un appartement très chaud et qu'on reporte l'appareil dans un
appartement froid, la reproduction de la parole s'effectue
d'autant plus mal que la différence de température des
deux appartements est plus grande. Cela tient vraisemblablement à ce que le support de caoutchouc interposé
entre la pointe traçante et la lame vibrante a ses conditions d'élasticité considérablement modifiées; peut-être
aussi les différences de dilatation de la lame d'étain
entrent-elles pour quelque chose.

Aujourd'hui on construit les phonographes à bon
marché, et on en trouve à 20 francs chez MM. Loiseau et
de Combettes. Ils fonctionnent réellement d'une manière
étonnante pour leurs petites dimensions.

APPLICATIONS DU PHONOGRAPHE

Au moment où le phonographe a fait son apparition,
on a cru qu'il était susceptible de nombreuses applications, et l'on voyait déjà la sténographie laisser la place
libre à la nouvelle invention. Nous avons même publié,
dans nos deux premières éditions, les illusions que
M. Edison nourrissait à ce sujet et qui avaient été réunies
dans un article, peut-être le seul que M. Edison ait écrit
lui-même, lequel a été inséré dans le *North American
Review*. Mais de toutes ces espérances, et malgré les perfectionnements apportés à cet instrument, pas une n'a
été réalisée; de sorte que cet instrument, quelque important et curieux qu'il soit au point de vue scientifique
et de la curiosité, est resté dans le domaine des appareils de physique, et je dirai même des *jouets d'enfants*;
car aujourd'hui, comme on l'a vu, on en construit de
très bons et à bon marché, qui répètent admirablement
la parole et certains airs chantés.

Il est vrai que M. Edison s'est trouvé détourné de cette voie par ses recherches sur la lumière électrique, mais quand on examine froidement la question, il est facile de s'assurer que toutes les applications qu'on avait rêvées ne sont pas réalisables. Ainsi, M. Edison croyait que le phonographe pourrait être utilisé dans les maisons d'affaires à la lecture de lettres et de circulaires qui pourraient, de cette manière, être entendues sans dérangement et comprises par les aveugles et par les personnes ne sachant ni lire ni écrire; il croyait qu'en justice, les enregistrations faites par cet instrument des dépositions des témoins, des plaidoyers des avocats, des paroles des juges seraient précieuses, et que ces avantages pourraient s'étendre à la reproduction des discours des orateurs dans les séances des assemblées délibérantes. Il pensait même qu'on pourrait créer ainsi des livres phonographiques qui pourraient être lus mécaniquement par l'instrument, et qui, pour les besoins de l'éducation, pourraient être très avantageux, car ils pourraient apprendre à l'enfant, sans le secours de personne, à épeler et à prononcer les mots dans les différentes langues. « Si l'on avait eu des livres de cette espèce du temps des Grecs et des Romains, dit-il, nous saurions aujourd'hui comment se prononçait la langue des Démosthène et des Cicéron. » L'instrument, en reproduisant des airs musicaux chantés par des artistes de talent, pourrait, suivant lui, faire le bonheur des réunions de famille et donner le goût de la bonne musique. D'un autre côté, l'on pourrait conserver dans les familles les dernières paroles d'un de leurs membres à son lit de mort. Avec ce système phonographique, on pourrait encore rendre, suivant lui, l'illusion des figures de cire plus complète, en leur faisant répéter des phrases dites par les personnes qu'elles représentent, et qui auraient été enregistrées par le phonographe. Les horloges, au lieu des coups monotones qu'elles frappent pour désigner l'heure, pourraient vous dire poliment l'heure qu'il est et vous indiquer l'heure du lever comme l'heure du coucher, l'heure d'une affaire comme l'heure du plaisir. Enfin, en adjoignant le phonographe au téléphone, on pourrait faire de ce système un excellent appareil télégraphique qui fournirait, comme les autres, un contrôle écrit, ce qui manque aujourd'hui à la télégraphie téléphonique. D'ailleurs il n'est pas dit suivant lui qu'on ne puisse obtenir d'un téléphone récepteur la mise en action d'un enregistreur qui fonctionnerait dès lors comme un appareil Morse, mais avec un langage susceptible d'être entendu.

Hélas, de tous ces rêves, qu'est-il advenu !!!

Phonographe de M. Lambrigot. — Il y a déjà quelque temps M. Lambrigot, fonctionnaire de l'administration des lignes télégraphiques, l'auteur de divers perfectionnements apportés au télégraphe Caselli, m'a montré un système de phonographe combiné par lui et qui a été réduit à sa plus simple expression[1].

---

[1] Voici la description du procédé de M. Lambrigot telle qu'il me l'a envoyée :

« L'appareil se compose d'un plateau de bois dressé verticalement sur un socle et fixé solidement. Au milieu de ce plateau se trouve une ouverture ronde recouverte d'une feuille de parchemin bien tendue, sur laquelle appuie un couteau d'acier qui doit, comme la pointe du phonographe, tracer les vibrations. Un bâti solide s'élève depuis le socle jusqu'au milieu du plateau, et supporte une glissière qui permet à un chariot de circuler devant ce plateau. Sur ce chariot se trouve une baguette de verre dont l'une des faces est recouverte de stéarine. En rapprochant le chariot et en le faisant aller et venir, la stéarine se trouve en contact avec le couteau et prend régulièrement sa forme, qui est hémi-cylindrique sur toute sa longueur.

« Lorsqu'un bruit se fait entendre, la feuille de parchemin se met en vibration et communique son mouvement au couteau qui pénètre dans la stéarine et trace des stries variées.

« La reproduction ainsi obtenue sur la baguette de verre est soumise aux procédés ordinaires de métallisation. Par la galvanisation, on obtient un dépôt de cuivre qui reproduit les stries en sens inverse. Lorsqu'on veut faire parler la lame métallique, il suffit de passer lé-

Il a trouvé moyen, par un procédé extrêmement simple, d'imprimer fortement, à l'intérieur d'une petite rigole de cuivre, les vibrations déterminées par la voix, et elles sont assez nettement gravées pour qu'en passant à travers cette rigole la pointe émoussée d'une allumette, on puisse entendre des phrases entières. Il est vrai que cette reproduction de la parole est encore très imparfaite, et qu'on ne distingue les mots que parce qu'on les connaît d'avance, mais il est possible qu'on puisse obtenir de meilleurs résultats en perfectionnant le système; toujours est-il que cette impression si nette des vibrations de la voix sur un métal dur est une invention réellement intéressante.

Récemment M. Lambrigot a perfectionné son système, non seulement en le rendant susceptible de fonctionner sous l'influence de clichés susceptibles d'être reproduits facilement, mais encore en donnant plus d'amplification aux sons. Il lui a suffi pour cela d'estampiller, sur des demi-cylindres de plomb, les traces produites dans les rigoles métalliques dont nous avons parlé précédemment, et d'adapter à la carte destinée à être frottée sur les

---

gèrement sur les signaux une pointe de bois, d'ivoire ou de corne, et en la promenant plus ou moins vite, on peut faire entendre des intonations diverses sans altérer la prononciation.

« En raison de la dureté du cuivre par rapport au plomb, la lame de cuivre qui contient les traces des vibrations peut donner sur ce dernier métal un nombre illimité de reproductions. Pour obtenir ce résultat, il suffit d'appliquer sur la lame en question un fil de plomb, et d'opérer sur ce fil une pression convenable. Le fil s'aplatit et prend l'empreinte de toutes les traces qui apparaissent alors en relief. En passant, à travers ces traces, la tranche d'une carte à jouer, on provoque les mêmes sons que ceux que l'on obtient avec la lame de cuivre. »

Suivant M. Lambrigot, les lames parlantes peuvent être utilisées dans bien des cas; pour l'étude des langues étrangères, par exemple, elles permettront d'apprendre facilement la prononciation, car on pourra, en les réunissant en assez grand nombre, en former une sorte de vocabulaire qui donnera l'intonation des mots les plus usités dans telle ou telle langue.

clichés un fil de plomb communiquant à une sorte de cornet de carton, disposé comme les téléphones à ficelle. Le centre de cette carte de papier est renforcé par deux cercles de carton qui la rendent plus rigide en cet endroit que sur les bords, et en frottant assez rapidement de la main droite l'un des points du bord circulaire de

Fig. 96.

cette carte contre le cliché de plomb, alors qu'on tient à l'oreille, de la main gauche, le cornet de carton, on entend suffisamment fort les sons produits .pour pouvoir distinguer les mots, surtout quand on les connaît d'avance. La figure 96 représente la manière dont on se sert de ce petit instrument.

LA MACHINE PARLANTE AMÉRICAINE

DE M. FABER

Il y a cinq ans environ, les journaux annonçaient avec un certain retentissement l'arrivée à Paris d'une machine parlante, qui laissait loin derrière elle le canard de Vaucanson et qui devait attirer au plus haut point l'attention publique. Malheureusement cette invention, n'ayant pas été placée dès le début sous le patronage d'aucune autorité scientifique, fut bien vite reléguée parmi les curiosités que l'on montre chez les prestidigitateurs, et comme dans notre pays, essentiellement frondeur et gouailleur, il se trouve toujours des esprits soi-disant forts qui se refusent même à l'évidence, on prétendit bientôt que cette machine ne parlait que parce que celui qui la montrait était un habile *ventriloque;* c'est toujours le même refrain, et l'on a vu qu'on ne s'était pas fait faute de le répéter au moment de l'apparition du phonographe; toujours est-il que certains journaux scientifiques s'étant fait l'écho de cette absurdité, cette machine s'est trouvée tellement discréditée qu'elle passe aujourd'hui inaperçue, bien qu'elle soit une conception des plus ingénieuses et des plus intéressantes. Quand donc notre pauvre pays se guérira-t-il de cette manie de tout nier sans examen préalable!...

Pour nous, qui ne jugeons les choses qu'après les avoir sérieusement étudiées, nous croyons devoir rétablir la vérité sur la machine parlante de M. Faber, et pour cela il nous suffira de la décrire exactement.

A la page 226 du chapitre précédent, je disais qu'il fallait établir une grande différence entre la reproduction d'un son et la manière de déterminer ce son, et qu'une

machine apte à reproduire les sons comme le phonographe pouvait différer essentiellement d'une machine
réellement parlante. En effet, la reproduction de sons
même articulés pourra être très simple, du moment où
l'on aura entre les mains un moyen de clicher en quelque
sorte les vibrations de l'air appelées à transmettre ces
sons; mais pour les produire et surtout pour émettre les
vibrations compliquées qui constituent la parole, il faudra
la mise en action d'une foule d'organes particuliers se
rapprochant plus ou moins de notre mécanisme vocal et
remplissant plus ou moins exactement les fonctions du
larynx, de la bouche, de la langue, des lèvres, du nez
même; c'est pourquoi une machine réellement parlante
est forcément très compliquée, et c'est précisément le
cas de la machine dont nous nous occupons en ce moment.
Ce n'est pas, du reste, la première fois qu'on a fait des
machines de ce genre, et il y a peu de temps encore, on
rappelait à l'Académie une tête parlante qui existait au
treizième siècle chez le philosophe Albert le Grand, et
qui fut brisée par saint Thomas d'Aquin comme étant
une invention diabolique.

La machine parlante de M. Faber que l'on a vue, il y a
cinq ans, au Grand-Hôtel, et qui appartient aujourd'hui
à l'École de médecine de Paris, se compose de trois parties distinctes : 1° d'un grand soufflet mu par une pédale qui fournit les courants d'air nécessaires à la production des sons, et qui joue en quelque sorte le rôle des
poumons; 2° d'un appareil vocal composé d'un larynx
accompagné de diaphragmes plus ou moins découpés
pour modifier les sons, d'une bouche avec lèvres et
langue en caoutchouc, et d'un conduit de dégagement
imitant plus ou moins bien les fosses nasales; 3° d'un
système de leviers articulés et de pédales aboutissant à
des touches que l'on manœuvre comme les touches d'un
piano.

La partie la plus intéressante de cette machinerie, que

nous représentons en principe figure 97, est l'appareil
vocal qui a exigé des études sans nombre faites sur
nature pour arriver à la production des sons articulés,
Elle se compose d'abord d'un tuyau assez gros de caoutchouc, à l'intérieur duquel se trouve disposé, comme
dans une clarinette, une sorte de sifflet L. Ce sifflet est
composé d'un petit cylindre de caoutchouc, présentant,

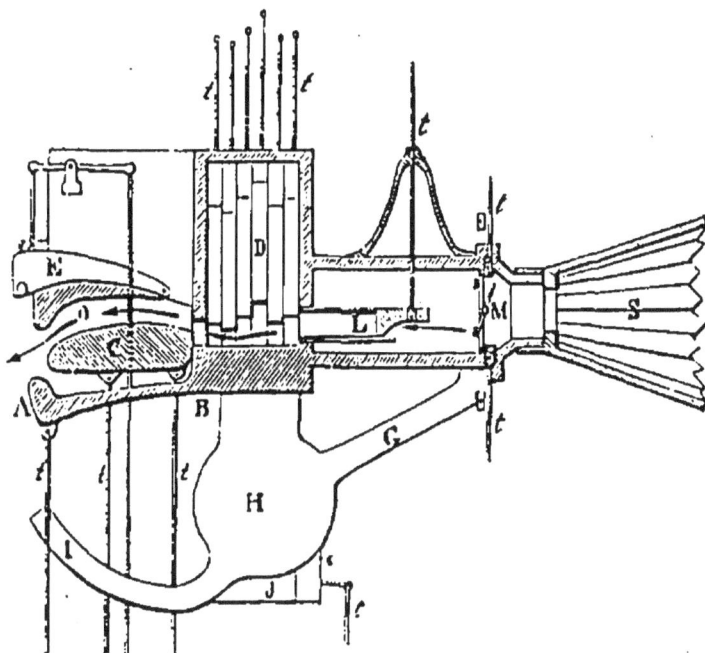

Fig. 97.

suivant une de ses génératrices, une fente devant laquelle
est placée une très mince lame d'ivoire d'hippopotame
doublée de caoutchouc. Cette lame est fixée par un bout
au cylindre, et s'en écarte légèrement par son bout libre,
de manière à permettre au courant d'air projeté par le
soufflet S de pénétrer entre les deux pièces et d'y déterminer les vibrations de la lame d'ivoire nécessaires à la
production du son. L'extrémité du cylindre de caoutchouc
est fermée de ce côté et se trouve adaptée à une tige de
fer *t* qui sort du conduit et vient s'adapter à un système

de bascule correspondant à une touche du clavier, pour qu'on puisse à volonté régler la gravité des sons. Plus l'ouverture entre la languette et le cylindre est large, plus le son est grave. Cette espèce de sifflet, qui joue le rôle du larynx, est placé naturellement en face de l'orifice du soufflet; mais à cet orifice même est adapté une sorte de tourniquet M, qui en se déplaçant dans certaines conditions, peut donner au son produit à l'intérieur du larynx le raclement de l'r, et voici comment. Devant l'orifice du soufflet se trouve adapté un diaphragme percé d'une fente assez large et assez longue, qui peut être à peu près bouchée par une lamelle de même grandeur M pivotant sur un axe transversal qui la soutient par son milieu. A l'état normal, cette bascule est maintenue inclinée par des ficelles reliées aux touches du clavier, et l'air repoussé par le soufflet traverse facilement la fente du diaphragme pour se rendre au larynx; mais deux obturateurs adaptés aux tiges de transmission de mouvements auxquelles sont reliées les ficelles dont il vient d'être question, et qui sont manœuvrées par une des touches du clavier, peuvent, en s'abaissant, rétrécir le passage de l'air, et la lamelle articulée venant à basculer et à s'appliquer contre une bande de peau, se met à trembler en déterminant une action semblable à celle produite par le *cri-cri*. Ce petit tourniquet n'est mis en action que quand une pédale, qui est manœuvrée à la main, a abaissé les obturateurs[1], et il en est de même de la tige de fer *t* qui détermine la plus ou moins grande acuité des sons passant à travers le larynx.

Au-dessous du conduit du larynx, qui n'a guère plus de 5 centimères de longueur, s'ouvre un tuyau G égale-

---

[1] L'action de cette pédale s'effectue par l'intermédiaire de deux bascules reliées ensemble de telle manière que l'obturateur du haut est abaissé un peu avant que l'obturateur du bas soit élevé, condition nécessaire pour obtenir de la part de la lamelle le tremblement appelé à fournir le raclement de l'r.

ment en caoutchouc qui aboutit à une cavité sphérique mise en rapport avec l'air extérieur par un tube en caoutchouc I, légèrement relevé, qui se trouve obstrué par une sorte de soupape J, correspondant, par des renvois de mouvements, à une pédale mise à portée des touches

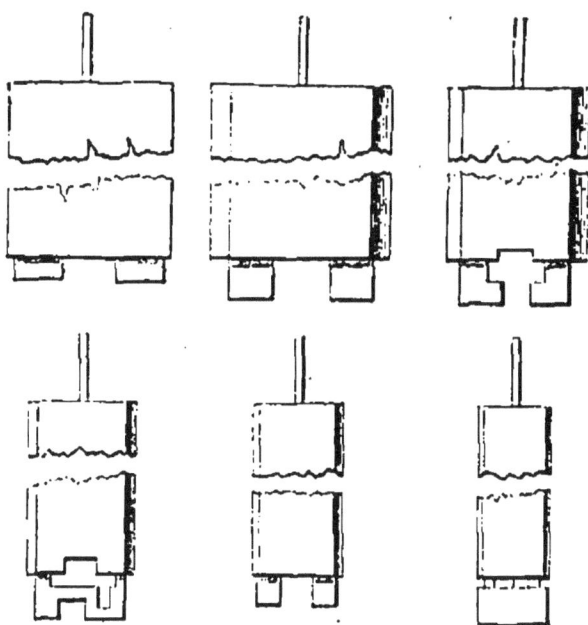

Fig. 98.

du clavier. Quand cette soupape est ouverte, le son émis à travers le larynx imite un peu les sons du nez[1]. Le larynx communique à la bouche par un conduit en forme d'entonnoir carré dans lequel sont adaptés six diaphragmes métalliques D, placés verticalement les uns derrière les autres et terminés inférieurement par des pièces découpées, qui peuvent, en rentrant plus ou

[1] La disposition de cette partie de l'appareil présente cette particularité que, pour certaines lettres, l'air en est repoussé avec une plus ou moins grande force par le tuyau I, tandis que pour d'autres, l'air, au contraire, se trouve aspiré par ce même tuyau. N'ayant pu voir l'intérieur de ces cavités, je ne me suis rendu qu'un compte imparfait des mécanismes qui y sont en jeu.

moins dans ces diaphragmes, diminuer plus ou moins l'orifice du courant d'air et créer sur son passage des obstacles plus ou moins accidentés. Ces diaphragmes, que nous représentons séparément figure 98, sont conduits par des tiges de fer *t* articulées à des renvois de mouvements qui les mettent en rapport avec les touches du clavier, et pour la plupart des sons articulés qui sont émis, plusieurs de ces diaphragmes sont actionnés en même temps et sur des hauteurs différentes. Nous en reparlerons à l'instant.

La bouche se compose d'une cavité buccale O en caoutchouc assez analogue à une bouche humaine et fait suite au conduit dont il a été question précédemment. A l'intérieur se trouve la langue C également modelée sur la langue humaine, et qui étant reliée à deux tiges articulées *t t*, adaptées à ses deux extrémités opposées, peut se relever plus ou moins par la pointe ou s'appliquer contre le palais, suivant le commandement des touches du clavier. La lèvre inférieure A en caoutchouc peut également, mais sous l'influence d'une tige particulière *t*, être plus ou moins fermée, suivant l'action des touches du clavier. Enfin, au-dessus de la lèvre supérieure, est adaptée une pièce métallique circulaire E prenant la forme de la bouche et qui laisse au milieu une petite ouverture pour la prononciation de la lettre *f*.

Les touches du clavier sont au nombre de quatorze; elles sont de différentes longueurs, et produisent par leur abaissement les lettres suivantes : *a, o, u, i, e, l, r, v, f, s, ch, b, d, g*. La plus longue correspond au *g*, la plus courte à l'*a*. Au-dessous de la touche du *g* et de celles du *b* et du *d*, se trouvent deux pédales qui correspondent à l'ouverture du tuyau donnant les sons du nez, et à la tige qui ouvre plus ou moins le larynx, ce qui permet d'obtenir le *p*, le *t* et le *k* avec les touches du *b*, du *d* et du *g*. Voici, du reste, les effets mécaniques produits par l'abaissement successif de ces différentes touches :

1º Celle de l'*a* fait mouvoir les cinq premiers diaphragmes ;

2º Celle de l'*o* fait mouvoir ces cinq diaphragmes, mais avec des hauteurs différentes, et ferme un peu la bouche ;

3º Celle de l'*u* en fait autant, mais la bouche est plus fermée ;

4º Celle de l'*i* fait mouvoir un seul diaphragme, met le bout de la langue en l'air et ouvre davantage la bouche ;

5º Celle de l'*e* fait mouvoir les six diaphragmes, soulève la langue plus en arrière et ouvre encore plus la bouche ;

6º Celle de l'*l* fait mouvoir cinq diaphragmes, place la langue contre le palais et ouvre encore plus la bouche ;

7º Celle de l'*r* fait mouvoir les six diaphragmes, le tourniquet, place la langue moins haut et ouvre moins la bouche ;

8º Celle du *v* fait mouvoir cinq diaphragmes, ferme presque les lèvres et maintient la langue en bas ;

9º Celle de l'*f* effectue l'abaissement de l'appendice circulaire de la lèvre supérieure et ferme presque entièrement la bouche ;

10º Celle de l's fait mouvoir seulement trois diaphragmes, ferme à moitié la bouche, et soulève à moitié la langue ;

11º Celle du *ch* fait mouvoir trois diaphragmes, maintient la bouche à moitié fermée et abaisse davantage la langue ;

12º Celle du *b* soulève cinq diaphragmes, ferme la bouche et place la langue tout à fait en bas ;

13º Celle du *d* soulève six diaphragmes, ferme aux trois quarts la bouche et soulève un peu la langue ;

14º Celle du *g* soulève cinq diaphragmes, ferme la bouche aux trois quarts et abaisse complètement la langue ;

L'*m* s'obtient en abaissant la touche du *b* et en ouvrant la soupape du conduit qui donne les effets de nez ;

L'*n* s'obtient en abaissant la touche *d* et en agissant de même sur la soupape des effets de nez ;

L'*h* s'obtient avec la touche de l's, mais en abaissant
la pédale qui agit sur le larynx et qui en réduit de moitié
l'ouverture.

Les autres lettres de l'alphabet étant des sons composés
sont rendues par des combinaisons des lettres précédentes.

Les paroles prononcées par cette machine, quoique
distinctes, sont dites sur un ton uniforme et traînant qui
aurait dû, ce me semble, exclure l'idée d'une supercherie.
Plusieurs même sont loin d'être bien distinctes ; mais ces
résultats n'en sont pas moins extrêmement remarquables,
au point de vue scientifique; et quand on considère la
somme d'études et d'expériences qu'il a fallu entreprendre pour arriver à combiner tous ces dispositifs, on se
demande comment les physiciens n'ont pas prêté une plus
grande attention à une machine aussi intéressante.

Quant à l'exécution mécanique, on ne saurait trop admi-
rer avec quelle simplicité et quelle ingéniosité tous les
mouvements compliqués des différents organes *vocaux*
ont été reliés aux *touches* du clavier, dont le jeu a été
calculé de manière à ne faire agir tel ou tel organe que
juste de la quantité nécessaire pour produire l'effet
voulu. Pour obtenir ce résultat, les touches du clavier
ont des longueurs régulièrement croissantes, afin de
fournir pour un même abaissement des effets mécaniques
différents sur les tiges commandant le jeu des mécanismes, et comme la plupart de ces touches doivent réagir à la fois sur presque tous ces mécanismes, mais dans
des conditions différentes, les tiges de transmission de
mouvement sont adaptées à des leviers articulés rangés
les uns à côté des autres, et qui croisent à angle droit
les touches du clavier. En adaptant à celles-ci des taquets
de différentes hauteurs à leurs points de croisement avec
les leviers, on peut donc obtenir la mise en action simultanée de plusieurs mécanismes dans les conditions
qui conviennent aux effets qui doivent être produits.

ENREGISTREUR ÉLECTRIQUE DE LA PAROLE

DE M. AMADEO GENTILLI, DE LEIPZIG [1]

———

La machine dont nous allons maintenant parler est précisément le contraire de celle de M. Faber. Au lieu d'arriver, par un jeu de leviers, à faire mouvoir une bouche artificielle, il se sert des mouvements naturels de la bouche pour produire, par l'intermédiaire de leviers délicats, une série de conctacts électriques permettant l'enregistrement de la parole en signes analogues à ceux de l'alphabet Morse.

Son appareil se compose de deux parties : un transmetteur sur lequel agissent directement les organes de la parole et un récepteur destiné à l'enregistrement des sons.

Le transmetteur est basé sur une étude approfondie des mouvements qu'exécutent la langue et les lèvres lorsqu'on parle en tenant un objet entre les dents. Sans reproduire complètement cette étude, nous dirons, par exemple, que le *ch* doux [2], le *g*, le *k*, correspondent à des mouvements de recul plus ou moins accentués de la langue vers l'arrière-bouche ; que le *ch* dur, l'*r*, l's, le *d*, le *t*, le *sch*, l'*l*, se rapportent à des mouvements en avant plus ou moins prononcés du même organe ; que l'*a*, l'*o*, l'*u*, l'*f*, le *w*, le *b*, le *p*, sont caractérisés par des mouvements des lèvres, tandis que l'*e* et l'*i* participent des deux sortes de mou-

---

[1] Voir la *Lumière électrique*, tome III. p. 359.
[2] Il ne faut pas oublier que cette étude a été faite au point de vue de la langue allemande.

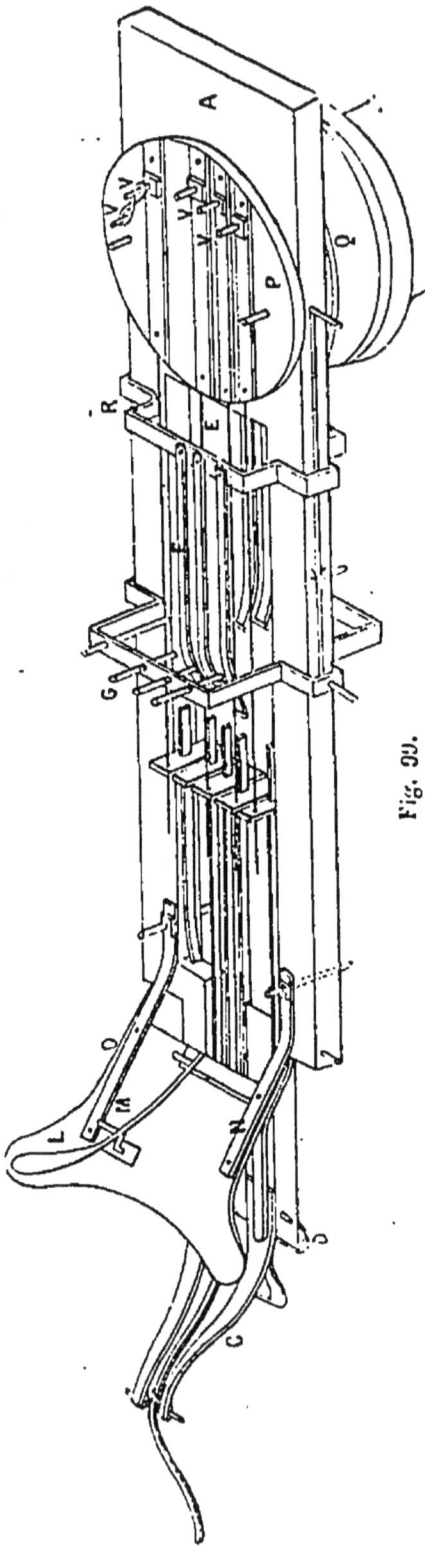

vements de la langue ; que les nasales *m* et *n* produisent un souffle spécial du nez, enfin que chaque son est caractérisé par un ou simultanément par plusieurs des mouvements que nous venons d'indiquer.

Ceci posé, l'appareil de M. Gentilli, représenté dans la figure 99, se compose d'une plaque d'ébonite A, portant à son extrémité une pièce D, destinée à être tenue entre les dents. En arrière de D, en C, sont des leviers sur l'extrémité desquels doivent agir les différentes parties de la langue ; en avant, au-dessous de la plaque MN, d'autres leviers sont actionnés par les lèvres ; enfin, un dernier organe très mobile L se meut sous l'influence du souffle nasal. La plaque MN, qui sert de support au levier L, a pour but, en outre, de le protéger contre les poils de la moustache.

Tous ces leviers, lorsqu'ils sont mis en mouvement, soulèvent des fils métalliques E, les mettent

Fig. 99.

en contact électrique avec les ressorts F, que supporte la pièce R, et, dans certains cas aussi, avec les tiges G. Les fils F sont en relation avec les pièces VV du plateau P. Au-dessous de A, en face de P, est une poignée B représentée à part, en coupe, dans la figure 100. Dans le centre de cette poignée passent des fils qui relient les pièces VV à des bornes IIII. Cha-

cune de ces bornes correspondant aux pièces VV communique, au moyen d'un fil couvert, avec un des électro-aimants de l'appareil enregistreur, puis avec un des pôles de la pile. Les ressorts E sont reliés, d'autre part, par l'intermédiaire d'une des bornes II avec l'autre pôle de la pile, et il en est de même des tiges G.

L'appareil enregistreur n'est autre qu'un récepteur Morse à 8 électro-aimants dont chacun, lorsqu'il est parcouru par le courant, détermine l'impression d'un trait sur une large bande de papier se déroulant mécaniquement comme dans l'appareil Morse.

Supposons, maintenant, que l'on place le transmetteur dans la bouche, et que l'on parle en tenant la pièce D entre les dents, chaque son émis, par suite du mouvement des lèvres et de la langue ou du souffle nasal, mettra en mouvement un ou plusieurs électro-aimants. Comme les extrémi-

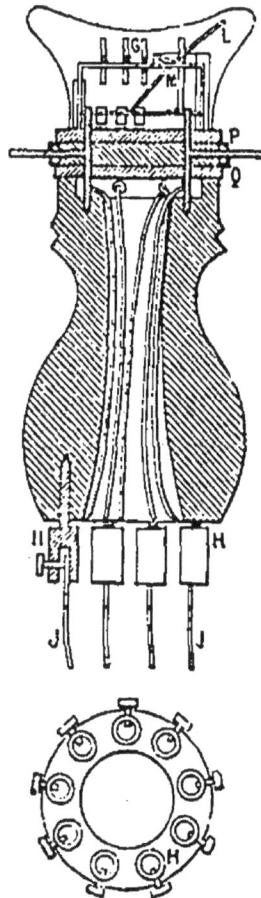

Fig. 100.

tés traçantes des leviers de ces derniers sont sur une même ligne, les points imprimés en même temps seront à la même hauteur sur la bande de papier (fig. 101). Sur cette bande une ligne longitudinale tracée à l'avance correspond à chaque électro-aimant, de sorte qu'avec un peu d'habitude on pourra relire sur la bande les paroles ainsi enregistrées, comme on lit sur la bande d'un télégraphe Morse. Le nombre et la position des points marqués sur la même ligne transversale caractérisent chaque son émis. La figure 101 donne l'alphabet entier de l'ap-

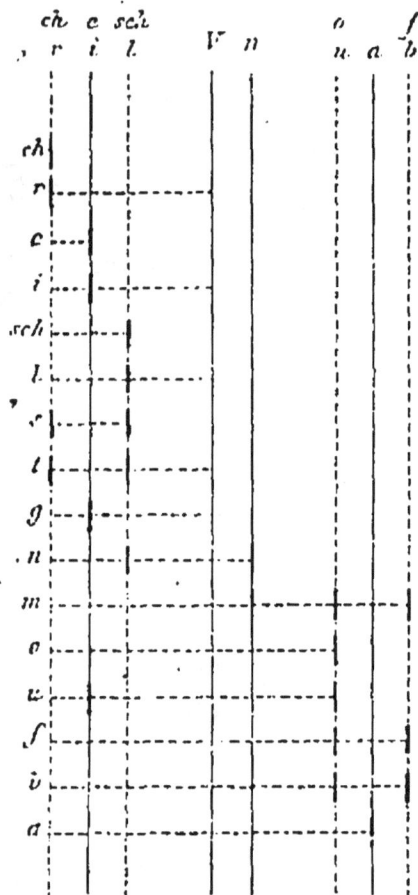

Fig. 101.

pareil : *g* et *k*, *d* et *t*, *b* et *p*, *f*, *v* et *w*, qui sont produits par des mouvements très peu différents, sont représentés par les mêmes signes ; aussi, de ces lettres, l'alphabet ne comporte-t-il que *g*, *t*, *b* et *f*. De même *c*, *z* et *x* sont représentés par *t s* et *g s*.

Dans le cas où deux sons se différencient par une différence dans l'amplitude du mouvement d'un organe, pour le son qui correspond au mouvement le plus faible, il n'y a contact qu'entre le fil E et le ressort F. Un mouvement plus accentué produit en outre un contact entre F et une des tiges G. Ce second contact, agissant sur un électro-aimant spécial, produit un trait de renforcement qui différencie le deuxième son du premier. Les traits de renforcement s'impriment sur la ligne marquée V, où ils sont indiqués, pour les lettres qui y donnent lieu, par le prolongement jusqu'en V de la ligne pointillée.

Nous n'avons pas voulu entrer trop avant dans le détail de ce système, mais nous croyons en avoir dit assez pour faire comprendre son principe.

Fonctionne-t-il aussi bien que le dit son inventeur? c'est ce que nous voudrions voir par l'expérience. Peut-être la prochaine Exposition nous en fournira-t-elle l'occasion.

En tout cas, quelque ingénieux et intéressant que soit l'appareil, nous ne voyons pas qu'il puisse recevoir d'application pratique, car nous ne concevons pas un orateur s'abandonnant au feu de l'improvisation, en serrant les dents et avec un semblable mécanisme dans la bouche.

APPENDICES

I. — Quelques dispositions téléphoniques inédites.

On ne peut s'imaginer le nombre d'expériences et d'essais faits dans ces quatre dernières années sur le téléphone et les accessoires qui en dépendent. C'est par milliers qu'il faudrait compter les ébauches et les modèles qui ont été combinés, et, tout cela, pour n'arriver le plus souvent qu'à des résultats d'une supériorité contestable. Cependant si ces essais n'ont pas donné, au point de vue de la pratique, des résultats très satisfaisants, plusieurs d'entre eux ont fourni des données très intéressantes au point de vue scientifique. D'ailleurs, il peut arriver que des appareils peu pratiques aujourd'hui puissent le devenir par suite de découvertes ultérieures, et c'est pourquoi il nous paraît important de faire connaître ceux de ces essais qui nous ont paru les plus intéressants.

Parmi les inventeurs qui se sont le plus occupés de téléphonie, nous devons citer M. Ader, dont les appareils sont aujourd'hui adoptés par la Société des Téléphones de Paris. C'est une chose curieuse, quand on va visiter ses ateliers, de voir le nombre énorme de modèles successivement combinés par lui et qui se sont trouvés abandonnés, soit pour ne pas changer sans notables avantages la fabrication des appareils courants, soit par suite de résultats capricieux ou incomplets. Toutefois, parmi tous ces modèles, nous en avons trouvé quelques-uns qui présentent un réel intérêt et que nous croyons devoir faire connaître à nos lecteurs.

L'un de ces modèles, que nous représentons figure 102, est surtout curieux par l'application à la téléphonie d'un principe physique nouveau que j'ai développé dans ma notice sur l'appareil d'induction électrique de Ruhmkorff. Ce principe est celui-ci :

Si un courant induit est transmis à un condensateur, il se produit au moment de la condensation un flux électrique de charge *qui change d: sens* au moment de la décharge, parce que celle-ci s'effectue, pendant les interruptions du courant, au sein de la bobine induite. Si le condensateur est disposé de manière que le courant de charge ait une direction sur l'une des lames et n'en ait pas sur l'autre, parce que la charge se fera dans un cas au centre de l'armature et que dans le second cas elle traversera dans sa longueur l'autre armature, on peut comprendre qu'en disposant cette dernière de manière à pouvoir vibrer comme dans le condensateur de Dolbear, on pourra impressionner la charge qui la traverse par des actions électro-magnétiques, et déterminer, par suite, un mouvement de vibration de l'armature elle-même.

Supposons donc que le condensateur en question soit représenté par un diaphragme de cuivre DD et deux pièces circulaires de fer A, B, incrustées dans deux disques d'ébonite C, C réunis, comme on le voit sur la figure, et que ces armatures de fer soient fixées sur les deux pôles d'un aimant N O S. Supposons encore que le diaphragme DD corresponde à l'un des bouts du fil secondaire de la bobine d'induction du transmetteur, alors que l'autre bout correspondra à l'aimant N O S. Dans ces conditions, il se produira, au moment de la charge, un mouvement électrique à travers le diaphragme, qui changera de sens lors de l'interruption du courant inducteur, et comme les deux armatures de fer sont chargées de la même manière, elles n'exerceront aucune action sur le diaphragme DD ; mais il n'en sera pas de même du courant magnétique de l'aimant qui pourra réagir, par ses pôles, sur le flux de charge du diaphragme, et déterminer une action mécanique sur celui-ci, comme cela a lieu sur l'auréole de l'étincelle d'induction quand on l'excite entre les pôles d'un aimant. Naturellement, cette action sera d'autant plus forte que le courant induit sera plus

énergique, et changera de sens quand la décharge s'effectuera
à travers la bobine d'induction. Il en résultera donc qu'en parlant devant un transmetteur microphonique mis en rapport
avec la bobine d'induction et capable de fournir des courants
ondulatoires, on pourra transmettre la parole à travers le système précédent qui constitue alors un récepteur téléphonique

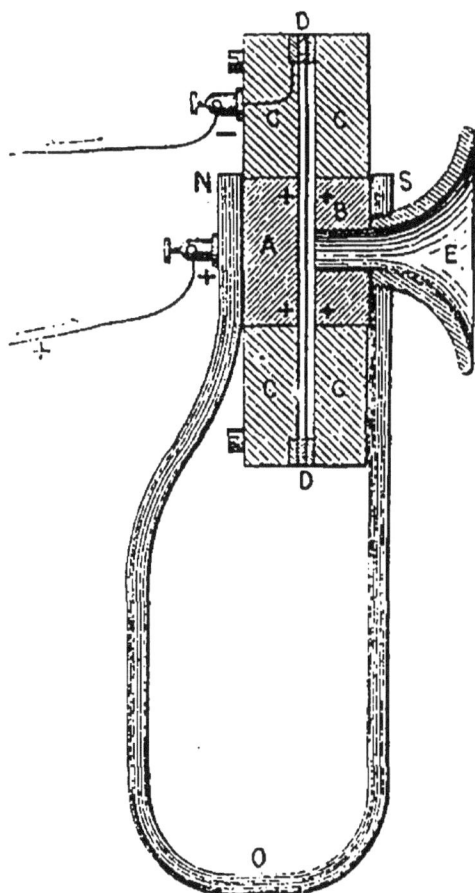

Fig. 102.

sans attractions électro-magnétiques. Cet appareil a donné
d'assez bons résultats comme netteté de sons, mais l'intensité
de ces sons n'était pas aussi grande que celle des téléphones
ordinaires, et c'est ce qui a fait négliger cette disposition.

Pour obtenir les meilleurs résultats, il fallait que les rondelles destinées à écarter le diaphragme DD des armatures de

fer A, B fussent très minces, afin que l'intervalle laissé libre entre les armatures du condensateur fût très étroit. Le courant de charge était d'ailleurs communiqué au diaphragme par une bague de cuivre incrustée dans l'un des cylindres d'ébonite.

Une autre disposition, que nous représentons figure 105, était destinée à transmettre la parole extrêmement haut, plus haut même que la voix humaine. On y est arrivé jusqu'à un certain point sous le rapport de l'intensité des sons ; mais l'articulation des mots était peu satisfaisante et inférieure même à ce que l'on obtient avec le phonographe. Toutefois, M. Ader croit que si le besoin de ce genre de téléphonie se faisait sentir, il serait possible, avec quelques perfectionnements, d'arriver de cette manière à une bonne reproduction de la parole. Mais comme ce système nécessiterait encore l'emploi de moyens très coûteux, nous doutons fort qu'il devienne très pratique. Quoi qu'il en soit, il est réellement intéressant de le décrire.

Nous commencerons par dire qu'il met à contribution une machine Gramme comme bobine d'induction, une pile de 50 éléments de Bunsen pour générateur électrique (agissant sur les inducteurs de la machine Gramme), et un transmetteur dont les contacts sont représentés par des charbons de lumière électrique disposés de manière à former deux arcs voltaïques. On voit que c'est toute une installation de cabinet de physique.

Le transmetteur se compose, comme on le voit dans la figure 105 qui en représente la coupe, d'une pièce de bois MM évidée d'un côté en forme d'entonnoir L, et présentant de l'autre côté une cavité circulaire J dans laquelle est fixé le diaphragme DD. Au centre de ce diaphragme est adaptée une rondelle munie d'un double porte-charbon A, qui est mise en communication avec le circuit de la pile P. En face des charbons C, C' adaptés à ce porte-charbon, s'en trouvent d'autres E, E' supportés par des flotteurs en fer G, G' surnageant au-dessus d'une couche de mercure occupant le fond de petites caisses en fer F, F'. Les douilles qui portent ces derniers charbons sont munies supérieurement d'un doigt contre lequel appuient des ressorts antagonistes R, R', destinés à ramener toujours dans une position déterminée les pointes de charbon. Enfin, ces mêmes douilles portent, dans le prolongement des charbons, des fils de fer H, H' entrant à mi-longueur dans des bobines B, B', mises en rapport avec le circuit de la pile, lequel circuit, comme on le voit d'après cette disposition, est double, l'une des branches correspondant aux charbons de droite, l'autre aux charbons de gauche.

Ces deux circuits, d'un autre côté, correspondent à deux hélices distinctes, qui constituent le circuit primaire du système induit X. Nous avons représenté ce système sous forme d'une simple bobine pour simplifier notre description ; mais,

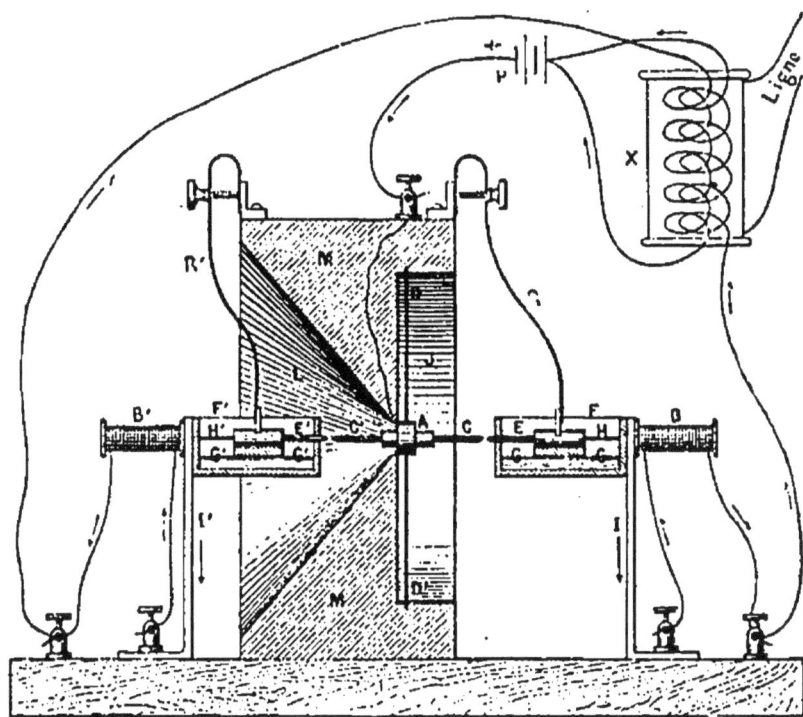

Fig 105.

en fait, c'est une véritable machine Gramme de petit modèle qui remplace cette bobine, et la double hélice doit être considérée comme entourant les noyaux de fer de l'inducteur. La liaison de ces héices avec les deux circuits dont nous avons parlé doit être telle que les deux courants dérivés doivent circuler en sens contraire ; de sorte que, quand ces courants sont égaux, ils ne produisent aucun effet sur le noyau. En revanche, si une différence d'intensité se produit dans l'un d'eux, l'in-

ducteur devient actif, et cela d'autant plus que cette différence
est plus grande. Avec cette disposition, la bobine secondaire
du système ordinaire est remplacée par la bobine induite de la
machine Gramme, qu'il faut alors animer d'une grande vitesse.
L'expér.ence a montré que c'était dans ces conditions que les
effets étaient les meilleurs et les plus puissants. Voici maintenant comment l'appareil fonctionne; mais disons tout d'a-
bord qu'on peut employer comme récepteur des téléphones
Siemens, Gower ou Ader. Rien n'est changé à cette partie du
système.

Les charbons destinés à produire l'arc voltaïque doivent,
pour fournir les effets maxima, être éloignés de un millimètre,
mais l'appareil fonctionne également quand ils sont en contact. Alors au lieu d'un arc on n'obtient que des effets d'incandescence. On parle devant la partie L de l'appareil où se trouve
  cavité en forme d'entonnoir. Sous l'influence des vibrations
du diaphragne DD, les charbons C, C′ oscillent et font varier
la résistance de l'arc proportionnellement à leur amplitude, et
  se produit d'un côté affaiblissement du courant dans l'une
des hélices de l'inducteur, de l'autre, accroissement du second
courant dans l'autre hélice. Par suite, un courant secondaire
proportionnel à la différence des deux courants primaires est
déterminé dans l'anneau Gramme, et un son plus ou moins
énergique se fait entendre dans le téléphone.

La distance des charbons est toujours régularisée, à mesure
que les charbons brûlent, par l'action des deux bobines B, B′
qui agissent comme dans un régulateur de lumière électrique
du système Archereau, et c'est à cet effet qu'ont été adaptés
les systèmes de charbons mobiles sur un flotteur (qui sont
gouvernés par les fils de fer H, H′ entrant à moitié dans les
bobines B, B′), et les ressorts antagonistes R, R′.

On comprendra maintenant facilement qu'en raison de sa
complication et des irrégularités de fonctionnement des régu-
lateurs des charbons mobiles, les nuances si délicates de la
parole articulée devaient être forcément très altérées, mais les
sons étaient d'une intensité considérable; on aurait cru entendre une voix de stentor.

L'appareil fonctionnait également avec une pile de 20 éléments Bunsen, mais c'est avec cinquante que les effets étaient
les plus remarquables.

Nous représentons figure 104 une autre disposition de transmetteur microphonique de M. Ader assez originale, fondée cette
fois sur une véritable variation de résistance du circuit téléphonique. Elle est du reste de la plus grande simplicité, comme on
va pouvoir en juger.

Sur une planche verticale est fixée une bague constituée par
une lame très longue et très mince de cuivre enroulée en spirale et dont chacune des spires est isolée de sa voisine, qui lui

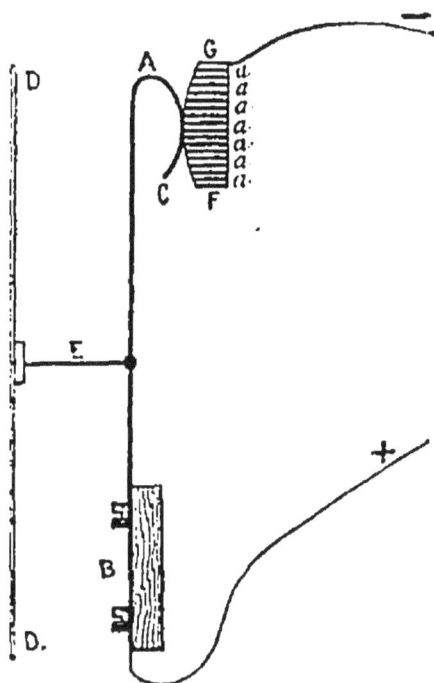

Fig. 104.

est superposée, par des bandes de papier très minces. La partie antérieure de cette bague, qui est reliée au circuit téléphonique, est légèrement bombée, comme on le voit en GF, et présente à sa partie supérieure une rainure complètement dénudée
où les différentes lames de la spirale se présentent comme les
contacts successifs d'un interrupteur multiple. En ce point de
la spirale, appuie l'extrémité d'un fil de platine faisant partie
du circuit téléphonique, qui est recourbé en CA, comme on le
voit sur la figure, et qui est fixé sur une pièce métallique B.

Ce fil est relié transversalement par un autre fil E à un diaphragme DD devant lequel on parle. En temps ordinaire, le bout
du fil recourbé AC appuie contre le milieu de la bague GF ; mais
aussitôt qu'une vibration se produit, cette partie recourbée roule
sur la bague, d'abord en dessus, puis ensuite en dessous, faisant
varier la résistance du circuit complété par la lame de la bague
d'autant de fois la circonférence de celle-ci, que les points de
tangence extrêmes du fil recourbé comprennent entre eux d'é-
paisseurs a,a,a,a,a, etc., de la lame enroulée ou de spires. Comme
ce nombre est en rapport avec l'amplitude des vibrations, on
peut obtenir de cette manière des courants ondulatoires très
accentués qui amplifient beaucoup les sons émis. Ce système
cependant ne présentait pas toute la pureté désirable dans la
reproduction de la parole.

M. Ader a cherché aussi à établir des transmetteurs téléphoniques basés sur les effets de friction. Dans un premier modèle
qu'il avait combiné il y a deux ans et demi, il obtenait ce résultat d'une manière un peu analogue à celle mise à contribution
par M. Dolbear : un bout de chaîne de Galle très petite et fixée
par l'une de ses extrémités à un diaphragme téléphonique, ve-
nait s'enrouler sur la partie circulaire d'un noyau de fer horizontal polarisé par un aimant et muni de bobines, que l'on pouvait tourner suivant son axe et qui était introduit dans un circuit
téléphonique complété par un transmetteur et une pile. En temps
normal, le courant ne passant pas à travers le système, le magnétisme communiqué au noyau maintenait fortement l'adhérence du
noyau et de la chaîne de Galle ; mais aussitôt que l'on parlait devant le transmetteur, les renforcements et les affaiblissements de
l'action magnétique qui résultaient des courants ondulatoires
transmis permettaient à la chaîne d'être entraînée par le noyau
ou de glisser sur lui au moment où l'on tournait. Le diaphragme
étant entraîné ou repoussé en même temps, reproduisait des
vibrations en rapport avec le courant ondulatoire, ce qui déterminait la reproduction de la parole. Suivant l'auteur, ce système
aurait précédé celui de M. Dolbear, mais aucune publication
n'en ayant été faite, on ne peut établir aucune priorité.

Dans le second modèle, un disque de cuivre pivotant horizontalement sur son centre frotte sur une série de ressorts mis en
rapport avec le circuit téléphonique, et de petites ailettes adaptées en dehors du disque sur des tiges disposées suivant le

rayon de celui-ci, tenaient lieu du diaphragme vibrant des appareils ordinaires. En parlant devant ces ailettes, les vibrations de l'air leur communiquaient une très légère impulsion qui, en déterminant aux points de contact du disque avec les ressorts une série de chocs et de frictions, pouvait fournir des courants ondulatoires en rapport avec l'amplitude des vibrations. Dans cet appareil les ailettes avaient la forme de petites assiettes en bois.

M. Ader a étudié aussi la meilleure forme à donner aux bobines d'induction des transmetteurs microphoniques, et il a reconnu que les bobines constituées par des anneaux à noyau de fils de fer provoquaient, pour les courants ondulatoires, les mêmes effets que les bobines droites, mais qu'elles donnaient de beaucoup moins bons résultats pour les courants interrompus, tels que ceux qui reproduisent les sons musicaux des condensateurs chantants. Cela se comprend du reste facilement, si l'on réfléchit qu'un anneau constitue un système électro-magnétique fermé dans lequel se produit une condensation magnétique qui rend plus difficiles et plus lentes les aimantations et désaimantations, et par suite moins intenses les courants induits produits. Il y a déjà longtemps M. Ruhmkorff, ayant essayé de construire de cette manière des bobines d'induction, s'aperçut qu'elles ne donnaient plus d'étincelles, et, pour en obtenir, il lui suffisait de couper l'anneau et de séparer par un intervalle d'un millimètre les deux parties disjointes. A cette époque, j'avais expliqué cet effet en montrant que, dans un système magnétique fermé, les courants induits que l'on obtenait au moment de la première fermeture du courant étaient plus intenses que ceux que l'on obtenait aux fermetures de courant subséquentes, et que, pour retrouver la première intensité, il fallait disjoindre préalablement le système. Je montrais en même temps que la tension des courants induits était beaucoup moindre avec le système fermé qu'avec le système ouvert, car dans ce dernier cas on obtenait de fortes commotions, alors que dans le premier on n'en obtenait aucune. M. Ader prétend toutefois que des bobines en forme d'anneau ont l'avantage, avec les courants ondulatoires, d'éviter les effets de crachement qui se manifestent avec les systèmes ordinaires quand les microphones sont mal construits. Mais la difficulté de construction de ces sortes de bobines annule tous les avantages qu'on pourrait tirer de cette disposition.

M. Ader a d'ailleurs reconnu que les bobines dont e oyau était polarisé par des aimants ne donnent pas, avec les courants ondulatoires, de meilleurs effets que les noyaux ordinaires non polarisés, du moins quand ils sont composés de fils de fer assez fins.

Parmi les dispositifs téléphoniques de M. Ader dont nous n'avons pas encore parlé, nous devrons citer :

1° Un transmetteur microphonique composé de 7 barres de charbon fixées parallèlement les unes à côté des autres sous une planchette de sapin et dont les angles sont abattus du côté de la planche, de manière à former six rigoles triangulaires dans lesquelles sont placées des boules métalliques (50 pour chaque rainure). Les barrettes paires et impaires pouvant être réunies aux pôles de la pile en quantité ou en tension, on obtient de cette manière des contacts multiples plus ou moins résistants (suivant les conditions du circuit), qui peuvent reproduire la parole d'une manière satisfaisante.

2° Un autre transmetteur à contact unique assez large, entre les deux charbons duquel on introduit une goutte d'huile. Bien que ce liquide ne soit pas conducteur, il peut agir en augmentant, comme liquide, l'adhérence des deux charbons en contact, et empêche les crachements, tout en développant l'intensité des sons produits. Il faut alors que les charbons soient très durs et que leur surface de contact soit polie comme du marbre.

5° Un système de transmetteur à double effet constitué par deux cylindres de charbon placés verticalement à une certaine distance l'un au-dessus de l'autre et sur lesquels appuient deux lames de ressort terminées par une petite pointe de plombagine. Une petite aiguille d'ivoire glissant verticalement dans une rainure, réagit directement sur ces deux cylindres, mais dans un sens opposé, et il en résulte que, pour chaque demi-vibration, il se produit, aux contacts, d'un côté un accroissement de pression et de l'autre côté un décroissement, effets qui peuvent s'additionner pour augmenter les différences de résistance du circuit microphonique et par suite l'intensité des sons. Dans ce système, il n'y a pas de diaphragme, et les ondes sonores de l'air peuvent agir directement sur les contacts ; mais comme la voix s'engouffre dans une espèce de compartiment en entonnoir, surmontant le support de l'ap-

pareil, il est probable que ce sont les vibrations communiquées aux parois de ce compartiment qui transmettent le plus
efficacement les vibrations de la voix au système microphonique.

4° Un transmetteur microphonique du même genre, mais
dans lequel les pièces de charbon, toujours en contact, ne sont
impressionnées par les vibrations sonores que par l'intermédiaire d'une tige d'ivoire adaptée au diaphragme d'une embouchure téléphonique, et qui agit en quelque sorte par per-
cussion; de cette manière il n'y a jamais disjonction des deux
pièces de contact, et par suite on évite les crachements; c'est
un dispositif un peu analogue au système Blake.

5° Un transmetteur à liquide, constitué par une boîte plate
d'ébonite, dont le fond est garni d'une lame de charbon et
qui porte comme couvercle, à 2 ou 3 millimètres au-dessus de
cette lame, un diaphragme de zinc. L'espace compris entre
les deux lames est rempli d'eau salée, et il suffit de réunir la
plaque de zinc et la plaque de charbon au récepteur téléphonique, pour que la parole soit reproduite sans l'intermédiaire
d'aucune pile. C'est le transmetteur lui-même qui constitue
alors la pile, et c'est la couche liquide dont la résistance augmente
ou diminue sous l'influence des vibrations de la lame de zinc,
qui joue le rôle du système microphonique.

6° Un transmetteur microphonique à contacts multiples
composé de deux prismes de charbon placés horizontalement l'un
au-dessus de l'autre, et entre lesquels sont introduits, des deux
côtés, par l'une de leurs extrémités, de petits crayons de charbon très déliés, qui portent à faux dans la rainure ainsi formée,
et qui constituent chacun, de cette manière, deux contacts
dont le degré de pression dépend de la longueur du crayon en
dehors de la rainure. Avec cette disposition, les contacts se
trouvent être forcément groupés en quantité.

7° Un récepteur téléphonique à fil de fer, dans lequel il se
produit un effet particulier et très curieux. Cet appareil consiste dans un fil de fer droit de 1 millimètre environ de diamètre, muni à chacune de ses extrémités d'une hélice de fil fin,
formant une bobine en fuseau. Si on introduit la partie centrale de cette sorte d'électro-aimant droit dans une mâchoire
en cuivre, composée d'une lèvre concave devant laquelle se
trouve une pièce droite de butée, et que le noyau magnétique

se trouve, de cette manière, soutenu sur trois points dans le voisinage de la ligne neutre, on entend, au moment de la fermeture du courant à travers le circuit téléphonique correspondant à cet électro-aimant, un son sec qui ne se renouvelle pas aux fermetures de courant subséquentes, et, pour le reproduire de nouveau, il faut retirer le fil de fer de la machine et l'y replacer ensuite. L'explication de cet effet est bien difficile, et se rattache vraisemblablement aux actions moléculaires que nous ne connaissons pas assez en ce moment pour en tirer quelque induction théorique.

Dans les conditions de l'expérience précédente, la parole ne peut être reproduite; mais si on pique le fil de fer dans une planche de bois et qu'on écoute derrière cette planche, on entend parfaitement la reproduction de la parole, car alors la seconde bobine joue le rôle de la masse métallique que M. Ader ajoute au fil de fer dans son téléphone à fil de fer.

8° Une nouvelle disposition de ce téléphone à fil de fer qui permet de rendre le récepteur pour ainsi dire microscopique; c'est un fil de fer de 1 millimètre de diamètre qui est recourbé en fer à cheval de manière à former des branches de 1 centimètre 1/2 de longueur, et qui est aplati à son point de courbure pour pouvoir être fixé sur une planchette au moyen d'une petite vis; chacune de ces branches porte une bobine de fil très fin, et les deux extrémités sont recourbées de manière à se présenter l'une devant l'autre à un millimètre de distance.

Nous allons maintenant décrire une trompette ingénieuse combinée par M. Herz, mais nous croyons devoir dire dès à présent qu'elle est fondée sur un tout autre principe que les trompettes de M. Ader; nous en représentons figure 105 le dispositif. Le récepteur n'est autre qu'un téléphone Gower R muni de son cornet acoustique T, et le transmetteur E, analogue à celui du condensateur chantant, porte de part et d'autre du diaphragme DD un double contact V, B qui lui permet de charger et de décharger un condensateur de grande surface C, de telle manière que les charges, après s'être condensées sous l'influence des vibrations positives, se trouvent neutralisées à travers le téléphone sous l'influence des vibrations négatives; ce qui détermine une action électrique très énergique qui est proportionnelle aux charges et par suite à l'intensité des courants transmis. Le condensateur dont on se servait était du

modèle employé sur les lignes télégraphiques et avait environ
7 microfarads de capacité électro-statique. La pile P se composait de 5 éléments Leclanché.

M. Barney nous a aussi envoyé une note dans laquelle il décrit
un microphone d'une disposition particulière qui, selon lui, a
donné de très bons résultats. Nous en donnons figure 106 un
dessin pour en rendre la compréhension plus facile. Dans ce

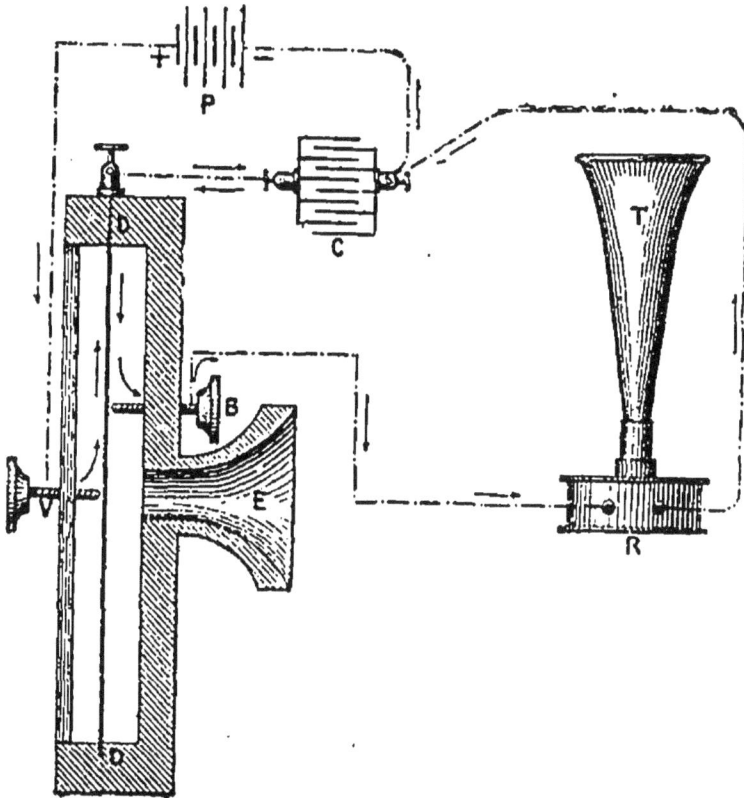

Fig. 105.

dessin, l'appareil est vu en coupe verticale. Le disque inférieur
divisé en deux parties isolées l'une de l'autre et mises en rapport avec les deux branches du circuit est en BB′; chacune de
ces parties est percée d'un trou t, t' dans lequel est introduit
un petit crayon de charbon c, c' d'environ 2 millimètres de
diamètre. Le disque supérieur qui est entier se voit en AA′: il
est percé de 3 trous plus grands que les trous t et t' et est
superposé sur l'autre à la façon de la table d'un dolmen. De

gros crayons de charbon C, C' de 6 millimètres de diamètre
sont introduits dans les trous correspondant aux trous *t*, *t'* et
appuient sur les petits crayons *c*, *c'* de manière à produire,
dans de meilleures conditions, l'effet des cônes renversés dont
M. Barney avait reconnu antérieurement l'efficacité. Ils sont
d'ailleurs très libres dans les trous à travers lesquels ils passent.
Enfin ce système de contacts est monté sur un support cylindrique en liège GG, et peut être recouvert avec un capuchon M
également en liège qui circonscrit le disque de dessous BB. Ce
système a produit, dit-on, de bons effets.

Dernièrement les journaux belges ont annoncé avec un
certain retentissement que M. Van Rysselberghe, l'auteur du
météorographe bien connu de nos lecteurs, était parvenu,

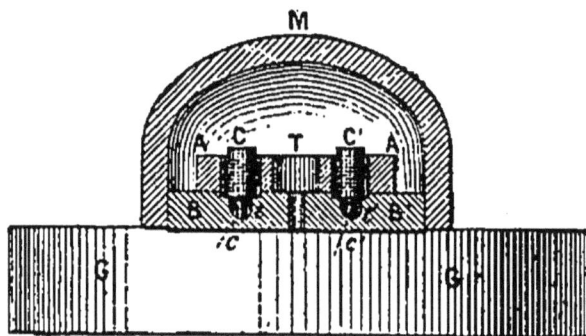

Fig. 106.

par l'addition de condensateurs aux lignes voisines des lignes
téléphoniques, à annuler complètement les effets d'induction
exercés sur ces dernières lignes. Il est probable que l'effet
produit dans ces conditions, si tant est que le renseignement
soit exact, doit être de détourner l'action inductrice. Celle-ci
trouvant, en effet, dans les condensateurs, une voie plus facile
pour se développer, s'y porte de préférence et dégage, par cela
même, les lignes sur lesquelles pourrait se porter l'induction
des effets contraires qui en sont la conséquence. Quoi qu'il en
soit, on a pu échanger en Belgique, entre Ostende et Bruxelles,
des communications téléphoniques sur un fil télégraphique,
compris entre 10 autres fils desservant 8 appareils Hughes et
2 Morse en plein travail, sans qu'on pût percevoir aucun bruit

anormal. Les sons mêmes pouvaient être entendus à une di-
zaine de centimètres de l'oreille. Il paraît du reste que le transmetteur de M. Van Rysselberghe a reçu une nouvelle disposition
qui développe beaucoup l'intensité des sons reproduits. L'invention est encore tenue secrète, et c'est le gouvernement
belge qui fait lui-même les expériences sur les lignes de l'État.
On attend beaucoup de ce nouveau système.

Enfin, pour terminer avec tous ces systèmes téléphoniques,
inédits, nous signalerons une nouvelle disposition combinée
par M. J. Moser qui permet d'actionner 50 téléphones à la fois par
un même fil, ce qui rend beaucoup plus économiques les in-
stallations pour les auditions théâtrales. Dans ce système, tous
les téléphones sont intercalés les uns à la suite des autres dans
le même circuit; mais comme ils nécessitent alors des courants
d'une assez grande tension, M. Moser emploie plusieurs transmetteurs et plusieurs bobines d'induction, en ayant soin de
réunir en tension les fils secondaires de toutes ces bobines;
de sorte que les circuits primaires se trouvent actionnés isolément par des transmetteurs séparés, et c'est une même pile
de trois éléments Daniell à large surface qui fournit, par dérivation, le courant à tous ces transmetteurs. L'auteur prétend
que les résultats de ce système sont extrêmement satisfaisants
et qu'il n'est plus besoin, en l'employant, de piles de rechange
pour les auditions théâtrales en raison de la grande constance
de la pile de Daniell.

II — Représentation des sons par des images lumineuses.

Nous avons dit dans notre volume sur le téléphone, page 227,
que M. Coulon avait pu représenter les sons provoqués par le transmetteur d'un condensateur chantant, par des apparitions lumineuses qui variaient suivant la note émise. Il nous a paru intéressant de rapporter les expériences qu'il a entreprises à ce
sujet et dont nous avions du reste parlé dans la troisième édition de cet ouvrage, page 155.

Pour obtenir le résultat que nous venons d'énoncer, M. Coulon
a eu recours à une méthode déjà indiquée par Savare, c'est-à-

dire à deux tubes de Geissler croisés l'un sur l'autre à angle
droit, et, pour éviter toute confusion, une moitié des deux
tubes est noircie, l'autre devant être seule lumineuse comme
l'indique la figure 107. Les deux tubes sont attachés à un ap-

Fig. 107.

pareil tournant, et le système est entraîné dans une rotation
rapide rendue aussi régulière que possible.

Ces deux tubes ainsi solidaires dans leur rotation ne le sont
absolument qu'en cela ; électriquement ils sont tout à fait in-

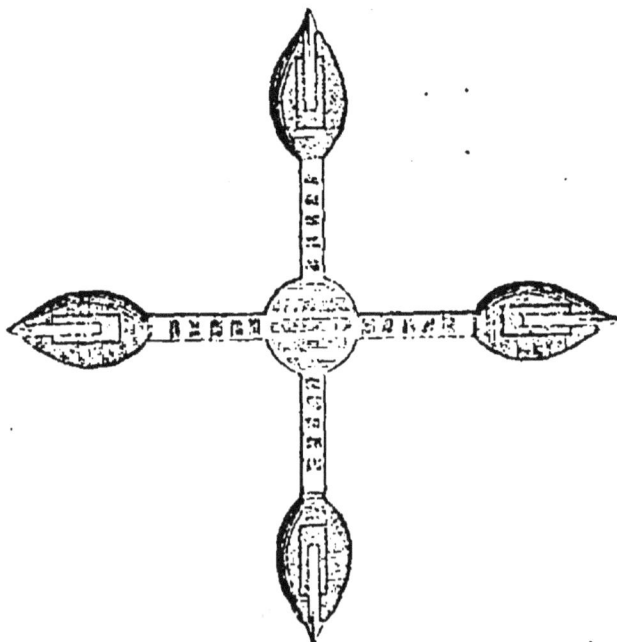

Fig. 108.

dépendants. A cet effet, les communications électriques sont
faites par des galets frotteurs, isolés les uns des autres, et
chacun des tubes a sa bobine d'induction. Sur le circuit inducteur de la première est placé un diapason électrique donnant un son déterminé toujours le même et qui sert d'inter-

rupteur. Ce diapason pourra alors envoyer dans le tube qui
est relié avec lui, un nombre connu d'étincelles par seconde et
par tour, produisant ainsi une figure lumineuse fixe. C'est au
fond la roue immobile de Savare. Le deuxième tube est celui
qui reçoit les étincelles lancées par le condensateur chantant
intercalé dans le circuit primaire de la bobine, et donne des
figures lumineuses dépendant des sons émis ; la différence sera
indiquée par la coïncidence des éclats avec ceux de la figure
placée derrière, et la moindre différence sera accusée.

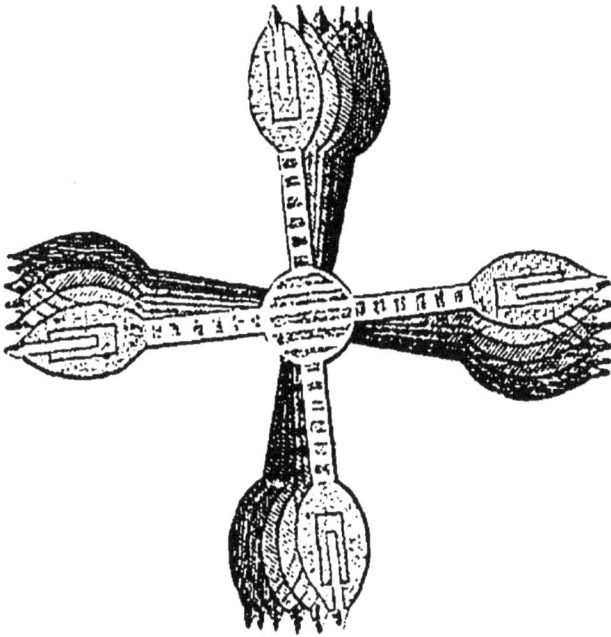

Fig. 109.

En effet, si l'on émet dans le condensateur une note qui
soit à l'unisson exact de celle qui est produite par le diapason, on voit, comme dans la figure 108, une croix lumineuse
immobile montrant la coïncidence des tubes à angle droit ;
mais pour peu que l'unisson ne soit pas exact, la croix se met
en mouvement lentement, dans un sens ou dans l'autre,
suivant qu'il y a retard ou avance dans les périodicités lumineuses, dénonçant ainsi des différences extrêmement petites
dans les nombres des vibrations (voir fig. 109.)

Si la note est changée, les coïncidences donnent des figures particulières. Lorsque les rapports des nombres de vibrations

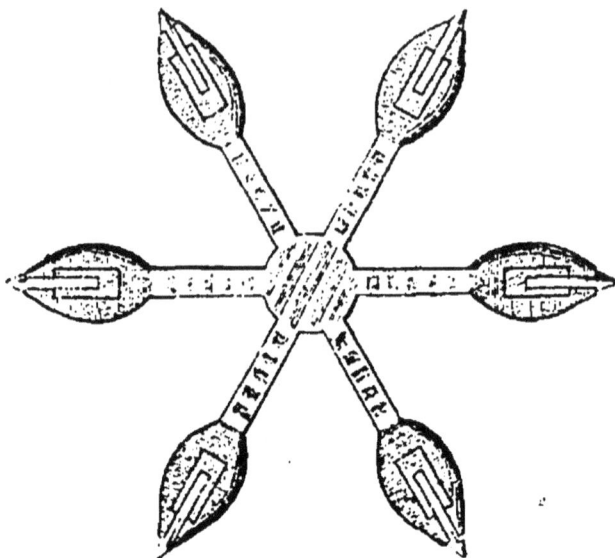

Fig. 110.

sont simples, ces figures sont fixes, les coïncidences ayant

Fig. 111.

toujours lieu aux mêmes points. Si les rapports sont compli-

qués, on a des figures mobiles. Nous donnons figures 110 et 111
la représentation de la quinte et celle de l'octave. Bien
entendu que si l'intervalle acoustique n'était pas mathémati-
quement exact, on en serait averti par la figure qui se met-
trait lentement en mouvement. C'est même un moyen très
précis d'en assurer la justesse. La figure 112 indique l'apparence du mot *Rouen*.

Les conclusions que M. Coulou tire de ses expériences
sont :

1° Que toute vibration sonore est exactement traduite en

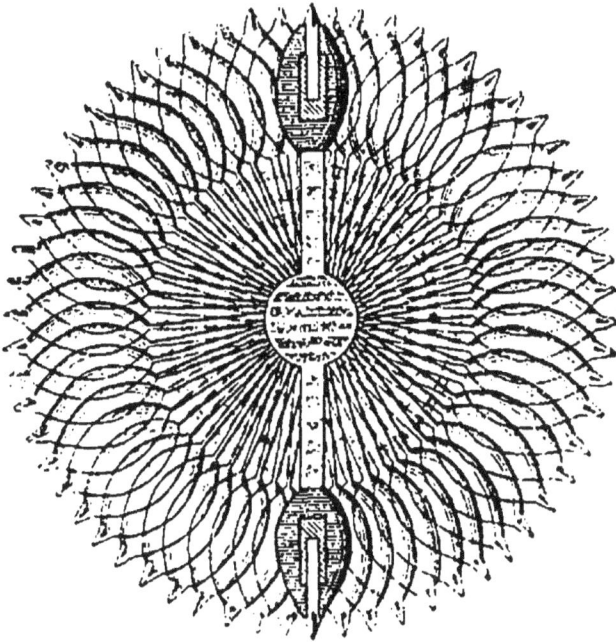

Fig. 112.

grandeur et en durée par une vibration électrique correspondante.

2° Que deux ou plusieurs systèmes de vibrations sonores
existant simultanément donnent naissance à deux ou plusieurs
systèmes de vibrations électriques, et les traduisent exactement
en intensité et en durée.

3° Que plusieurs systèmes de vibrations électriques peuvent
circuler en même temps dans le même fil sans se confondre
ou s'altérer.

Donc si la plaque du parleur est animée de deux mouvements différents, le circuit électrique sera animé de deux mouvements proportionnels aux premiers en intensité et en durée.

III. Application des vibrations électro-harmoniques aux transmissions télégraphiques simultanées.

Nous avons déjà parlé, au sujet du téléradiophone de M. Mercadier, de l'application des vibrations électro-harmoniques aux transmissions télégraphiques simultanées; mais ce système n'étant qu'une modification de systèmes du même genre depuis longtemps combinés et connus sous le nom de *télégraphes harmoniques*, nous croyons devoir faire ici un exposé rapide de ces derniers, pour faciliter la compréhension des autres. Ce qui est curieux, c'est que c'est la recherche de la solution du problème des transmissions simultanées par l'intermédiaire des vibrations électro-harmoniques, qui a conduit MM. Bell et Gray à leurs téléphones parlants que nous admirons tant aujourd'hui, et qui ont fait perdre un peu de vue les conceptions primitives.

Pour obtenir des transmissions simultanées par des moyens acoustiques, il n'est pas besoin de téléphones articulants, de simples diapasons peuvent suffire, et, pour le comprendre, il nous suffira d'en exposer brièvement le principe.

Qu'on imagine aux deux stations en correspondance sept vibrateurs électro-magnétiques accordés sur les différentes notes de la gamme et d'après un même diapason, et admettons qu'une touche analogue à une clef Morse permette, par son abaissement, de faire réagir électriquement chaque vibrateur : on comprendra aisément que ces vibrateurs pourront faire réagir par le même moyen les vibrateurs correspondants de la station opposée; mais il faudra qu'ils soient accordés sur la même note, et la durée des sons émis sera en rapport avec la durée de l'abaissement des touches. On pourra donc, au moyen d'un abaissement court ou prolongé, obtenir des sons longs et brefs qui pourront constituer les éléments du langage télégraphique usité dans le système Morse, et, par conséquent, se prêter à une transmission télégraphique auditive. Admettons maintenant que, devant chacun des vibrateurs dont nous avons parlé, soit placé un employé télégraphiste façonné à ce genre de transmission, et que ces employés transmettent en même temps par ce moyen des dépêches différentes : le fil télégraphique se trouvera instantanément traversé par sept courants interrompus et superposés qui, à la station d'arrivée, sembleraient ne devoir fournir sur tous les vibrateurs qu'un mélange de bruits confus, mais qui, en raison de l'accord existant entre les vibrateurs en correspondance, n'influenceront d'une manière sensible que ceux de ces vibrateurs auxquels ils sont destinés. La prédominance des sons ainsi reproduits pourra d'ailleurs être accentuée davantage en adaptant à chaque vibrateur un *résonnateur d'Helmholtz*[1], c'est-à-dire un appareil acoustique susceptible de ne vibrer que sous l'influence d'une seule note sur laquelle il aura été accordé. Par ce moyen, il deviendra donc possible de *trier* les sons transmis et de ne faire arriver aux oreilles de chaque employé que les sons qui lui sont destinés. Conséquemment, que les sons soient mêlés ou non sur les vibrateurs d'arrivée, l'employé du *do* ne recevra que des *do*, l'employé du *sol* ne recevra que des *sol*, etc., de sorte que tous les employés pourront correspondre entre eux comme s'ils avaient chacun un fil spécial.

Tel qu'il vient d'être exposé, ce système télégraphique ne

1. Le résonnateur d'Helmholtz repose sur ce principe qu'un volume d'air contenu dans un vase ouvert émet une certaine note quand il est mis en vibration, et que la hauteur de cette note dépend de la dimension du vase et de celle de l'ouverture découverte. La forme employée par Helmholtz est celle d'un globe, avec ouverture large sur un côté et petite sur l'autre ; c'est cette dernière qu'on approche de l'oreille. S'il y a dans l'air une série de sons musicaux, c'est celui qui est d'accord avec la note fondamentale du globe qui est renforcé et qui est perçu parmi tous les autres. C'est du reste le même effet qui se produit quand, en chantant dans un piano, on entend certaines cordes qui vibrent plus fortement que les autres. Ce sont précisément celles qui vibrent à l'unisson des sons émis. On a donné aux résonnateurs des formes bien différentes ; les plus employés sont des caisses plus ou moins longues qui servent en même temps de boîtes sonores. Ces boîtes avaient du reste été imaginées avant M. Helmholtz par Savare.

permettrait que des transmissions auditives, et l'on ne pourrait pas, par conséquent, obtenir aucunes traces des dépêches envoyées. Pour obvier à cet inconvénient, on a imaginé de faire réagir les vibrateurs du poste de réception sur des enregistreurs, en disposant ceux-ci de manière que leur organe électrique présentât assez d'inertie magnétique pour que, étant mis en action sous l'influence des vibrations sonores, il pût maintenir l'effet produit tout le temps de la vibration. L'expérience a montré qu'un récepteur Morse, animé par le courant d'une pile locale, suffisait parfaitement pour cela; de sorte qu'en faisant réagir le vibrateur musical comme relais, c'est-à-dire sur un contact en rapport avec la pile locale et le récepteur, on pouvait obtenir sur celui-ci les traces longues et courtes qui sont les éléments constituants du langage de Morse.

D'après ces principes, et considérant les espaces musicaux séparant les différentes notes de la gamme comme suffisants pour être facilement distingués par le résonnateur, on pourrait donc obtenir sept transmissions simultanées à travers le même fil; mais l'expérience a montré qu'il fallait se contenter d'un moins grand nombre. Toutefois, comme on peut appliquer à ce système les moyens de transmission en sens contraire, on peut doubler ce nombre facilement.

Suivant M. G. Bell, l'idée de l'application du téléphone aux transmissions électriques multiples serait venue simultanément à MM. Paul Lacour de Copenhague, à M. Elisha Gray de Chicago, à M. C. Varley de Londres et à M. Edison de New-Marc; mais nous croyons qu'il a fait confusion, car nous voyons déjà, les brevets en main, que le système de M. Varley date de 1870, que celui de M. Paul Lacour date de septembre 1874, que celui de M. Elisha Gray date de février 1875, et que ceux de MM. Bell et Edison sont postérieurs; mais si l'on se reporte aux caveats de M. Elisha Gray, on pourrait croire que c'est lui qui, le premier, a conçu et exécuté des appareils de ce genre. En effet, dans un caveat rédigé le 6 août 1874, il exposait nettement le système que nous avons décrit précédemment et qui fut la base de ceux dont nous parlerons plus loin. Ce caveat n'était d'ailleurs lui-même qu'un complément de deux autres remplis en avril et en juin 1874. Quant au système de M. Varley, il ne se rapportait que très indirectement à celui que nous avons exposé. Du reste, M. Bell lui-même ne semble avoir attaché maintenant qu'un intérêt secondaire à cette invention. Voici, toutefois, ce qu'il disait à cet égard dans son mémoire lu à la Société des ingénieurs télégraphistes de Londres :

Ayant été frappé de l'idée que la durée plus ou moins grande d'un son musical pouvait représenter le point et la barre de l'alphabet télégraphique, je pensai qu'au moyen d'un clavier de diapasons (analogue à celui d'Helmholtz) adapté à l'une des extrémités d'une ligne télégraphique et disposé de manière à réagir électriquement à l'autre bout de la ligne sur des appareils électro-magnétiques frappant sur des cordes de piano, on pourrait obtenir, par des combinaisons convenables de sons longs et courts, des transmissions télégraphiques simultanées, dont le nombre ne pourrait être limité que par la délicatesse de l'ouïe. Il ne s'agissait pour cela que d'affecter au service de la transmission un employé pour chaque touche du clavier, et de faire en sorte que son correspondant ne pût distinguer, au milieu de tous les sons transmis, que celui qui lui était propre. Cette idée envahit tellement mon esprit que je ne m'occupai plus que de résoudre le problème ainsi posé, et c'est ce qui m'a conduit à mes recherches sur la téléphonie.

Pendant plusieurs années, je cherchai le meilleur moyen de reproduire, à distance, les sons musicaux au moyen de rhéotomes à trembleur; celui qui m'a donné les meilleurs résultats était une lame d'acier vibrant entre deux contacts et dont les vibrations étaient provoquées et entretenues électriquement au moyen d'un électro-aimant et d'une batterie locale. Par suite de sa vibration, les deux contacts se trouvaient alternativement touchés, et il en résultait des fermetures alternatives de deux circuits, l'un local qui entretenait le mouvement de la lame, l'autre en rapport avec la ligne, et qui réagissait à distance sur le récepteur de manière à lui faire accomplir des vibrations isochrones. Une clef Morse était adaptée dans ce dernier circuit près de l'appareil transmetteur, et, quand elle était abaissée, les vibrations étaient transmises à travers la ligne; quand elle était relevée, ces vibrations cessaient, et l'on comprend aisément qu'en abaissant plus ou moins longtemps la clef, on pouvait obtenir les sons brefs et longs nécessaires aux différentes combinaisons du langage télégraphique. De plus, si la lame vibrante de l'appareil récepteur avait été réglée de manière à vibrer à l'unisson de celle de l'appareil transmetteur correspondant, elle devait vibrer beaucoup mieux avec ce transmetteur qu'avec un autre qui n'aurait pas eu sa lame ainsi accordée.

Il est facile de comprendre, d'après cette dispiostion d'interrupteur, comment on peut obtenir avec plusieurs lames de son différent, des transmissions simultanées, et comment, au poste de réception, il est possible de distinguer les sons qui sont destinés à chaque employé, puisque c'est celui qui se rapporte au son fondamental de chaque lame vibrante qui est reproduit le plus fortement par cette lame. Conséquemment, les sons provoqués par la lame vibrante du *do*, par exemple, ne seront bien perceptibles à la station d'arrivée que sur l'appareil dont la lame aura été accordée sur le *do*, et il en sera de même pour les autres lames ; de sorte que les sons arriveront à destination, sinon sans confusion, du moins suffisamment nets pour être distingués par les employés.

Sans entrer dans les détails de cette disposition, je dirai seulement qu'il existait dans ce système plusieurs défauts qui peuvent se résumer ainsi :

1° L'employé qui devait recevoir les dépêches devait avoir une bonne oreille musicale afin de bien distinguer la valeur des sons.

2° Les signaux ne pouvant être produits qu'autant que les courants transmis sont dans la même direction, il fallait employer deux fils pour échanger les dépêches dans les deux directions.

Je surmontai la première difficulté en adaptant au récepteur un appareil auquel je donnai le nom d'interrupteur de circuit vibratoire, et qui permettait d'enregistrer automatiquement les sons produits. Cet interrupteur était disposé dans le circuit d'une pile locale qui pouvait actionner un appareil Morse sous certaines conditions. Quand les sons émis par l'appareil ne correspondaient pas à ceux pour lesquels il avait été accordé, l'interrupteur restait sans action sur l'appareil télégraphique ; au contraire il agissait sur lui quand les sons émis étaient ceux qui devaient être interprétés, et naturellement cette action durait plus ou moins, suivant que ces sons étaient brefs ou longs. Dès lors, on obtenait sur l'appareil télégraphique le points et les traits qui correspondaient aux signaux transmis.

M. Bell dit encore qu'il a appliqué ce système aux télégraphes électro-chimiques, mais nous n'insisterons pas davantage sur cette partie de l'invention, puisque, ainsi que nous l'avons dit, il ne semble plus s'en occuper spécialement.

Système de M. Paul Lacour de Copenhague. — Le système de M. Paul Lacour a été breveté le 2 septembre 1874, mais les premières expériences ont été faites dès le 5 juin de la même année. A cette époque, comme M. Lacour craignait que les vibrations ne fussent pas perceptibles sur de longues lignes, les essais ne furent entrepris que sur une ligne assez

courte; mais au mois de novembre 1874, de nouvelles expériences furent exécutées entre Frédériccia et Copenhague, sur
une ligne dont la longueur était de 390 kilomètres, et l'on put
constater que les effets vibratoires pouvaient être transmis
facilement, même sous l'influence d'une pile assez faible.

Dans le système de M. P. Lacour, l'appareil transmetteur
est un simple diapason soutenu horizontalement, et dont l'un
des bras réagit sur un interrupteur de courant qui peut produire à travers la ligne un nombre d'émissions de courants
exactement égal à celui des vibrations du diapason. Si un
manipulateur Morse est interposé dans le circuit, on comprend aisément qu'en le manœuvrant de manière à produire
les traits et les points de l'alphabet Morse, on pourra reproduire ces sortes de signaux à la station opposée, et ces signaux

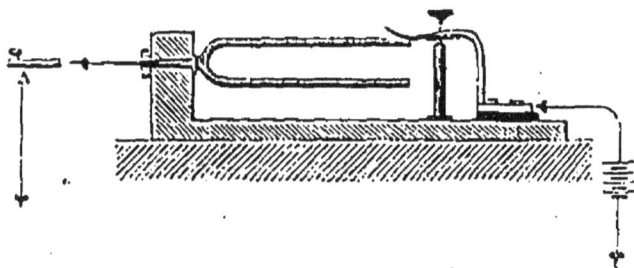

Fig. 113.

s'y manifesteront par des sons longs et courts, si un récepteur
électro-magnétique est disposé en conséquence. Ce transmetteur est indiqué figure 113.

La figure 114 représente le récepteur de M. Lacour. C'est un
diapason F, non plus en acier comme le diapason transmetteur,
mais en fer doux et dont chacune des branches est introduite
dans le tube d'une bobine électro-magnétique C,C; deux électro-aimants particuliers M,M réagissent très près de l'extrémité
antérieure de ces branches et de telle manière que les polarités développées sur ces branches sous l'influence des bobines
C,C, se trouvent être de noms contraires à celles des électro-
aimants M,M. Si ce double système électro-magnétique est interposé dans un circuit de ligne, il arrivera que, pour chaque
émission de courant qui sera transmis, il se produira une attraction correspondante des branches du diapason, d'où naîtra

19

une vibration et par suite un son, si ces émissions sont nombreuses. Ce son sera naturellement bref ou long, suivant la
durée d'action du transmetteur, et il sera le même que celui
du diapason de cet appareil. De plus, si l'une des branches du
diapason réagit sur un contact l' introduit dans le circuit
d'une pile locale correspondant à un récepteur Morse, il pourra
se produire sur ce récepteur des traces qui seront longues ou
courtes suivant la durée des sons reproduits, car l'électro-aimant du Morse se trouvera si promptement actionné par ces

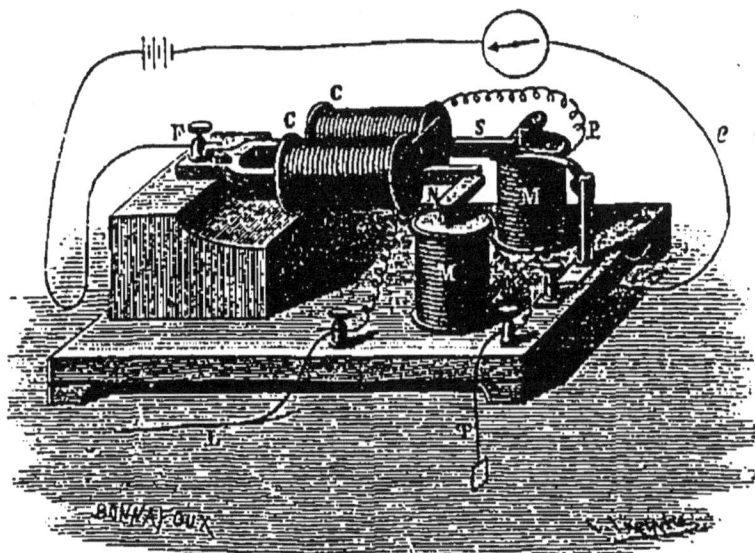

Fig. 114.

fermetures successives de courant, que son armature ne
changera pas de place pendant toute la durée de chaque
vibration.

Je n'ai pu encore, dit M. Lacour, à l'Académie des sciences de
Danemark, en 1875, calculer le temps nécessaire pour produire dans
le diapason du récepteur des vibrations d'un ordre déterminé. Ce
temps est fonction de divers facteurs : mais l'expérience a montré
que le temps qui s'écoule avant la fermeture du circuit local est
une fraction de seconde si petite qu'elle est presque inappréciable,
même quand le courant est très faible.

Comme les courants intermittents n'agissent sur un diapason qu'à

la condition que ce diapason vibre à l'unisson de celui qui produit
ces courants, il en résulte que, si l'on dispose à l'une des extrémités
d'un circuit une série de diapasons transmetteurs accordés sur différentes notes de l'échelle musicale, et que l'on dispose à l'autre
extrémité une série semblable de diapasons électro-magnétiques
accordés exactement sur les autres, les courants intermittents qui
seront transmis par les diapasons transmetteurs se superposeront
sans se confondre, et chacun des diapasons récepteurs électro-
magnétiques ne sera impressionnable qu'aux courants lancés par le
diapason vibrant à son unisson. De cette façon, les combinaisons
de signaux élémentaires représentant un mot pourront être télégra-
phiées au même instant.

M. Lacour énumère de la manière suivante les applications
que l'on peut faire de ce système :

Si les clefs reliées aux diapasons transmetteurs sont placées les
unes à côté des autres et abaissées successivement ou simultanément
en nombre plus ou moins grand, il suffira de jouer de ces clefs
comme on joue de celles d'un instrument de musique pour jouer un
air à distance; ou bien encore les signaux transmis simultanément
pourront appartenir chacun à une dépêche différente. Ce système
permettra donc à la station extrême d'une ligne de communiquer
avec une ou plusieurs stations intermédiaires et *vice versa*, sans
troubler en rien l'installation des autres postes. Ainsi deux des stations pourront s'envoyer des signaux sans que les autres s'en aper-
çoivent. Cette faculté de transmettre beaucoup de signaux à la fois
donne un moyen avantageux de perfectionner le télégraphe autographique. Dans les appareils qui existent actuellement, tels que ceux
de Caselli, de d'Arlincourt et autres, il n'y a qu'un seul style traceur, et, pour obtenir la copie d'un télégramme, il faut que ce style
passe sur toute sa surface; mais avec le système précédent, on peut
placer un certain nombre de styles à côté les uns des autres de manière à figurer un peigne, et il suffit de tirer ce peigne dans un sens
pour qu'il parcoure la surface du télégramme. On obtiendra ainsi en
moins de temps une copie plus fidèle.

M. Lacour fait remarquer également que son système offre
cet avantage déjà signalé par M. Varley, que ses appareils
laissent passer les courants ordinaires sans en accuser la présence, d'où il résulterait que les courants accidentels qui
troublent généralement les transmissions télégraphiques, seraient sans action sur les systèmes télégraphiques dont il vient
d'être question.

Dans l'origine, M. Lacour n'avait pas adapté au transmetteur de son appareil un système électro-magnétique pour entretenir le mouvement du diapason; mais il n'a pas tardé à reconnaître que cet accessoire était indispensable, et il a dû faire de ses diapasons des électro-diapasons. D'un autre côté, il a pensé à transformer les courants transmis en courants ondulatoires en interposant dans le circuit, comme l'avait fait du reste M. Elisha Gray, une bobine d'induction. Enfin, pour obtenir la mise en action immédiate des diapasons et la cessation également immédiate de leur action, il les a construits de manière à rendre leur inertie aussi petite que possible. Le moyen qui lui a le mieux réussi a été d'introduire d'abord les deux branches du diapason dans une même bobine, et de prolonger en arrière le pied du diapason de manière qu'après s'être recourbé il passât à travers une seconde bobine, se divisant en deux branches et embrassant sans les toucher les deux branches vibrantes. Lorsqu'un courant traverse les deux bobines, il produit dans ces deux systèmes, qui constituent une sorte d'électro-aimant en fer à cheval, des polarités contraires qui provoquent une double réaction sur les branches vibrantes, réaction par répulsion exercée par ces deux branches en raison de leur même polarité, réaction par attraction par les deux autres branches en raison de leurs polarités contraires, et cette double action est renouvelée par le jeu d'un interrupteur de courant adapté à l'une des branches vibrantes du diapason.

Système de M. Elisha Gray. — Dans le système breveté primitivement, chacun des transmetteurs dont nous représentons, figure 115, la disposition, se compose d'un électro-aimant MM soutenu au-dessous d'une petite tablette de cuivre BS, de manière que ses pôles traversant cette tablette viennent affleurer l asurface supérieure de celle-ci. Au-dessus de ces pôles se trouve fixée une lame d'acier AS qui peut être tendue plus ou moins au moyen d'une vis S, et contre laquelle vient appuyer une autre vis c, mise en rapport électrique avec une pile locale R′ par l'intermédiaire d'une clef Morse. Au-dessous de cette lame AS se trouve un contact d relié au fil de ligne L, lequel contact, étant rencontré par la lame au moment de son attraction par l'électro-aimant, ferme le courant d'une pile de ligne P qui agit sur le récepteur de la station opposée. Enfin des communica-

tions électriques établies entre la pile locale R′ et l'électro-
aimant, comme on le voit sur la figure, permettent de déterminer à chaque abaissement de la clef, et à la manière des
trembleurs ordinaires, des vibrations de la part de la lame
d'acier AS, vibrations qui, pour une tension convenable de cette

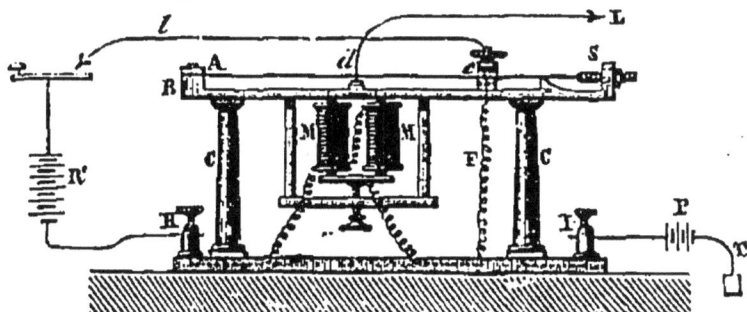

Fig. 115.

lame et une intensité donnée de la pile R′, peuvent fournir une
note musicale déterminée. De plus, comme à chaque vibration
cette lame AS rencontre le contact d, des émissions du courant de ligne sont produites à travers la ligne L, et peuvent
réagir sur l'appareil récepteur en lui faisant reproduire exactement les mêmes vibrations que sur l'appareil transmetteur.

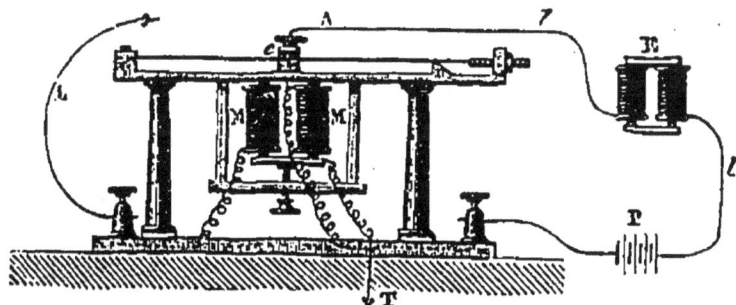

Fig 116.

L'appareil récepteur que nous représentons figure 116 est
exactement semblable à celui que nous venons de décrire,
seulement le contact d manque au-dessous de la lame vibrante
AS, et le contact c, au lieu de correspondre au fil de ligne, est
relié électriquement à un enregistreur E et à une pile locale
P. Or il résulte de cette disposition que quand la lame AS

vibre sous l'influence des courants interrompus traversant l'électro-aimant MM, des vibrations semblables sont transmises à travers l'enregistreur; mais si l'organe électro-magnétique de cet enregistreur est convenablement réglé, ces vibrations ne pourront produire que l'effet d'un courant continu, et dès lors les traces laissées sur l'appareil seront plus ou moins longues suivant la durée des sons produits : on aura donc de cette manière l'enregistration des traits et des points qui composent les signaux du vocabulaire Morse.

Si l'on considère maintenant que la lame AS peut vibrer d'autant plus facilement, sous l'influence des attractions électro-magnétiques, que le nombre de ces attractions se rapproche davantage de celui des vibrations correspondantes au son fondamental qu'elle peut émettre, on comprend immédiatement qu'en accordant cette lame sur celle de l'appareil transmetteur correspondant, de manière à lui faire produire le même son, elle deviendra particulièrement impressionnable aux vibrations transmises par le transmetteur, et les autres vibrations qui pourraient l'affecter n'agiront que faiblement. De plus, un résonnateur placé au-dessous de cette lame pourra encore augmenter dans une grande proportion cette prédisposition; de sorte que si plusieurs systèmes de ce genre, accordés sur des tons différents, fournissent des transmissions simultanées, les sons en rapport avec les différentes vibrations transmises se trouveront en quelque sorte triés et distribués, malgré leur mélange, sur les récepteurs qui leur sont spécialement appropriés, et chacun d'eux pourra conserver les traces des sons émis, par l'adjonction de l'enregistreur qui pourra être d'ailleurs un récepteur Morse ordinaire convenablement disposé. Suivant M. Elisha Gray, il peut y avoir autant d'appareils transmetteurs et de circuits locaux indépendants qu'il y a de tons et de demi-tons dans deux octaves, ou plus, pourvu que chaque lame vibrante soit accordée sur une note différente de l'échelle musicale. Les instruments pourront être placés les uns à côté des autres, et leurs clefs locales respectives, disposées comme les touches d'un piano, permettront de jouer facilement un air composé de notes et d'accords; on pourra encore espacer les appareils et même les éloigner assez les uns des autres pour que chaque employé ne soit pas importuné par des sons autres que ceux qui sont propres à l'appareil dont il est chargé.

. Dans une disposition qui a figuré à l'Exposition uni-
verselle de 1878, M. Elisha Gray a modifié assez notablement le
mode de fonctionnement des divers organes électro-magnétiques
que nous venons de décrire; cette fois les lames sont constituées par de véritables diapasons à une branche qui vibrent
continuellement aux deux stations, et les signaux ne sont

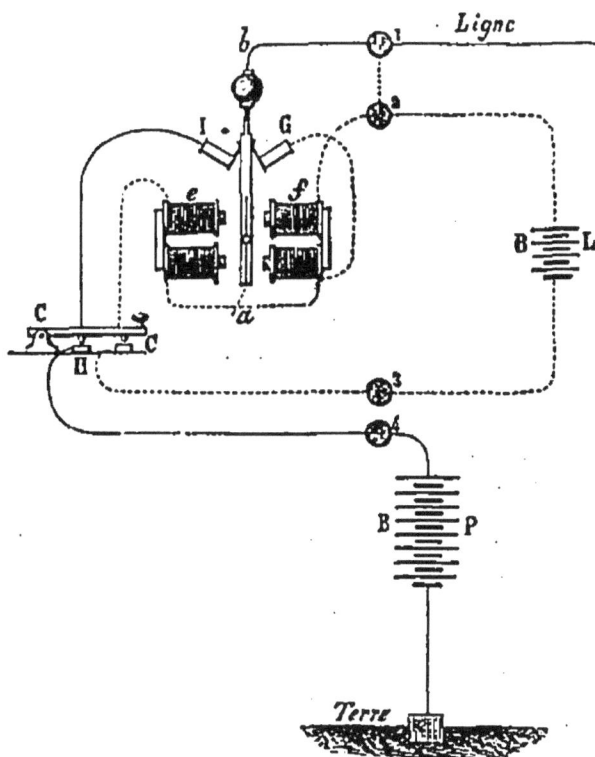

Fig. 117.

perçus que par des renforcements dans l'intensité des sons produits.

Dans ces conditions, le transmetteur se compose, comme on
le voit figure 117, d'une branche de diapason *a* munie d'une
rainure dans laquelle peut courir un curseur pesant afin d'accorder le diapason sur la note voulue, et qui oscille entre
deux électro-aimants *e* et *f* et deux contacts I et G. Ces électro-
aimants ont une résistance très différente; celle de l'un *f* est
de 3 kilomètres de fil télégraphique, et celle de l'autre ne dépasse
pas 400 mètres. Les communications électriques étant établies

ainsi qu'on le voit sur la figure, voici ce qui se passe : le courant de la pile locale BL étant fermé à travers les deux électro-aimants *e* et *f* par le contact de repos de la clef Morse H, la lame *a* se trouve sollicitée par deux actions contraires; mais comme l'électro-aimant *f* a plus de spires que l'électro-aimant *e*, son action est prépondérante, et la lame *a* se trouve attirée du côté *f*, déterminant avec le ressort G un contact qui ouvre une issue moins résistante au courant. Celui-ci passant alors presque entièrement par G, *b*, 1, 2, B, permet à l'électro-aimant *e* d'exercer à son tour son action; la lame *a* se trouve alors attirée vers *e* et, déterminant un contact sur le ressort I, peut transmettre à travers la ligne télégraphique le courant de ligne BP, si la clef H est en ce moment abaissée sur le contact de transmission; si elle ne l'est pas, aucun effet n'a lieu de ce côté; mais comme la lame *a* a abandonné le ressort G, le premier effet attractif de l'électro-aimant *f* se renouvelle et tend à attirer de nouveau la lame vers *f*, et les choses se renouvelant ainsi indéfiniment, la vibration de la lame *a* se trouve entretenue, déterminant des émissions de courants de ligne en rapport avec ces vibrations, toutes les fois que la clef H se trouve abaissée. Ces vibrations sont d'ailleurs facilitées par l'élasticité de la lame qui doit d'ailleurs être mise en vibration mécaniquement au début.

Le récepteur que nous représentons figure 118 consiste dans un électro-aimant M, monté sur une caisse sonore C et dont l'armature est constituée par une lame de diapason LL solidement fixée sur la caisse avec arc-boutant par une traverse T. Cette armature porte un curseur P, mobile dans une rainure, qui permet d'accorder ses vibrations propres sur la note fondamentale de la caisse sonore C, laquelle doit vibrer à l'unisson avec elle et est disposée en conséquence. Par conséquent, quand la lame LL vibre, l'intensité de la note fondamentale est amplifiée suivant les lois bien connues des résonnateurs, et un son ne pourra être reproduit par elle qu'à la condition de vibrer à l'unisson avec elle. Dans ces conditions, la caisse aussi bien que le diapason agira donc comme un analyseur des vibrations transmises par les courants, et pourra faire fonctionner l'enregistreur en réagissant elle-même sur un interrupteur de courant local. Pour obtenir ce résultat, il suffit de tendre devant l'ouverture de la caisse une membrane de baudruche ou de parchemin et d'y adapter un contact de platine disposé de manière à rencontrer, quand la membrane entre en vibration, un ressort métallique relié à un enregistreur quelconque, soit un appareil Morse. Toutefois, comme en Amérique les dépêches sont généralement reçues au son, on n'emploie pas ce complément du système.

On règle l'appareil non seulement au moyen du curseur P, mais encore d'une vis de réglage V qui permet de placer l'électro-aimant M. dans une position convenable; ce réglage est assuré au moyen de la petite vis *v*, et l'appareil est relié à la

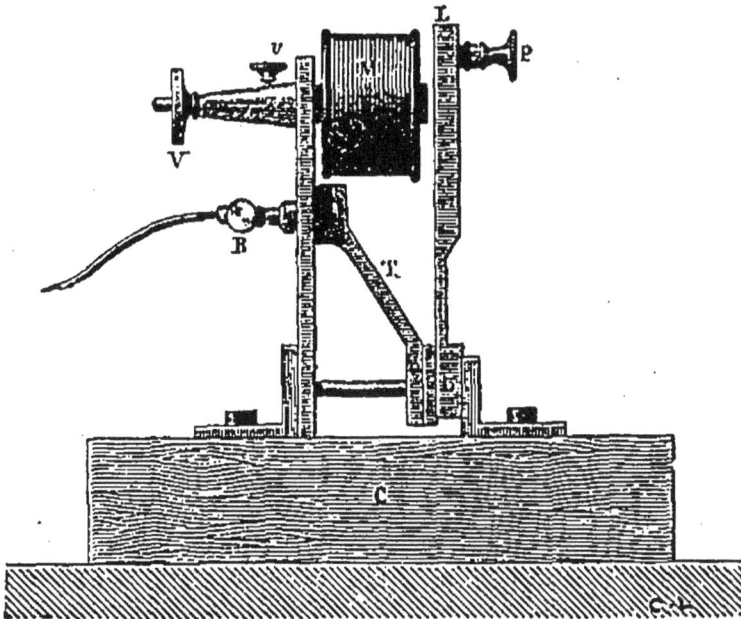

Fig. 118.

ligne par le bouton d'attache B. Ce double dispositif est naturellement établi pour chacun des systèmes de transmission.

Comme je le disais, on pourrait à la rigueur transmettre simultanément de cette manière sept dépêches différentes à la fois, mais jusqu'à présent M. Elisha Gray n'a disposé ses appareils que pour quatre. Il leur a appliqué toutefois la combinaison en *duplex*, ce qui lui a permis de doubler le nombre des transmissions; de sorte que huit dépêches peuvent être transmises en même temps, quatre dans le même sens, quatre en sens contraire.

Ce système a été expérimenté à plusieurs reprises en Amérique et il a fourni de très bons résultats. On l'expérimente en ce moment en France entre Paris et Bruxelles; mais dans son application pratique on a dû disposer d'une manière un peu différente les appareils, et on pourra trouver les derniers dispositifs qui ont été combinés, dans de longs articles publiés dans le journal *la Lumière Électrique* du 20 juillet 1881, page 81, et du 7 janvier 1882, page 6. Nous ne pouvons en conséquence que renvoyer à ces articles les lecteurs que cette question intéresse.

M. Elisha Gray a combiné encore, conjointement avec M. Haskins, un système dans lequel il peut effectuer des transmissions téléphoniques sur un fil déjà desservi par des appareils Morse. C'est un problème qu'avait résolu avant lui M. Varley; mais le système de M. Elisha Gray paraît avoir fourni des résultats très importants, et à ce titre il mérite de fixer l'attention. Nous ne le décrirons pas toutefois ici, car nous sortirions du cadre que nous nous sommes tracé; ceux que cette question pourra intéresser trouveront du reste tous les détails nécessaires dans un article inséré dans le journal *la Lumière Électrique* du 5 novembre 1878, page, 251.

Système de M. Varley. — Ce système est évidemment le premier en date, puisqu'il a été breveté en 1870 et que ce brevet indique en principe la plupart des dispositifs adoptés depuis par MM. Paul Lacour, Elisha Gray et G. Bell. Il est basé sur l'emploi du téléphone musical du même auteur que nous avons décrit dans notre ouvrage sur le téléphone, et dont il a, du reste, varié la disposition de plusieurs manières qu'il indique, en le rapportant plus ou moins au système de Reiss.

En fait, le but que s'était proposé M. Varley était de faire fonctionner son appareil téléphonique concurremment avec des instruments à courants ordinaires, par la superposition d'ondes électriques rapides, incapables d'altérer pratiquement le pouvoir mécanique ou chimique des courants formant les signaux ordinaires, mais susceptibles de produire des signaux distincts perceptibles à l'oreille et même à l'œil.

Un électro-aimant, dit-il, offre au premier moment une grande résistance au passage d'un courant électrique, et, par suite, peut-être regardé comme un corps partiellement opaque, eu égard à la transmission de courants inverses très rapides ou d'ondes électriques. En conséquence, si l'on place à la station de transmission un diapason ou un instrument à lame vibrante accordé sur une note déterminée et disposé de manière à avoir son mouvement sans cesse entretenu par des moyens électriques, on pourra, en faisant passer le courant qui l'anime à travers deux hélices superposées constituant l'hélice primaire d'une bobine d'induction, obtenir dans deux circuits distincts deux séries de courants rapidement interrompus qui correspondront aux deux sens de la vibration du diapason, et l'on aura encore les courants induits déterminés dans l'hélice secondaire par ces courants, qui pourront animer un troisième circuit. Ce troisième circuit pourra d'ailleurs être mis en rapport avec une ligne télégraphique déjà desservie par un système télégraphique ordinaire, si l'on y adapte un condensateur, et l'on pourra obtenir deux transmissions simultanées différentes [1].

La figure 119 représente le dispositif de ce système : D, est la ame vibrante du diapason appelée à fournir les contacts élec-

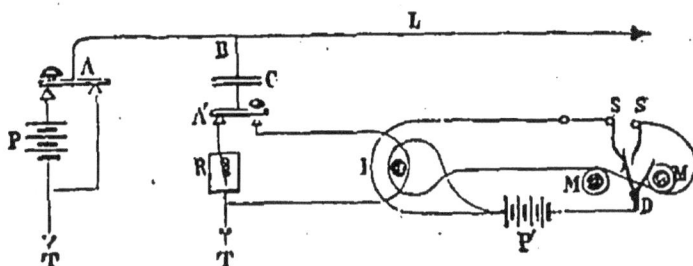

Fig. 119.

triques pour l'entretien de son mouvement. Ces contacts sont en S et S', et les électro-aimants qui l'actionnent sont en M et M'; la bobine d'induction est en I, et les trois hélices qui la composent sont indiquées par les lignes circulaires qui l'entourent. En A se trouve un manipulateur Morse; un autre est en A'; et en P et P' se trouvent les deux piles destinées à animer le système. Le condensateur est en C et le téléphone T est à l'extrémité de la ligne L.

Quand la vibration de la lame D se porte à droite et que le contact électrique est effectué en S', le courant de la pile P', après avoir traversé la première hélice, arrive aux électro-

---

[1] J'avais décrit dans le tome III de mon *Exposé des applications de l'électricité*, p. 456, un système de ce genre, que M. Varley avait expérimenté au moment de la pose du câble transatlantique français.

aimants M,M' qui l'actionnent en lui donnant une impulsion en
sens contraire. Quand, au contraire, elle se porte vers la gauche,
le courant est envoyé à travers le second circuit primaire qui
sera équilibré avec le premier. Il en résultera donc, dans le circuit induit correspondant à la clef A', une série de courants renversés qui chargeront et déchargeront alternativement le
condensateur C, envoyant ainsi sur la ligne une série correspondante d'ondulations électriques qui réagiront sur l'appareil
téléphonique placé à l'extrémité de la ligne ; et comme ces courants peuvent être transmis avec des durées plus ou moins
longues suivant le temps d'abaissement de la clef A', on pourra
obtenir sur cet appareil téléphonique une correspondance dans
un langage Morse, en même temps qu'une autre correspondance
sera échangée avec la clef A et les récepteurs Morse ordinaires.

Pour rendre sensibles à la vue les signaux vibratoires,
M. Varley propose d'employer, pour la reproduction des vibrations, un fil d'acier fin, tendu à travers une hélice, en regard
d'une fente très étroite. On place derrière la fente une lumière
qui est interceptée par le fil. Mais aussitôt qu'un courant passe,
le fil vibre et une lumière apparaît. Une lentille placée en avant
projette une image agrandie de la fente lumineuse sur un écran
blanc tant que le fil est en vibration.

FIN

TABLE DES MATIÈRES

——

LE RADIOPHONE

ÉTUDES SUR LA RADIOPHONIE

TRAVAUX DE M. MERCADIER

RECHERCHES DE M. PREECE

LE TÉLÉPHONE

LE PHONOGRAPHE

LA MACHINE PARLANTE DE M. FABER

ENREGISTREUR ÉLECTRIQUE DE LA PAROLE DE M. AMADEO GENTILLI DE LEIPZIG

APPENDICES

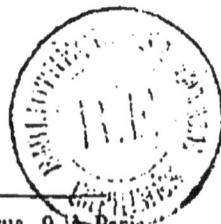

5586. — Imprimerie A. Lahure, rue de Fleurus, 9, à Paris.

www.ingramcontent.com/pod-product-compliance
Lightning Source LLC
Chambersburg PA
CBHW070232200326
41518CB00010B/1536